制药工艺学

第二版

霍　清　主编

化学工业出版社
·北京·

图书在版编目（CIP）数据

制药工艺学/霍清主编．—2 版．—北京：化学工业出版社，2016.2（2022.7 重印）
ISBN 978-7-122-25915-8

Ⅰ．①制…　Ⅱ．①霍…　Ⅲ．①制药工业-工艺学-高等学校-教材　Ⅳ．①TQ460.1

中国版本图书馆 CIP 数据核字（2015）第 307392 号

责任编辑：傅四周　余晓捷　　　　装帧设计：史利平
责任校对：王　静

出版发行：化学工业出版社（北京市东城区青年湖南街 13 号　邮政编码 100011）
印　　装：天津盛通数码科技有限公司
787mm×1092mm　1/16　印张 13¼　字数 344 千字　　2022 年 7 月北京第 2 版第 6 次印刷

购书咨询：010-64518888　　　　售后服务：010-64518899
网　　址：http://www.cip.com.cn
凡购买本书，如有缺损质量问题，本社销售中心负责调换。

定　　价：34.00 元

前言

制药工程专业是建立在化学、药学、工程学及生物技术基础上的新兴交叉学科。制药工艺学是制药工程专业的主干专业课程，是研究、设计、放大、选用、确定制备工艺和工业化过程，实现制药生产过程最优化的一门学科。制药工艺学是综合应用有机化学、分析化学、物理化学、药物化学、生物化学、药物分离技术及化工原理等课程的专门知识，形成结合生产实际的综合性专业课程，具有显著的应用性特征。

医药工业是一个知识密集型的高技术产业，各种新技术、新产品不断被开发，生产工艺不断改进。对于创新药物，要研究开发易于组织生产、成本低、操作简单、环境污染小、安全的生产工艺；对已经投产的药物，尤其是产量大、应用面广的品种，要研究开发更为先进的新技术路线和生产工艺。这就要求制药工程专业学生全面了解目前制药企业采用最多的新技术和工艺，了解药品从小试到生产放大的整个过程，熟悉药厂的三废处理方法，树立绿色生产的理念。

制药工艺学发展很快，目前，除了化学制药外，生物制药、手性药物拆分、天然药物分离等均采用了很多新技术。虽然，近年来国内外高校编写了多种版本的《制药工艺学》教材，但大多侧重于化学制药，而且，采用的实例大多比较陈旧，不能全面反映目前制药工业的新技术和新工艺。本教材以目前制药工业生产实例和新技术为基础，分别对生物技术制药、化学制药、现代中药制药等领域的研究内容和方法进行了详细和全面的阐述和介绍，包括工艺原理、设计放大、三废处理和绿色化学、技术参数要求等；采用大量当前制药企业实际生产实例，力求使学生在实例中掌握制药工艺原理，更好地把理论与生产实践相结合，培养学生分析和解决制药生产中实际问题的能力。

本教材是 2010 年 7 月出版的《制药工艺学》教材的修订版。在这次修订中，我们根据当前制药工业发展现状和新技术、新工艺的技术要求，结合初版的使用情况和读者的许多宝贵建议，调整和充实了部分章节：在化学制药工艺篇中，删去足叶乙苷生产工艺原理一章；在生物制药工艺学中，添加脂肪酶酯化儿茶素的生产工艺原理、L-乳酸发酵车间的工艺设计两章。

参与本教材编写工作的，都是具有丰富教学经验，并在该领域从事多年科研工作的人员，包括林强（第一、二、十二章）、霍清（第二～七、十二～十五章）、冯淑华（第八章）、葛喜珍（第一章）、权奇哲（第七、十三章）、冀颐之（第九、十、十一章）、张元（第十二章）。

本书可以作为制药工程专业本科生教材，也可供制药工业有关技术人员参考。编者进行了广泛的取材，也得到部分制药企业的大力支持，再次表示感谢。由于现代制药工艺学涉及的范围广，新技术、新工艺和新设备更新比较快，加之编者自身业务水平所限，书中难免有不足之处，望读者在使用过程中提出宝贵意见和建议。

编者

2015 年 12 月于北京

目录

CONTENTS

上篇　化学制药工艺篇

第一章　化学制药工艺概述 2

第一节　化学药物概述 …… 2
一、化学药物的概念 …… 2
二、化学药物的发展 …… 2
第二节　化学制药工艺学 …… 3
一、化学制药工艺学的研究内容 …… 3
二、化学制药研究的发展趋势 …… 3
第三节　新药工艺研究与开发 …… 3
一、新药工艺研究的地位 …… 4
二、新药（含化学合成药、仿制药）工艺研究 …… 4
三、中药新药工艺研究 …… 6
参考文献 …… 7

第二章　药物工艺路线的设计与选择 8

第一节　药物工艺路线的设计 …… 8
一、工艺路线的设计方法 …… 8
二、工艺路线设计的基本内容 …… 10
第二节　药物合成工艺路线的设计 …… 13
一、利用类型反应法 …… 14
二、利用倒推法 …… 18
三、分子对称法 …… 20
四、模拟类推法 …… 20
第三节　工艺路线的选择 …… 22
一、原辅材料的供应 …… 22
二、原辅材料更换和合成步骤改变 …… 22
三、合成步骤、操作方法与收率 …… 23
四、单元反应的次序安排 …… 24
五、技术条件与设备要求 …… 25
参考文献 …… 25

第三章　工艺研究和中试放大 26

第一节　反应条件与影响因素 …… 26

一、反应物的浓度与配料比 …… 26
二、反应温度 …… 29
三、压力 …… 31
四、溶剂 …… 31
五、催化剂 …… 35
六、原料、中间体的质量控制 …… 36
七、反应终点的控制 …… 36
第二节 试验设计方法 …… 37
一、概述 …… 37
二、单因素优选法 …… 38
三、正交设计法 …… 41
四、均匀设计法 …… 46
五、方差分析 …… 52
第三节 中试放大与生产工艺 …… 56
一、中试放大的研究内容和方法 …… 57
二、工艺计算 …… 59
三、车间布置设计 …… 66
四、生产工艺规程 …… 73
参考文献 …… 74
第四章 手性制药技术 75
第一节 概述 …… 75
一、命名规则 …… 75
二、外消旋体的一般性质 …… 76
三、外消旋体的拆分 …… 78
第二节 手性药物的不对称合成 …… 78
一、不对称合成的概念 …… 78
二、手性合成的方法 …… 79
参考文献 …… 85
第五章 药厂的“三废”防治 86
第一节 概述 …… 86
第二节 绿色化学 …… 87
一、绿色化学概念 …… 87
二、绿色化学原理 …… 88
三、绿色化学的研究领域 …… 93
第三节 废水的处理 …… 98
一、基本概念 …… 98
二、废水的由来及污染控制指标 …… 98
三、废水处理的基本方法 …… 99
四、废水的生化法处理 …… 99
五、污泥的处理 …… 102

第四节　废气和废渣的处理 …… 102
一、废气的处理 …… 102
二、废渣的处理 …… 103
参考文献 …… 103

第六章　托品酰胺的生产工艺原理　104
第一节　合成路线及其选择 …… 104
一、以异烟酸为原料的合成路线 …… 104
二、以皮考林为原料的合成路线 …… 104
三、乙酰托品酰氯（侧链）的合成路线 …… 105
第二节　托品酰胺的生产工艺原理及其过程 …… 105
一、异烟酸乙酯的制备 …… 105
二、4-甲基吡啶醇盐酸盐的制备 …… 106
三、4-氯甲基吡啶盐酸盐的制备 …… 108
四、*N*-乙基-*N*-（γ-吡啶甲基）胺的制备 …… 108
五、乙酰托品酰氯的制备 …… 109
六、托品酰胺的制备 …… 110
七、精制成品工艺 …… 112
参考文献 …… 112

第七章　头孢类抗生素粉针的生产工艺及车间设计　113
第一节　概述 …… 113
一、抗生素的发展 …… 113
二、抗生素的分类 …… 115
三、抗生素的应用 …… 115
第二节　头孢吡肟原料生产工艺原理及其过程 …… 116
一、概述 …… 116
二、头孢吡肟的生产工艺 …… 116
三、头孢吡肟盐酸盐的包装 …… 118
四、工艺流程 …… 119
第三节　头孢类抗生素粉针的生产车间设计 …… 120
一、头孢类粉针的生产工艺简介 …… 120
二、无菌分装粉针和冻干粉针的生产特点与设计要求 …… 120
参考文献 …… 121

下篇　生物制药工艺学

第八章　生物制药工艺学概述　124
第一节　生物药物概述 …… 124
一、生物药物的概念 …… 124
二、生物药物的性质 …… 124
三、生物药物的分类 …… 125

第二节　生物制药工艺学 …… 126
一、生物制药工艺学的研究内容 …… 126
二、生物制药研究的发展趋势 …… 127
参考文献 …… 130

◎ 第九章　多肽、蛋白类药物 131

第一节　多肽、蛋白类药物概述 …… 131
一、多肽类药物 …… 131
二、蛋白质类药物 …… 132
第二节　多肽、蛋白质类药物的生产方法 …… 133
一、多肽、蛋白质类药物的提取 …… 133
二、多肽、蛋白质类药物的分离与纯化 …… 134
三、蛋白质溶液的浓缩方法 …… 135
第三节　多肽、蛋白类药物工艺实例 …… 136
一、胸腺激素的生产工艺 …… 136
二、干扰素的生产工艺 …… 138
参考文献 …… 140

◎ 第十章　酶类药物 141

第一节　酶类药物概述 …… 141
第二节　酶类药物的生产方法 …… 144
一、生化制备法 …… 144
二、微生物发酵法 …… 149
第三节　酶类药物工艺实例——超氧化物歧化酶的生产工艺 …… 150
一、猪血超氧化物歧化酶的生产工艺 …… 150
二、茶叶超氧化物歧化酶（SOD）的生产工艺 …… 151
参考文献 …… 152

◎ 第十一章　脂类药物 153

第一节　脂类药物概述 …… 153
第二节　脂类药物的生产方法 …… 155
一、直接抽取法 …… 155
二、纯化法 …… 155
三、化学合成或半合成法 …… 157
四、生化转化法 …… 157
第三节　脂类药物工艺实例 …… 157
一、胆固醇的生产工艺 …… 157
二、卵磷脂的生产工艺 …… 158
参考文献 …… 162

◎ 第十二章 银杏叶提取物的提取生产工艺 163
第一节 概述 …… 163
一、银杏叶的化学成分 …… 163
二、银杏叶提取物的药理及药用价值 …… 164
三、银杏叶活性成分黄酮类化合物和银杏内酯类的提取方法 …… 164
第二节 银杏叶提取物的提取生产工艺 …… 165
一、GBE 小试提取工艺的研究 …… 166
二、GBE 生产中试工艺的设计与实施 …… 168
三、GBE 工业化生产的设计与实施 …… 170
四、“三废”处理 …… 172
参考文献 …… 173

◎ 第十三章 葛根素颗粒剂的生产工艺及车间设计 174
第一节 概述 …… 174
一、葛根的种植和采集 …… 174
二、化学成分 …… 174
三、葛根的国内外种植与利用情况 …… 175
四、葛根素的临床应用 …… 175
第二节 葛根素的提取生产工艺 …… 176
一、提取工艺概述 …… 176
二、提取车间工艺流程 …… 176
三、主要设备 …… 177
第三节 葛根素颗粒剂的车间设计 …… 177
一、口服固体制剂的车间设计要点 …… 177
二、颗粒剂的车间设计 …… 177
参考文献 …… 179

◎ 第十四章 脂肪酶酯化儿茶素的生产工艺原理 180
第一节 概述 …… 180
一、儿茶素理化性质及其药理作用 …… 180
二、儿茶素酯化反应原理 …… 181
三、脂肪酶 …… 182
第二节 脂肪酶酯化儿茶素的工艺研究 …… 185
一、不同反应时间加入 4Å 分子筛对儿茶素转化率的影响 …… 185
二、儿茶素与硬脂酸配比变化对儿茶素转化率的影响 …… 186
三、不同反应温度对儿茶素转化率的影响 …… 186
四、不同脂肪酸对儿茶素的转化率的影响 …… 186
五、不同溶剂对儿茶素转化率的影响 …… 188
六、油脂中儿茶素酯化产物抗氧化性研究 …… 188
参考文献 …… 189

◎ 第十五章 L-乳酸发酵车间的工艺设计 190

第一节 概述 …… 190
一、L-乳酸的用途及功能 …… 190
二、国内外生产情况 …… 191
第二节 600 吨/年 L-乳酸发酵车间设计 …… 193
一、原材料、产品的主要技术规格及工艺流程图 …… 193
二、工艺计算 …… 194
三、主要设备的计算 …… 197
参考文献 …… 200

上篇

化学制药工艺篇

第一章　化学制药工艺概述

第二章　药物工艺路线的设计与选择

第三章　工艺研究和中试放大

第四章　手性制药技术

第五章　药厂的“三废”防治

第六章　托品酰胺的生产工艺原理

第七章　头孢类抗生素粉针的生产工艺及车间设计

第一章 化学制药工艺概述

化学制药工艺学是以有机合成设计和方法学为基础，结合制药工艺研究的新技术、新方法和绿色化学原理，阐述化学制药工艺的特点和规律，探讨化学合成药物的工艺。化学制药工艺学作为一门工程性学科，从工艺路线设计、合成工艺研究、中试放大工艺规程等理论方面，阐明化学制药的特点和基本规律。其着眼点是解决药品生产过程中的工程技术问题及产品质量的检控规范化，以求得最大的社会效益和经济效益；研究药品生产过程中的共同规律及理论基础；研究通过化学或生物反应及分离等单元操作制取药品的基本原理及实现工业化生产的工程技术，包括新产品、新工艺的研究、开发、放大、设计、质控与优化。

第一节 化学药物概述

一、化学药物的概念

化学合成药（synthetic drug）指以结构较简单的化合物或具有一定基本结构的天然产物为原料，经过一系列化学反应制得的对人体具有预防、治疗及诊断作用的药物。这些药物都是具有单一的化学结构的纯物质。化学合成药的发展已有100多年历史。19世纪40年代，氯仿等麻醉剂在外科和牙科手术中的成功应用，标志着化学合成药在医疗史上的出现。随着有机化学、药理学等学科的发展，化学合成药发展迅速，品种、产量、产值等均在其中占首要地位。世界上临床使用的化学合成药物品种已多达数千种。

二、化学药物的发展

21世纪化学合成药物仍然占有最大的比重，它的发展将呈现出十大趋势。

① 植物药是人们最早使用的药物，从植物药水煎剂到植物提取物再到植物有效成分的使用是药物使用上的进步，而用合成方法制备有效成分进行结构修饰，开发更多合成新药则是更重要的发展，21世纪这一过程将会延续。人们会从更多更广的范围包括海洋生物、特殊环境下的生物中去寻找有效活性成分，开发新药。

② 新结构类型抗生素的发现已经越来越困难，微生物对抗生素的耐药性的增加，及不合理地使用抗生素，使得一种抗生素的使用寿命愈来愈短。这种情况促使半合成及全合成抗生素在21世纪会继续发展。

③ 化学药物会紧密地推动药理学科的发展，药理学的进展又会促进化学合成药物向更加具有专一性的方向发展，不但具有更好的药效，毒副作用也会相应减少。

④ 一批带有高级计算机的仪器的发明，以及分离、分析手段的不断提高，特别是分析方法进一步的微量化与“分子生物化”，将使化学合成药物的质量进一步提高，开发速度进

一步加快。

⑤ 组合化学技术应用到获得新化合物分子上，是仿生学的一种发展，它将一些基本小分子装配成不同的组合，从而建立起具有大量化合物的化学分子库，结合高通量筛选，21世纪会寻找到具有活性的先导化合物。

⑥ 有机化合物仍是21世纪合成药物最重要的大量来源。

⑦ 酶、受体、蛋白质的三维空间结构会一个一个地被阐明，这对利用已阐明这些“生物靶点”进行合理药物设计，从而开发出新的化学合成药物是坚实的基础，也是最有前景的工作。

⑧ 进入21世纪手性药物会逐步占有相当大的比重。

⑨ 防治心脑血管疾病、癌症、病毒病及艾滋病、老年性疾病、免疫遗传疾病等重要疾病的合成药物是21世纪重点开发的新药。

⑩ 分子生物学技术、基因组学的研究成果，不但会发展出一类新型药物，也为化学合成药物的研究提供了重要的基础。

第二节　化学制药工艺学

一、化学制药工艺学的研究内容

化学制药工艺学主要研究以经济合理、安全可靠的方式实现药物的化学合成过程的方法，是合成药物、半合成药物及全合成药物实现工业生产过程中不可或缺的。化学制药工艺学的研究内容是合成药物的生产工艺原理，以及工艺路线设计、选择与创新，包括生产工艺路线的设计与选择、工艺研究、工艺放大及三废治理等。

化学合成药的生产绝大多数采用间歇法，大致分为三种：①全化学合成，大多数化学合成药是用基本化工原料和化工产品经各种不同的化学反应制得，如各种解热镇痛药；②半合成，部分化学合成药是以具有一定基本结构的天然产物作为中间体进行化学加工，制得如甾体激素类、半合成抗生素（如维生素A、维生素E等）；③化学合成结合微生物（酶催化）合成，此法可使许多药品的生产过程更为经济合理，例如维生素C、甾体激素和氨基酸等的合成。化学合成药的生产，正朝着两个方向发展，对于产量很大的产品，陆续出现一些大型的高度机械化、自动化的生产车间；对于产量较小的品种，多采用灵活性很高的中、小型多性能生产设备（或称通用车间），按照市场需要，有计划地安排生产。

二、化学制药研究的发展趋势

化学制药工业是高速发展的高投入、高利润，品种多，更新快，竞争激烈的产业。很多制药公司都重视对新药的研究和开发，研究经费占药品销售额的8%～10%。研究内容主要包括：新的化学药物的合成，动物筛选，动物治疗试验，毒性试验和毒理学研究，药物代谢与动力学研究，分析研究和质量标准的制定，健康人的药理试验、临床试验、制剂研究、合成工艺研究等。

第三节　新药工艺研究与开发

新药研究包括两大部分，即新药临床前研究和新药临床研究。临床前研究属于新药的基础研究，主要包括制备工艺、质量标准、稳定性、药理、毒理等，制备工艺是整个研究的核心，是联结处方与临床的桥梁。

一、新药工艺研究的地位

新药是研制出来的，不是想象出来的。在处方决定以后，首先要做的是工艺研究，工艺研究是新药研究的基础，在工艺决定后，才能产生出一个充分发挥疗效、质量稳定的样品。在新药申报资料中，药效学试验、一般药理研究、急性和长期毒性试验、临床研究、质量标准以及稳定性等所有的研究资料都只能针对这个通过特定工艺研究后制备出来的样品来说明问题，如果离开了这个特定的样品，即使后续的研究水平再高、材料再详尽，也无法说明此新药。有些新药在审批前的临床试验中疗效很好，但审批上市后，发现疗效不佳，有可能是生产工艺和制备临床样品的工艺不完全一致所造成的。新药工艺有着非常重要的作用，是新药中不可缺少的一环。

二、新药（含化学合成药、仿制药）工艺研究

新药工艺研究是在科学合理筛选处方的基础上，在《药品生产质量管理规范（good manufacture practice，GMP）》要求下，对新药进行小试、中试以及放大生产，确定生产过程中的关键参数，并对这些关键参数进行在线控制，使产品在此生产工艺条件下具有较好的重现性、稳定性和质量均匀性。新药工艺研究的基本思路是通过工艺参数的优化，确定达到产品质量要求的生产参数范围。也就是说，在参数范围内生产，产品的质量才能达到均一性和稳定性，为生产工艺的实施（操作）提供可靠的试验依据。同时在产品的注册申报资料中对生产过程中的关键环节和关键参数也能进行充分的验证。其研究可分为三阶段实施，包括制备工艺的选择、工艺参数的确定和工艺验证等。首先在样品的小试阶段，通过对工艺参数的评价，对处方的合理性进行验证，筛选制备工艺，确定影响药品质量的关键参数；其次通过中试样品或生产样品的生产，确定工艺的耐用性，为生产工艺建立操作范围，并通过过程控制得到符合质量要求的产品；再次，在建立以上研究参数后最后对工艺进行验证。

1. 小试规模的工艺研究和优化

小试规模样品的工艺研究主要包含以下内容：确认最佳的处方组成，在处方筛选和优化过程中，通过药物与辅料相容性的研究以及处方的优化，基本得到有试验数据支持的处方组成。但由于在处方筛选中使用的设备和条件不一定适合生产，所以这种处方组成是否能在制备过程中制得符合要求的样品，需要在小试生产中得到确认。例如在小试样品的生产中，如果颗粒的流动性存在问题，就可能导致在胶囊灌装或压片时样品的片重或含量均匀性欠佳，则需要根据具体的工艺和设备，通过添加润滑剂或助流剂改善颗粒的流动性等，对处方进行调整，进而确定最佳的处方组成。

确定影响药品质量的关键参数，并对工艺参数做出评价，例如对口服固体制剂的生产，一般包括物料的粉碎、混合，及湿颗粒的制备、干燥、整粒、颗粒与润滑剂/助流剂的混合、压片、包衣、包装。如果将每一步骤作为一个生产单元，则应该对每一生产单元的参数进行评价，以保证下一道工序质量。例如，在片剂包衣工艺中，片芯的预热温度、预热时间、泵的型号、喷枪数量、喷枪的分布、喷射速度、喷枪孔径、喷枪与包衣锅的角度、喷枪与片芯的距离等均影响片剂的包衣，在此阶段需要对这些影响产品质量的参数进行研究和评价。确定主要参数后，通过对每一步骤生产单元工艺参数的研究，选择和确定对产品质量影响最大的一些参数作为制备过程中必须监控的参数，即所谓的关键工艺参数。通过关键工艺参数的控制，在规范的生产流程中，产品的质量才可以得到保证。如对于胶囊剂的生产，若采用高速制粒后灌装，则主辅料的粉碎时间、混合时间、黏合剂加入方式、黏合剂加入量、制粒温

度和湿度等均可视为工艺的关键参数。通过小试样品工艺研究、优化及工艺参数的评估，确定生产规模的处方组成，并为规模生产提供相关工艺参数范围。

2. 中试规模以及生产规模工艺的确认

中试是新药工艺研究的一个组成部分，也是一项具体的工作。中试是以实验室制备方法为依据，从生产角度来考虑，采用何种工艺路线和设备，使生产规模所制备的产品能与实验室规模所制备的样品达到质量上的一致性。实验室的制备方法只是中试条件的准备和选择，中试不是老药生产工艺的翻版，通过中试才能比较和考察在各单元操作中影响制剂质量的因素，才能研究控制质量的各项技术参数。

中试放大研究的目的是通过中试制定产品的生产工艺规程（草案）。通过中试，修订、完善小试的制备工艺及工艺参数范围，保证工艺达到生产稳定性、可操作性。所以，中试研究是实验室向大生产过渡的“桥梁”。中试研究一般需经过多批次试验，以达到工艺稳定；中试研究的规模不一定必须是10倍处方量，而是根据设备、工艺及品种的具体情况，做到中试规模的样品能够充分代表生产规模样品并模仿生产实际情况生产。其投料量越接近生产规模越能达到中试的目的，通过中试使工艺固定。中试使用的设备在性能上应和生产设备相一致，有些生产设备有专为中试用的，如一步制粒机、喷雾干燥机、冷冻干燥机等。如果中试的数量与生产数量有差距，中试时就不容易发现在大生产时所产生的问题，从中试过渡到大生产就有困难。例如煎煮液的固液分离的工艺，如果煎煮液量是10L，用一般的过滤方法很快就能完成，但如果放大到2000L，则用一般的过滤方法就要很长时间才能完成，还没有过滤完，药液就要长菌变质。这种情况下，就必须改变固液分离的方法，采用与生产量相适应的设备。

通过中试放大或生产规模的工艺，主要对工艺参数建立操作范围、确定工艺的可行性、耐用性以及确定足够的过程控制点等，也就是在关键参数控制范围内，均能较好地重现生产，有效保证批间产品质量的稳定性，为产品的生产奠定基础。工艺的耐用性研究又进一步验证工艺的可行性。例如对压片力的控制在3～5kg之间，能有效保证片剂在规定的时间崩解或溶出。

过程控制点一般包含关键工艺参数、制剂中间体的质量控制以及生产过程中的环境控制。工艺参数可以保证产品在此工艺条件下具有较好的工艺重现性，而制剂中间体的质量控制就是在工艺参数控制的条件下，对制剂中间体的质量进行定量的控制，以此保证终产品的质量。例如，在遇水分不稳定药物的片剂或胶囊剂生产过程中，在原辅料的粉碎设备、粉碎时间以及混合设备、混合时间等关键工艺参数确定后，原辅料的混合均匀性以及混合后中间体的水分控制也是作为过程控制点需要对每批样品进行定量检查的。制备过程中的环境控制主要是对片剂生产中环境温度、湿度、洁净度的要求，及注射剂生产过程中洁净度、无菌环境、温度等的控制，以保证片剂/胶囊或注射剂的微生物限度或无菌保障水平符合要求。环境控制参数对于制剂的生产非常重要。

3. 新药工艺验证

确定生产工艺后，需要对确定后的工艺进行工艺验证。工艺验证是在符合GMP车间内，按照中试规模或生产规模对工艺的关键参数、工艺的耐用性以及过程控制点全面地检验，通过样品生产的过程控制和样品的质量检验，全面评价工艺是否具有较好的重现性以及产品质量的稳定性。工艺验证的规模应该是生产规模，工艺验证的批次一般要求按照工艺研究的研究结果至少连续生产三批符合质量要求的样品。经过工艺验证和数据的积累，确定生产过程关键控制参数以及过程控制点，并建立生产过程的标准作业程序（standard operation procedure，SOP），至此制备工艺研究以及工艺的验证基本完成。

三、中药新药工艺研究

中药工艺过程对质量控制有至关重要的意义。传统工艺一般采用净选、粉碎、水煎、酒泡等工艺。现代中药来源于传统中药的经验和临床，依靠现代先进科学技术手段，遵守严格的规范标准，研究出优质、高效、安全、稳定、质量可控、服用方便，并具有现代剂型的新一代中药，符合并达到国际主流市场标准，可在国际上广泛流通。中药的工艺研究一般涉及药材前处理（包括炮制）、工艺合理性选择、提取、分离、纯化工艺研究、浓缩、干燥工艺研究、制剂成型工艺研究、中试工艺研究、工艺验证等环节。

1. 中药工艺研究的内容

工艺设计原则是小剂量、有效成分比例高、制剂生物利用度高、符合临床使用的要求，包括吸收快慢、作用时间长短、全身或局部、使用方便等。

要对方药进行分析。按中医治则，根据处方的君臣佐使，结合临床要求参考中药理化性质的研究成果及其药理作用，确定其有效部位，然后按其性质及剂型的需要进行工艺路线的设计。例如，有些处方中某些药味如陈皮需要先提取挥发油，有些药味需要以乙醇回流提取成浸膏，有些药味宜以细粉加入制剂中。

根据临床使用的要求和药物的稳定程度选择合适的剂型，临床常用剂型有注射剂、合剂、口服液、糖浆剂、酒剂、丸剂、散剂、煎膏剂、胶囊、滴丸、片剂、流浸膏、浸膏、乳剂、冲剂、混悬剂、软膏剂、膏药、橡胶膏剂、胶剂、栓剂、气雾剂、膜剂、缓释剂等。

在原药材的整理炮制过程中按中药饮片炮制规范的要求加工，有些制剂对药味有特殊的整理炮制要求，则应详细研究炮制的工艺全过程以及炮制品的质量标准。影响提取效果的主要因素有溶剂种类、药材的粒径、加水量、提取温度、提取时间、提取次数。在研究提取工艺中各项因素对提取效果的评价时，可用浸膏的总固体量及处方中某味药材的指标成分或有效成分量作为评价的指标。在决定煎煮次数时应考虑工时、能耗、环境保护等因素，选择合理的煎煮次数。筛选最佳的固液分离、浓缩和干燥方法。

2. 制备工艺的报审资料内容

① 处方。

② 工艺流程图。

③ 介绍工艺的全过程，说明每一步骤的意义。

④ 工艺优选的详细数据及对比。

⑤ 工艺的技术控制条件（方法、时间、温度、压力）及理由。

⑥ 工艺分工序中间体的质量检测要求、密度、含量、指标成分量、光谱吸收度等。

⑦ 应有3批以上的结果说明工艺的稳定性。

在质量标准中制法项必须详细写明制剂工艺的全过程，对质量有影响的关键工艺应列出控制的技术条件，并列出关键半成品的质量标准。

3. 中药制药工艺应注意的问题

(1) 药材源头控制　中药材为中药制剂的主要原料，源头控制至关重要，我国中药材品种繁多，约有7000余种，其中常用中药材约500余种。工艺研究首先应从源头明确药材的基源、产地、规格等。药材的前处理包括炮制与加工、鉴定，成型工艺是在药材的炮制、浸出、纯化、浓缩或干燥等系列工艺研究后，获得半成品（也可称为原料）的基础上，根据半成品特性和医疗要求，将其制成能直接供临床应用剂型的工艺过程。

(2) 保留与疗效有关的成分　工艺的合理与否，首先考虑其是否能最大限度地保留与疗效有关的成分（即所谓的有效成分），采用何种工艺才能最大限度地发挥药效等问题，需进行大量文献的系统查阅及研究，明确各种中药材的化学成分、功效、药理、毒理等，从而设计工艺路线。若处方中大多数中药的活性成分（或部位）为挥发油，那么工艺设计可以挥发油的提取为主或分别提取。有些中药材中的主要有效成分遇热不稳定，若采用较长时间的提取、浓缩，会使有效成分遭到破坏，如斑蝥中的斑蝥素。中药材的有效成分在醇中不溶，采用水煎醇沉的工艺可造成有效成分的大量沉淀而损失，如多糖类。有些药味中的有效成分溶出较慢，用常规的煎煮时间提取不完全，有效成分仍有较多量存在于残渣中，如人参。若处方中各药味的活性成分不明确，应根据药物适应证选择有代表性的药理指标进行工艺路线的筛选。即使是来源于临床的公认处方，在进行工艺设计及剂型选择时，也要注重文献资料的查阅和研究。

(3) 工艺设计时注意环境保护　中药新药工艺研究选择时要特别注意工艺的合理性，特别是在研究选择提取纯化工艺时注意尽可能避免造成药材、溶剂资源的浪费和注意保护环境，谨慎使用有机溶剂，特别要考虑有机溶剂的残留。如有些工艺采用乙醚脱脂或乙醚提取，进行大生产时就会碰到困难；有些工艺中采用了毒性大、成本高的有机溶剂提取或洗涤，无法进行大生产。工艺中应避免使用高毒性（如苯、四氯化碳）和应限制的第二类溶剂(如氯仿、甲醇)，对于低毒溶剂如乙醇、丙酮、乙酸乙酯、正丁醇等，应对有机溶剂残留量进行限量控制，同时尽量做到回收利用。

(4) 加强工艺研究及工艺验证　工艺研究一般要经过实验室小试、中试放大、大生产，工艺验证贯穿其中。一般在小试阶段要考察完成影响产品质量的关键工艺及影响因素，优化工艺条件，确定基本合理的工艺参数范围。工艺验证是确保生产工艺能在其规定的设计参数内始终如一地生产出符合其预先规定的质量的产品并提供书面证据。工艺验证方法以关键工艺变量的控制为手段，连续测试 3 次或以上，将工艺参数研究确定并控制在正常范围内。所以，工艺验证不等于最优化，强调的是工艺的可靠、可重复，及产品质量的稳定均一。

参考文献

[1] 计志忠. 化学制药工艺学. 北京：化学工业出版社，1980.

[2] 王效山. 制药工艺学. 北京：北京科学技术出版社，2004.

[3] 魏农农. 仿制药品处方与工艺研究. 中国新药杂志，2009，18 (2)：105-107.

[4] 马秀璟，张永文，周刚. 浅谈中药新药工艺研究及其对质量控制的意义. 解放军药学学报，2008，24 (6)：557-559.

[5] 黄晓龙. 新药（化学药品）申报资料中原料药制备工艺存在的问题. 中国新药杂志，2000，9 (4)：282-284.

[6] 倪艳. 中药新药工艺设计及研制过程中的几点体会. 山西中医学院学报，2004，5 (3)：59-61.

[7] 朱承伟. 新药的工艺研究. 中药新药与临床药理，1992，3 (3)：51-55.

第二章 药物工艺路线的设计与选择

药物的生产工艺路线是具有工业生产价值的合成途径，是药物生产的技术基础和依据，具有技术先进性和经济合理性，是衡量生产技术水平高低的尺寸。一个药物有多种合成途径，但不是每条都具备生产价值。工艺路线的设计和选择就是确定一条最经济、最有效、最绿色环保的生产工艺路线。

第一节 药物工艺路线的设计

化学合成药物一般是由化学结构比较简单的化工原料经过一系列化学合成和物理处理制备药物的过程（习惯称为全合成），或是由具有一定基本结构的天然产物经过结构改造和物理处理制备药物的过程（习惯称为半合成）。合成一种药物，由于采用的原料品质、来源不同，其合成的途径与化学反应不同，要求的技术条件和操作方法亦随之而变，最后得到的产物质量、收率和成本也就有所不同，甚至差别悬殊。因此，在化学合成药物生产领域采用先进的技术和经济合理的生产工艺路线是工艺研究中的重要课题。对于经过药理试验、临床试用已经确定疗效的新药来说，则须设计并选择一条适于工业化大生产要求的工艺路线。随着科学的发展和技术的进步，不断出现新材料、新反应、新技术以及新工艺，对于已经投产的原工艺路线和生产方法，则应进行革新、改造，以提高生产率，降低成本，减少生产过程中对环境的影响。

一、工艺路线的设计方法

工艺研究前要做的准备工作：首先必须查阅大量国内外相关文献资料，只有在占有第一手详细资料的基础上，才能开始工艺研究。国内外文献资料查阅的内容很多，需要进行系统查阅，分类整理，并写出该药物的文献综述。文献综述的内容大致有下列 5 个方面。

① 药理和临床试验的情况，包括药理作用、药物代谢及其特点和适应证，临床治疗效果、毒性和副作用，剂型、剂量和用法，以及与其他药物相比较的优缺点。

② 国内外已发表的各种合成路线和制备方法，包括有关原辅料的来源、制备等。

③ 有关各步化学反应的原理、技术条件、影响因素和操作方法。尤其对于有希望用于工业化生产的合成路线中的每一步化学反应和所需的重要设备，如耐高温、高压、高真空以及深度冷冻等特殊要求的设备问题等，更应详细查阅。

④ 原辅材料、中间体和产物的理化性质，包括光谱数据、化工常数以及各种有毒物质的毒性作用和防护方法等。

⑤ 原辅材料、中间体和产物的质量标准和分析方法。有些新药或新产品文献上尚无规定的质量标准时，应拟订分析。

在系统收集有关药物方面的文献资料时，可使用下列方法。

1.《默克索引》（The Merck Index）

The Merck Index（《默克索引》）是美国Merck公司出版的一本在国际上享有盛名的化学药品大全。第一版在1889年出版，该书最初只是Merck公司化学品、药品的目录，只有170页，现已发展成为一本2000多页涵盖化学药品、药物和生理性物质的综合性百科全书。它介绍了10000多种化合物的性质、制法以及用途，注重对物质药理、临床、毒理与毒性研究情报的收集，并汇总了这些物质的俗名、商品名、化学名、结构式，以及商标和生产厂家名称等资料。

该索引目前有印刷版、光盘版和网络版三种出版形式。

光盘版《默克索引》只需做一下简单安装即可使用，为快速查找相关信息提供了极大方便。光盘可做文本检索（text search）和结构式检索（structure search），结构式检索可用物质的全结构（structures）或者亚结构（sub structures）检索；文本检索提供了快速检索（quick search）、菜单检索（menu search）、指令检索（command search）三种检索方式。还可以进行逻辑组配（AND、OR、NOT）和截词（*、?）检索。文本检索条目包括化合物的各种名称、商品代号、CA登记号、来源、各种物理常数、性质、用途、毒性及参考文献等。

在检索条目中，各种物质名称包括通用名（generic name）、化学文摘名（CA name）、商品名（trade name）、俗名（synonym name）、衍生物（derivative type）等，名称可以是全称（names）或者部分名称（partial names）；物理常数包括分子质量（molecular weight）、密度（density）、沸点（boiling point）、熔点（melting point）、折射率（refractive index）、旋光性（optical rotation values）、紫外吸收值（UV absorption values）、毒性（toxicity）等；其他还包括结构式（structure）、分子式（molecular formula）、药品代码（drug code）、Chemical Abstracts登记号（CAS registry number）、生产厂家名称（manufacturer name）等检索条目。

另外，《默克索引》还有一个命名反应库（name reactions），收集了400多个有机化学反应。在“Tables”下面提供了5个数据表：amino acid abbreviations（氨基酸缩写表）、cancer chemotherapy regimens（癌症化学疗法）、company code letters（公司代码字母）、company register（公司注册号）和glossary（术语表）。

默克索引主题范围：农业化学（包括农药和除莠剂）、生物制品、具有环境意义的化合物、人类药物、天然产品、商业和研究用的有机物与无机物。

2. 美国化学文摘（CA）

美国化学文摘是涉及学科领域最广、收集文献类型最全、提供检索途径最多、部卷最为庞大的一部著名的世界性检索工具。报道了世界上150多个国家、56种文字出版的16000种科技期刊、科技报告、会议论文、学位论文、资料汇编、技术报告、新书及视听资料，还报道30多个国家和2个国际组织的专利文献。CA收录的文献占世界化学化工文献总量的98%，文献量50万/年。CA每年出版两卷，半年一卷，每卷26期，每周一期，分为5大类80小类。生物化学（1～20），有机化学（21～34），高分子化学（35～46），应用化学和化学工程（47～64），物理化学、无机化学和分析化学（65～80）。CA的收录范围广，有期刊论文、会议录、技术报告、专利、视听资料等，在文摘里没有混排，而是分开排列，以便读者查找。CA完整的检索体系为用户从不同角度进行检索提供了方便，CA的索引可以分为以下几类。

期索引：关键词索引、专利索引、著者索引。

卷索引：化学物质索引、普通主题索引、著者索引、分子式索引和专利索引。

卷辅助索引：环系索引和杂原子索引。

累积索引：化学物质索引、普通主题索引、著者索引、分子式索引、专利索引。

指导性索引：索引指南和登记号索引。

在工艺研究阶段，美国化学文摘是非常实用的资料来源。

3. 网站

下面是一些常用的有关有机合成的网站：

http://www.orgsyn.org;

http://www.organic-chemistry.org/synthesis/;

http://www.knovel.com/web/portal/browse/display?_EXT_KNOVEL_DISPLAY_bookid=2195;

http://www.chempensoftware.com/organicreactions.htm;

http://www.organic-chemistry.org/namedreactions/;

http://www.organicworldwide.net/;

http://pubs.acs.org;

http://www.drugfuture.com/Index.html（中文）。

二、工艺路线设计的基本内容

1. 工艺路线设计的意义

药物工艺路线设计的基本内容，主要是针对已经确定化学结构的药物或潜在药物，研究如何应用化学合成的理论和方法，设计出适合其生产的工艺路线。其意义表现为：

① 具有生物活性和医疗价值的天然药物，由于它们在动植物体内含量太少，不能满足需求，因此需要全合成或半合成；

② 根据现代医药科学理论找出具有临床应用价值的药物后，必须及时申请专利和进行化学合成与工艺设计研究，以便经新药审批获得新药证书后，尽快进入规模生产；

③ 引进的或正在生产的药物，由于生产条件或原辅材料变换或要提高医药品质量，需要在工艺路线上改进与革新。

2. 工艺路线设计的要求

药物合成路线设计与工艺路线设计的关系表现为：在药物合成路线设计时，应设想多种合成路线，解决合成难题，提高收率。而做药物的工艺路线设计，必须树立生产观点和经济观点。理想的药物工艺路线有如下要求。

(1) 化学合成途径简易，即原辅材料转化为药物的路线要简短　镇静、止痛药布洛芬[2-甲基-4-(2-甲基丙基) 苯乙酸]的生产工艺研究中，Boots 公司采用 Brown 方法，从原料到产物经历 6 步合成反应（图 2-1），原子利用率为 40%。BHC 公司发明的绿色方法，反应只需 3 步（图 2-2），原子利用率为 99%，此工艺获 1997 年美国总统“绿色化学挑战奖”。

(2) 需要的原辅材料少而易得，有足够的数量供应　例如在合成扑热息痛（对乙酰氨基酚）中，可以采用的原料有对硝基苯酚、苯酚和硝基苯等化工原料。对硝基苯酚是染料和农药的中间体，也广泛应用于制药工业生产。它的产量大，成本低；但是原料供应常受农药和染料生产的制约，有时来源紧张。故很多扑热息痛生产企业常常采用以苯酚或硝基苯为原料的生产工艺。以对硝基苯和苯酚为原料的生产工艺，如图 2-3 所示。

工艺研究在原料上考虑采用价格低廉的工业品。例如在合成甲氧苄氨嘧啶[TMP，2,4-二氨基-5-(3,4,5-三甲氧基苄基) 嘧啶]中，现行的生产工艺有以没食子酸为原料的生产工艺和以香兰醛为原料的生产工艺。没食子酸是由五倍子中的鞣酸水解而成，五倍子在我国来源广，制备方便。香兰醛有天然和合成两个来源，天然香兰醛是从木材造纸废液中回收的木质磺酸钠，再经氧化得到的。其资源丰富，价格便宜。合成香兰醛是以邻氨基苯甲醚为原料合成得到的。香兰醛及 TMP 的结构式见图 2-4。

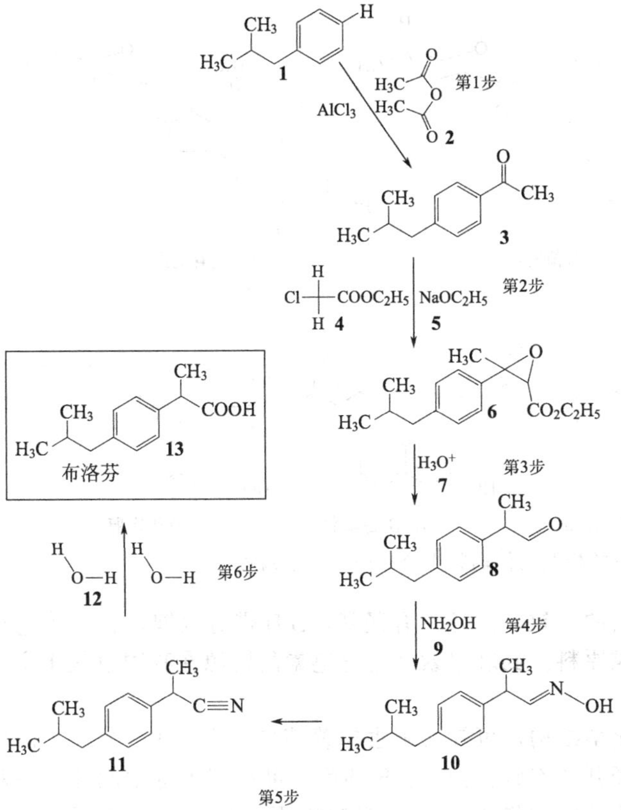

图 2-1　Boots 公司的 Brown 方法

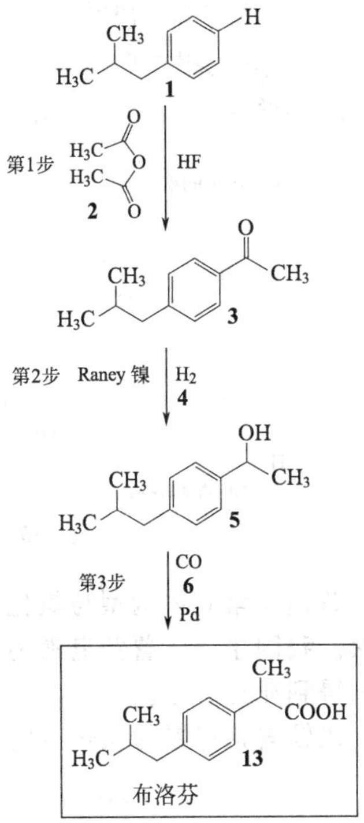

图 2-2　BHC 公司发明的绿色方法

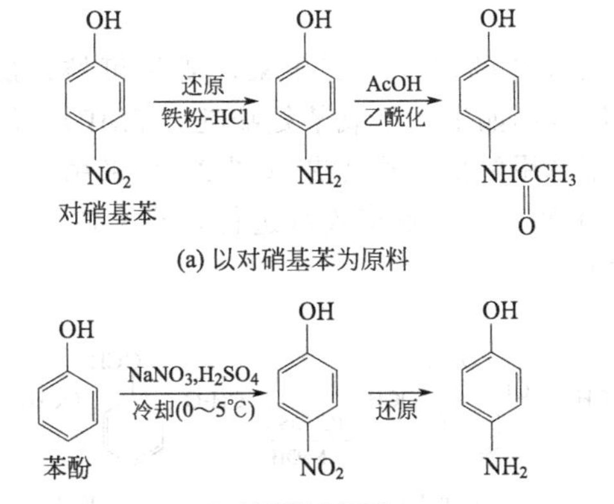

(a) 以对硝基苯为原料

(b) 以苯酚为原料

图 2-3　以对硝基苯和苯酚为原料生产扑热息痛

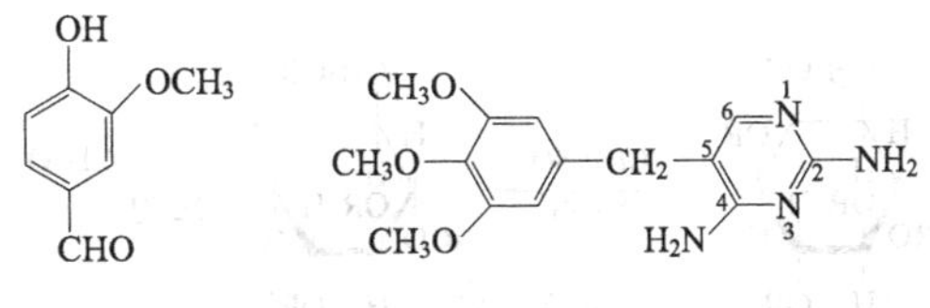

(a) 香兰醛

(b) TMP

图 2-4　香兰醛及 TMP 的结构式

又如对氢化可的松（11β,17α,21-三羟基孕甾-4-烯-3,20-二酮）的合成工艺。其全合成需要 30 多步化学反应，工艺过程复杂，总收率太低，无工业化生产价值。目前国内外制备氢化可的松都采用半合成方法。甾体药物半合成的起始原料都是甾醇的衍生物，如从薯芋科植物得到薯蓣皂素、从剑麻中得到剑麻皂素、从龙舌竺中得到番麻皂素、从油脂废弃物中获得豆甾醇和 β-谷甾醇、从羊毛脂中得到胆甾醇，这些都可以作为合成甾体药物半合成原料。60％的甾体药物的生产原料是薯蓣皂素，近年来，由于薯蓣皂素资源迅速减少，以及 C17

边链微生物氧化降解成功，国外以豆甾醇、β-谷甾醇作原料的比例已上升。氢化可的松及甾体药物半合成原料的结构式见图 2-5。

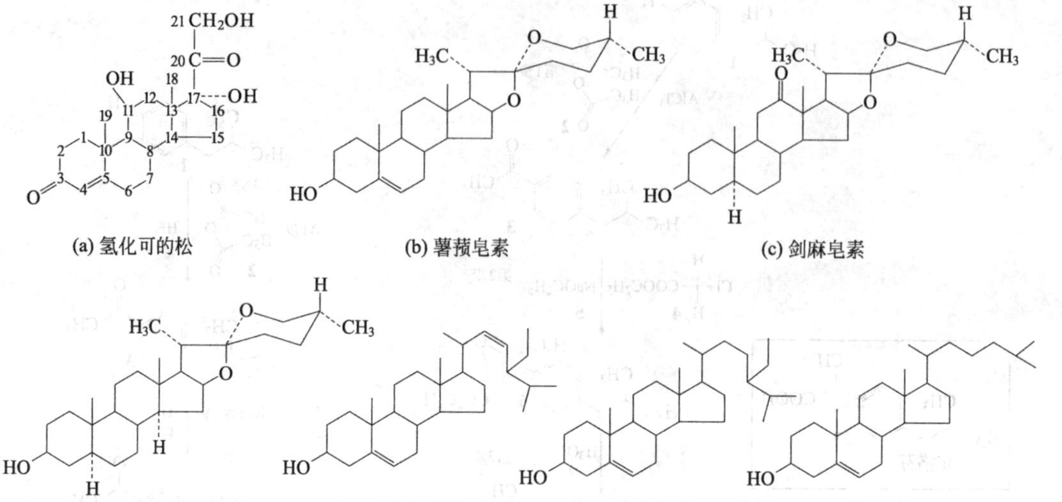

(a) 氢化可的松　(b) 薯蓣皂素　(c) 剑麻皂素

(d) 番麻皂素　(e) 豆甾醇　(f) β-谷甾醇　(g) 胆甾醇

图 2-5　氢化可的松及甾体药物半合成原料的结构式

薯蓣皂素立体构型与氢化可的松的一致，A 环带有羟基，B 环带有双键，合成工艺相当成熟。我国主要以薯蓣皂素为半合成原料。剑麻皂素和番麻皂素的资源在我国也很丰富，但尚未得到充分利用。

比较薯蓣皂素与氢化可的松的化学结构，可知必须去掉薯蓣皂素中的 E、F 环，而薯蓣皂素经开环裂解去掉 E、F 环后，可得到关键中间体——双烯醇酮乙酸酯（图 2-6）。从双烯醇酮乙酸酯到氢化可的松，除将 C3 羟基转化为酮基，C5,6 双键移到 C4,5 位，还需引入三个特定的羟基。

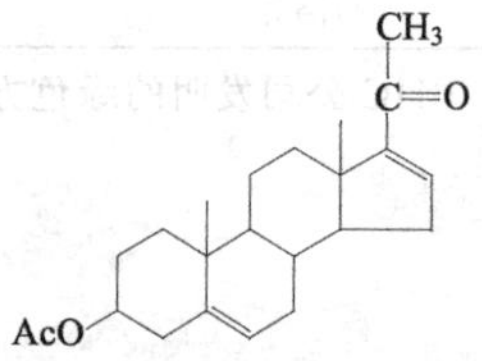

图 2-6　双烯醇酮乙酸酯结构式

（3）中间体容易以较纯的形式分离出来，质量可控，最好是多步反应连续操作　例如生产甲氧苄氨嘧啶（TMP），从鞣酸到 3,4,5-三甲氧基苯甲醛的生产工艺（图 2-7）采用“一勺烩”，三步反应在一个反应釜中进行，不需分离出中间产物，反应连续进行，收率达 95% 以上。这条工艺路线较简单，收率高，试剂价格便宜。

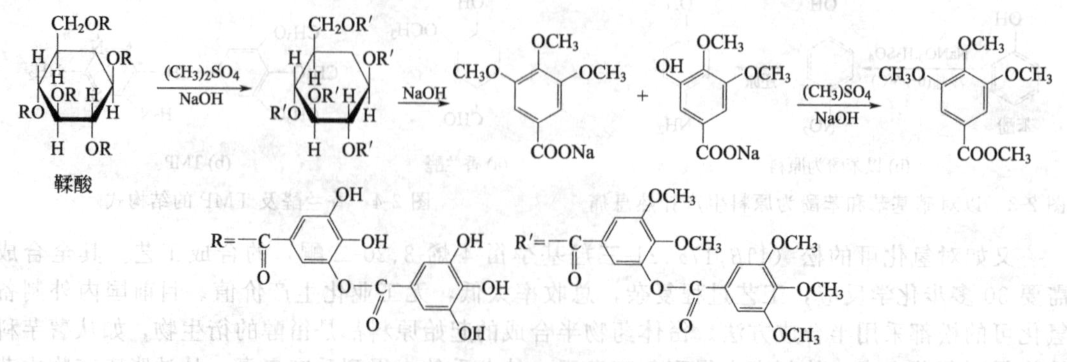

图 2-7　以鞣酸制备 3,4,5-三甲氧基苯甲醛的工艺流程

（4）可在易于控制的条件下制备，安全无毒　在工艺路线选择上，从实际生产安全考虑，尽

量不要使用毒性比较大的溶剂，以及容易挥发的溶剂，如乙醚、乙腈、氯仿、丙酮等。

(5) 设备要求不苛刻　在磺胺甲基异噁唑［SMZ、3-(对氨基苯磺酰氨基)-5-甲基异噁唑］的合成中，均须使用盐酸羟胺，它的价格较贵，约占 SMZ 原料成本的 1/3。原始合成工艺是腊希氧化法。此合成工艺成熟，但是复杂，原料品种多，成本高，设备腐蚀严重。国外大规模生产羟胺采用一氧化氮还原法，该合成路线收率高，生产过程简单，催化剂是铂，须回收使用，才能做到经济上合理。

(6)“三废”少，易于治理　“三废”的因素在今后的工艺研究中占有非常重要的地位。“三废”是在药物的生产过程中产生的，所以，防治污染的最好方法就是在源头上，即药物的生产环节尽量减少污染的产生（最好是不产生污染），即生产工艺的绿色化，其次才是污染后的治理，即污染物的处理。

(7) 操作简便，经分离、纯化易于达到药用标准　例如，抗胆碱药物托品酰胺是托品酸和 *N*-乙基-*N*-(γ-吡啶甲基) 胺缩合制得的，如图 2-8 所示。缩合反应中用吡啶，不仅可增强反应的酰化能力，同时它既可作为反应溶剂又可中和氯化氢，在反应过程中表现的优势大于其他几种碱性物质，如 NaOH、Na_2CO_3。但是这个工艺中存在一个严重问题就是粗品料液转入研钵后，结晶很难研磨出来。加入大量乙酸乙酯也很难析出结晶，有时以至得不到成品而前功尽弃。且由于前期反应中用吡啶，在研磨时也有大量难闻气体放出，对操作人员身心造成很大的伤害。鉴于上述原因，人们设法在另外几种碱性物质中寻找更合适的，最终确定用 K_2CO_3 取代吡啶，结果研钵中结晶很容易析出，使产品的收率比前者有所提高，劳动强度也相应降低。

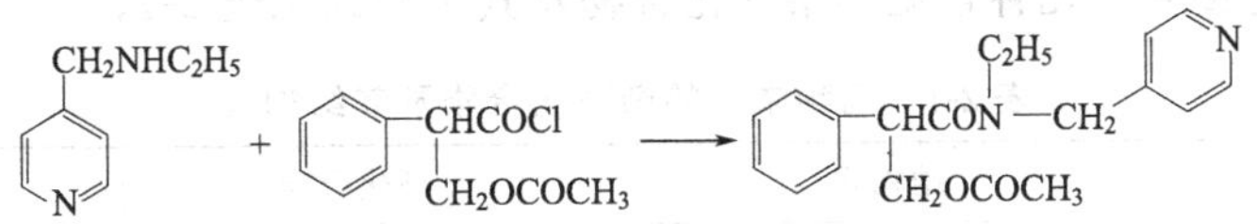

$CH_2NHC_2H_5$　N　+　CHCOCl　CH_2OCOCH_3　⟶　C_2H_5　N　CHCON—CH_2　CH_2OCOCH_3

图 2-8　托品酰胺的合成

(8) 收率最佳，成本最低，经济效益最好　收率高、成本低的工艺路线是研究者追求的理想工艺路线。在生产技术不断发展的今天，掌握先进的技术以及研究方法是提高经济效益的关键。

第二节　药物合成工艺路线的设计

药物合成工艺路线设计属于有机合成化学中的一个分支，从使用的原料来分，有机合成可分为全合成和半合成两类。

① 半合成（semi synthesis）：由具有一定基本结构的天然产物经化学结构改造和物理处理制得复杂化合物的过程。

② 全合成（total synthesis）：以化学结构简单的化工产品为起始原料，经过一系列化学反应和物理处理制得复杂化合物的过程。

与此相应，合成路线的设计策略也分为以下两类。

① 由原料而定的合成策略：在由天然产物出发进行半合成或合成某些化合物的衍生物时，通常根据原料来制定合成路线。

② 由产物而定的合成策略：目标分子作为设计工作的出发点，通过逆向变换，直到找到合适的原料、试剂以及反应为止，这是合成中最为常见的策略。这种逆合成（retrosynthesis）方法，由 E. J. Corey 于 1964 年正式提出。逆合成的过程是对目标分子进行切断

(disconnection)，寻找合成子（synthon）及其合成等价物（synthetic equivalent）的过程。

a. 切断：是目标化合物结构剖析的一种处理方法，在目标分子中有价键被打断，形成碎片，进而推出合成所需要的原料。切断的方式有均裂和异裂两种，即切成自由基形式或电正性、电负性形式，后者更为常用。切断的部位极为重要，原则是“能合的地方才能切”，合是目的，切是手段，与 200 余种常用的有机反应相对应。

b. 合成子：已切断的分子的各个组成单元，包括电正性、电负性和自由基形式。

c. 合成等价物：具有合成子功能的化学试剂，包括亲电物种和亲核物种两类。

一、利用类型反应法

类型反应法是指利用常见的典型有机化学反应与合成方法进行的合成设计。主要包括各类有机化合物的通用合成方法，功能基的形成、转换、保护的合成反应单元。对于有明显类型结构特点以及功能基特点的化合物，可采用此种方法进行设计。

从剖析药物的化学结构入手，然后考虑其合成方法。药物的结构剖析首先是分清主环与基本骨架、功能基与侧链，以及它们之间的结合情况，以便选择结合的部位；其次考虑主环的形成方法、基本碳架的组合方式，以及功能基和侧链的形成方法与引入顺序。若系手性药物，还必须同时考虑其立体构型所要求的问题。

1. 基本骨架的构成

化学合成药物的基本骨架是以芳香环、杂环、脂链有取代基的化合物为主。杂环化合物可以天然来源的杂环化合物为起始原料，或采用缩合或环和方式来合成，接合部位一般选在碳原子与杂原子连接处。几种常见的杂环化合物及其结构式见表 2-1。

表 2-1 几种常见的杂环化合物及其结构式

杂环化合物	结构式	杂环化合物	结构式
呋喃衍生物	O	噁唑衍生物	N, O
吲哚衍生物	N	嘧啶衍生物	N, N
吡啶衍生物	N	嘌呤衍生物	N, N, N, N
喹啉衍生物	N		

骨架如是脂链化合物，增加碳链的方法有以下三种。

(1) Grignard 反应　格氏试剂与活泼氢的反应是制备烷烃的方法之一。

(2) Claisen 缩合反应　即克莱森缩合反应，是指两分子羧酸酯在强碱（如乙醇钠）催化下，失去一分子醇而缩合为一分子 β-羰基羧酸酯的反应。参与反应的两个酯分子不必相同，但其中一个必须在酰基的 α-碳上连有至少一个氢原子。简单地说，该反应是一个酯分子的酰基对另一酯分子的酰基 α-碳原子进行的酰化反应。可以是酯-酯缩合、酯-酮缩合和酯-氰缩合。如 2 分子乙酸乙酯在金属钠和少量乙醇作用下发生缩合得到乙酰乙酸乙酯：

$$2CH_3CO_2C_2H_5 \xrightarrow{C_2H_5ONa} CH_3COCH_2CO_2C_2H_5\,(75\%)$$

（3）Diels-Alder 反应　即狄尔斯-阿尔德反应（或译作狄尔斯-阿德尔、第尔斯-阿德尔等），又名双烯加成，由共轭双烯与烯烃或炔烃反应生成六元环的反应，是有机化学合成反应中非常重要的碳碳键形成的手段之一。其反应式为：

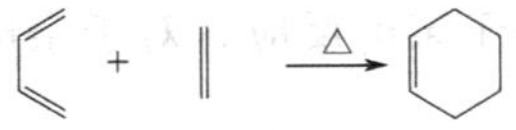

双烯体　亲双烯体

2. 功能基的生成与转化

功能基是药物化学结构中不可缺少的重要组成部分，每种药物分子中均有一定数目的功能基存在。因此，考虑药物基本骨架构成时，也必须同时考虑骨架上的功能基应如何生成或引入。有些功能基在某种情况下不能直接引入而需由其他基团转化而成，有些功能基则需要定位、活化、保护等。

（1）功能基的定位　在芳香环上引入功能基要遵循芳香环取代规律，也即如何利用这种取代规律把所需的功能基引入到指定的位置上——功能基的定位问题。

① 邻位效应。芳香族化合物为平面的刚体结构，与苯环结合的键在同一平面上，所以取代基与苯环结合时，若其取代基的分子很大，可将其邻位掩蔽起来，因而在进行化学反应时，邻位处的反应要较其他位置困难。可用此效应减少邻位的生成而获得高比例的对位体，如图 2-9 所示。

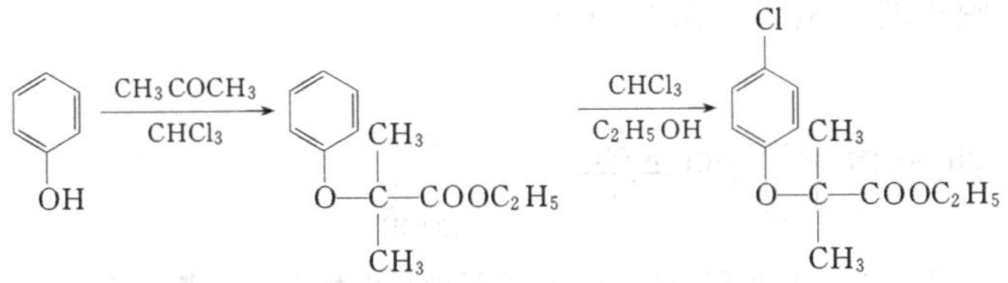

图 2-9　利用邻位效应获得高比例的对位体

② 引入临时基团。一般，苯环上含有邻、对位定位基团的化合物，其苯环上的亲电取代反应发生在原有取代基的邻位和对位位置，结果生成接近等量的邻位和对位两种物质。若事先在原有取代基的邻（对）位，临时引入某种基团，以占据该位置后再进行取代反应，取代反应发生在对（邻）位，然后再将临时占据的基团除去。一般采用磺化法引入磺酸基，达到目的后，再在酸性条件下加热将其除去。例如合成甲氧苄氨嘧啶（TMP）：以苯酚为原料合成 3,4,5-三甲氧基苯甲醛中间体，先醛基，后溴化，会产生少量邻位副产物，且羟基苯甲醛易于聚合，产生大量树脂状物，后处理复杂。后来工艺改为先溴化，后导入醛基。由于苯酚的亲电取代反应是邻位或对位取代，所以必须先将对位进行保护，使得溴只在邻位取代制得 2,6-二溴苯酚，再进行甲氧基置换反应最后导入醛基。苯酚先用磺酸基保护对位，然后在苯酚的磺化液中直接加溴生成二溴化物。反应液不用分离直接加过热水蒸气进行蒸馏，在蒸馏过程中进行水解，消除对位磺酸基生成 2,6-二溴苯酚。此过程总收率为 72.7%，工艺流程如图 2-10 所示。

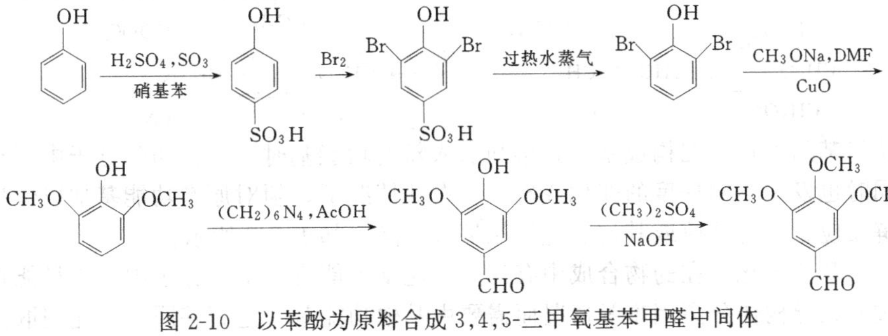

图 2-10　以苯酚为原料合成 3,4,5-三甲氧基苯甲醛中间体

（2）功能基的活化　在药物工艺路线设计时，必须从研究反应机理入手，抓住反应特点，考虑如何增强物料分子中功能基的活性。

① 亲电取代反应。对于反应物，反应部位的电子密度增大，有利于亲电取代反应的进行。若有吸电基团存在时，则不利于亲电反应。对于亲电试剂，它的正电性越大，则进攻能力越强。

因此在药物工艺路线设计中不仅需要考虑反应物的电子云密度，而且亦应考虑采取适当方法增大进攻试剂的亲电活性或选择具有较强亲电活性的反应试剂。例如氨基化合物进行乙酰化反应，可供选择的酰化剂种类很多，如醋酸、醋酐、乙酰氯、乙烯酮，它们的酰化能力有较大差别。酰化剂中加少量酸也可增强其酰化能力。醋酐中加入少量硫酸或高氯酸、磷酸等都能加速乙酰正离子的生成，因而能加快反应速度。

其机理如下：

$$(CH_3CO)_2O + H^+ \rightleftharpoons (CH_3CO)_2O^+H \rightleftharpoons CH_3C^+{=}O + CH_3COOH$$

② 亲核取代反应。对此类反应可采取增强反应中心碳原子的正电性或增强亲核试剂的负电性两种方法活化功能基，以提高反应速度和收率。例如3-氯二苯胺的合成反应。

a. 方法一：增强反应中心碳原子的正电性，在氯原子的邻位使有吸电性功能基存在，通常采用以后便于脱去的羧基，如图2-11所示。

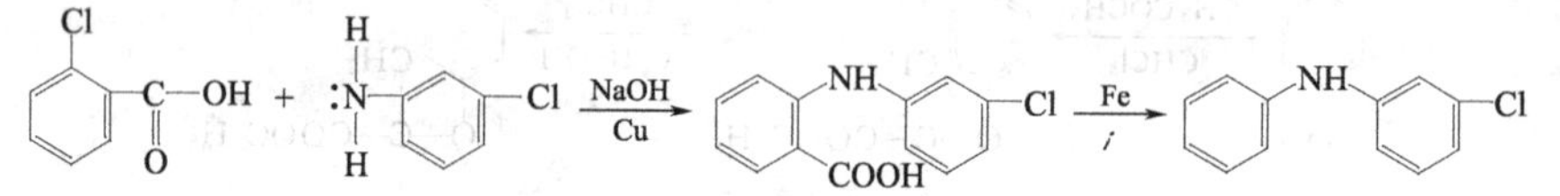

图 2-11　以增强反应中心碳原子的正电性合成3-氯二苯胺

b. 方法二：增强亲核试剂的负电性（进攻力），如图2-12所示。

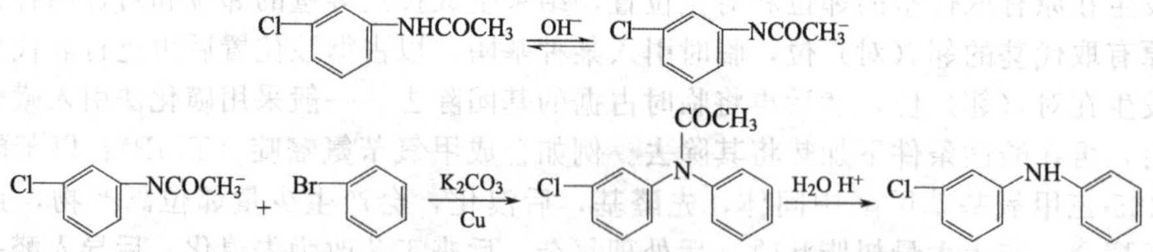

图 2-12　以增强亲核试剂的负电性合成3-氯二苯胺

③ α-碳原子上氢的反应活性。醛、酮、羧酸及其酯类等含吸电子基团化合物的α-碳原子上的氢原子均较活泼，故容易发生取代反应以引入所需要的功能基。

甲氧苄氨嘧啶的合成是以氰乙酸乙酯为原料与3,4,5-三甲氧基苯甲醛缩合。氰乙酸乙酯是含有三个碳并具有活泼氢的化合物，羧基可以增强α-碳原子上氢的活性。其反应式为：

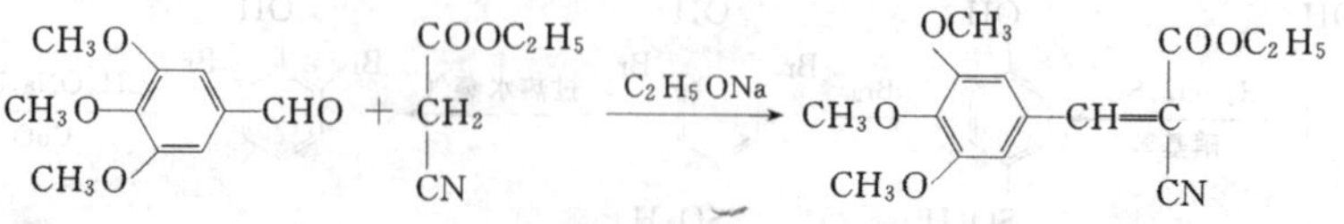

$$3,4,5\text{-}(CH_3O)_3C_6H_2\text{—}CHO + CH_2(CN)COOC_2H_5 \xrightarrow{C_2H_5ONa} 3,4,5\text{-}(CH_3O)_3C_6H_2\text{—}CH{=}C(CN)COOC_2H_5$$

（3）功能基的保护　在构成基本骨架和引入新的功能基时，往往遇到分子中原有活性强的功能基同时也发生不同程度的变化或破坏。在此情况下，须对原有功能基加以保护，然后再通过水解反应、氢解反应或其他反应将保护基脱除。如表2-2所示。

（4）功能基的转化　在药物合成中有许多功能基不能直接引入分子中，或虽能直接引入但因收率过低或异构体分离困难等情况而需要由其他功能基（过渡基团）转化制取。

表 2-2 常见功能基的一些保护方法

功能基	保护方法
$-NH_2$	(1)甲酰化反应，生成$-NHCHO$； (2)乙酰化反应，生成$-NHCOCH_3$； (3)苯甲酰化反应，生成$-NHCOC_6H_5$； (4)用苯甲醛，生成席夫碱$-N=CHC_6H_5$
$-CHO$	用甲醇或乙醇与之缩合生成缩醛$-CH(OCH_3)_2$；$-CH(OC_2H_5)_2$
$>C=O$	(1)用乙二醇与之缩合生成缩酮 $>C<\begin{matrix}O-CH_2\\O-CH_2\end{matrix}$； (2)用胺类形成烯胺类化合物 $-C=C-N<$
$-OH$	(1)用乙酰氯进行酯化，生成$-OCOCH_3$； (2)用苯甲酰氯进行酰化，生成$-OCOC_6H_5$； (3)用对甲苯磺酰氯进行酯化，生成$-OSO_2C_6H_5$； (4)用丙酮与之缩合，生成缩酮（适用于多元醇）$\begin{matrix}-O\\-O\end{matrix}>C<\begin{matrix}CH_3\\CH_3\end{matrix}$
$-COOH$	在多肽固相法合成中用氯甲基苯乙烯型高分子支架 $ClCH_2-C_6H_4-P$ 与之作用生成 $-COOCH_2-C_6H_4-P$

① 氨基的转化。利用芳胺的氨基通过重氮盐而转化成其他功能基，氨基可转化为下列基团：$-H$、$-NR_2$、$-SR$、$-SCN$、$-X$、$-OH$、$-OR$、$-CN$、$-NHNH_2$、$-NO_2$、$-SO_2H$。如图2-13所示。

$$o\text{-}H_2NC_6H_4COOH \xrightarrow[HCl]{NaNO_2} o\text{-}ClN_2C_6H_4COOH \xrightarrow[-N_2]{CuCl} o\text{-}ClC_6H_4COOH$$

$$o\text{-}H_2NC_6H_4COOCH_3 \xrightarrow[<20℃]{[重氮化]\ NaNO_2,H_2SO_4,HCl} o\text{-}HSO_4N_2C_6H_4COOCH_3 \ 或\ o\text{-}ClN_2C_6H_4COOCH_3 \xrightarrow[8\sim29℃]{[置换]\ SO_2,CuSO_4} o\text{-}HO_2SC_6H_4COOCH_3$$

图 2-13 芳胺氨基的转化

② 羧基的转化。由羧基可转化成羧酸衍生物，如酯、酰氯、酰胺及酐等。而转变后的一些基团还可以进一步变为醇基、醛基、氨基。

③ 卤素的转化，如图 2-14 所示。

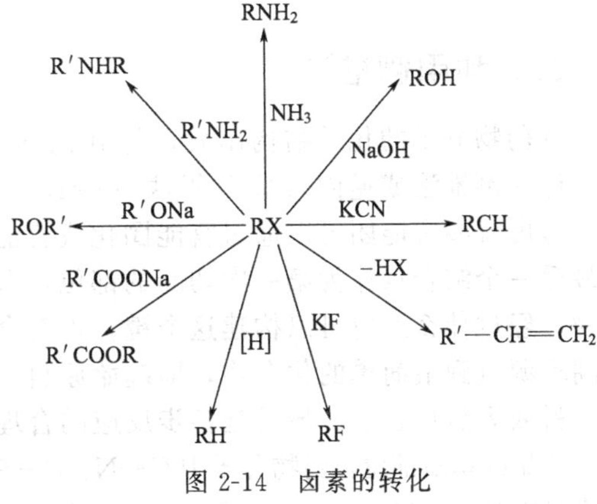

图 2-14 卤素的转化

④ 氯甲基的转化。芳香族化合物与甲醛、氯化氢作用发生布朗氯甲基化反应，于苯环上引入氯甲基，氯甲基不仅增加了一个碳原子，还可将氯原子转变为$-OH$、$-CN$、$-CHO$、$-NH_2$等基团。

3. 典型的人名反应

药物反应中有很多以人名命名的反应，如前面已经介绍的可以增加碳链的Grignard反应、Claisen缩合反应、Diels-Alder反应。下面将介绍另外几个比较常用的人名反应。

(1) Tollens缩合（羟甲基化反应） 此反应是在醛、酮的α-碳原子上引进羟甲基的反应。其反应式为：

$$HCHO + CH_3-\overset{O}{\overset{\|}{C}}-CH_3 \xrightarrow[40\sim42^{\circ}C]{稀\ NaOH} H_2\overset{OH}{\overset{|}{C}}-\underset{H}{\underset{|}{C}}HC(=O)-CH_3$$

（2）Vilsmeier 反应 以 *N*-取代的甲酰胺为甲酰化剂，在氧氯化磷作用下，将甲酰基引入芳香核或杂环上以制备芳香醛。其反应式为：

$$ArH + (R)(R')N-CHO \xrightarrow{POCl_3} ArCHO + (R)(R')NH$$

（3）Knoevenagel 缩合反应 凡含活泼次甲基的化合物在氨或胺或它们的羧酸盐的催化下，与醛、酮发生羟醛型缩合反应而得 α,β-不饱和化合物。此反应的催化剂为吡啶、哌啶、二乙胺或它们的羧酸盐，以及氨或乙酸铵。其反应式为：

$$(CH_3O)_3C_6H_2-CHO + CH_3OCH_2CH_2CN \xrightarrow{CH_3ONa} (CH_3O)_3C_6H_2-CH=\underset{CN}{\underset{|}{C}}-CH_2OCH_3 + H_2O$$

（4）Smiles 重排反应 此重排反应属芳香环的亲电重排，邻位有—YH（—OH、—NH_2、—SH、CH_3CONH—等）的二苯醚（或硫醚）和二苯砜或亚砜等在碱催化条件下，—YH 失去质子形成—Y—，然后芳香基重排到—Y—上，而原来的醚键或砜键断裂而形成新的二苯醚。其反应式为：

$$(A)(YH)-X-(B) \xrightarrow{OH^-} (A)(Y^-)-X-(B) \longrightarrow (A)(XH)-Y-(B)$$

X=O，S，SO，SO_2；YH=OH，NH_2，SH

（5）Ullmann（乌尔曼）缩合反应 催化剂是铜离子，该缩合反应在酸性条件下进行，pH 为 5～6。其反应式为：

$$\underset{亲核试剂}{Cl-C_6H_4-NH_2} + Cl-C_6H_4-COOH \xrightarrow[乌尔曼反应]{NaOH,Cu或Cu^{2+}} Cl-C_6H_4-NH-C_6H_4-COOH + NaCl$$

$$Cl-C_6H_4-COOH + Cu + H_2O \longrightarrow C_6H_5-COO^- + Cu^{2+} + Cl^-$$

二、利用倒推法

从药物分子的化学结构出发，将其化学合成过程一步一步逆向推导进行寻源的思考方法，称为倒推法或逆向合成分析法（retrosynthesis analysis）。研究药物分子的化学结构，首先考虑哪些官能团可以通过官能团化或官能团转换得到；在确定分子的基本骨架后，寻找其最后一个结合点作为第一次切断的部位，考虑这个切断所得到的合成子可能是哪种合成等价物，经过什么反应可以构建这个键；再对合成等价物进行新的剖析，继续切断，如此反复追溯求源直到最简单的化合物，即起始原料为止。起始原料应该是方便易得、价格合理的化工原料或天然化合物。最后是各步反应的合理排列与完整合成路线的确立。

常见的切断部位：药物分子中 C—N、C—S、C—O 等碳-杂键的部位，通常是该分子首先选择的切断部位。在 C—C 切断时，通常选择与某些基团相邻或相近的部位作为切断部位，由于该基团的活化作用，使合成反应容易进行。在设计合成路线时，碳骨架的形成和官能团的运用是两个不同的方面，二者相对独立但又相互联系，因为碳骨架只有通过官能团的运用才能装配起来。通常碳-杂键为易拆键，也易于合成。因此，先合成碳-杂键，然后再建立碳-碳键。

益康唑分子中有C—O和C—N两个碳-杂键的部位，可从a、b两处追溯其合成的前一步中间体，如图2-15所示。按虚线a处断开，前体为对氯甲基氯苯和1-(2,4-二氯苯基)-2-(1-咪唑基)乙醇；进一步追溯求源，断开C—N键，前体为1-(2,4-二氯苯基)-2-氯代乙醇和咪唑。按虚线b处断开，前体则为2-(4-氯苯甲氧基)-2-(2,4-二氯苯)氯乙烷和咪唑，进一步追溯求源，断开C—O键，前体为对氯甲基氯苯和1-(2,4-二氯苯基)-2-氯代乙醇。

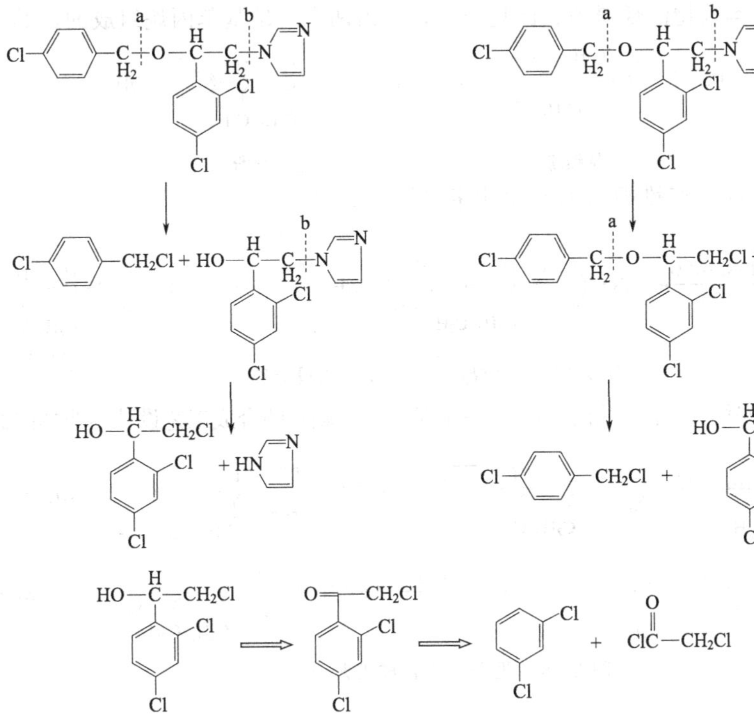

图2-15　利用倒推法追溯其合成的前一步中间体

这样益康唑的合成有a、b两种连接方法，C—O键与C—N键形成的先后次序不同，对合成有较大影响。若用上述b法拆键，1-(2,4-二氯苯基)-2-氯代乙醇与对氯甲基氯苯在碱性试剂存在下反应制备中间体2-(4-氯苯甲氧基)-2-(2,4-二氯苯)氯乙烷时，不可避免地将发生2-(4-氯苯甲氧基)-2-(2,4-二氯苯)氯乙烷的自身分子间的烷基化反应，从而使反应复杂化，降低2-(4-氯苯甲氧基)-2-(2,4-二氯苯)氯乙烷的收率。因此，采用先形成C—N键，然后再形成C—O键的a法连接装配更为有利。益康唑的合成路线如图2-16所示。

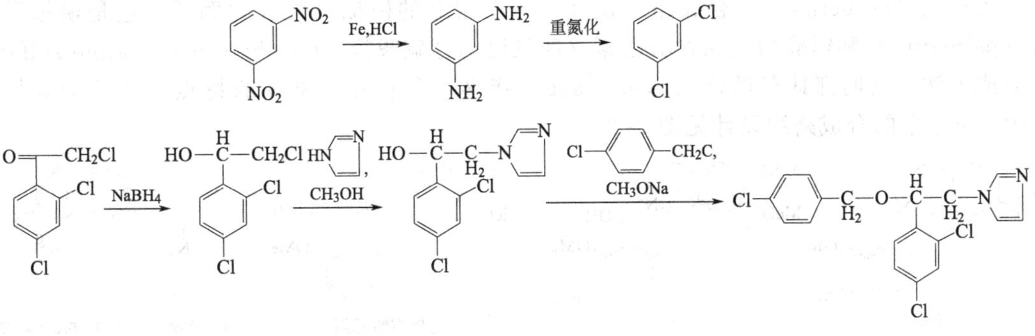

图2-16　益康唑的合成路线

三、分子对称法

对某些药物或者中间体进行结构剖析时，常发现存在分子对称性（molecular symmetry）。具有分子对称性的化合物往往可由两个相同的分子经化学合成反应制得，或可以在同一步反应中将分子的相同部分同时构建起来。分子对称法也是药物合成工艺路线设计中可采用的方法之一。分子对称法的切断部位可沿对称中心、对称轴、对称面切断。

例如，雌激素类药物己烯雌酚、己烷雌酚，是由两个对硝基苯丙烷组成的，其结构式为：

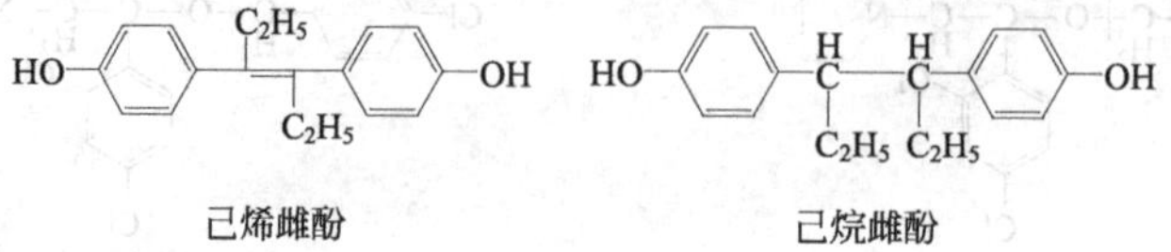

己烯雌酚　　己烷雌酚

利用对称法合成己烷雌酚的工艺设计路线如图 2-17 所示。

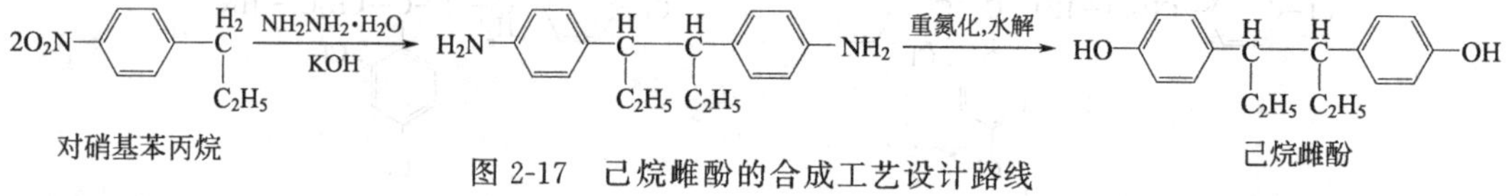

对硝基苯丙烷　　己烷雌酚

图 2-17　己烷雌酚的合成工艺设计路线

肌肉松弛药肌安松（3,4-二苯己烷双-对三甲基季铵二碘）的合成工艺设计路线如图2-18所示。

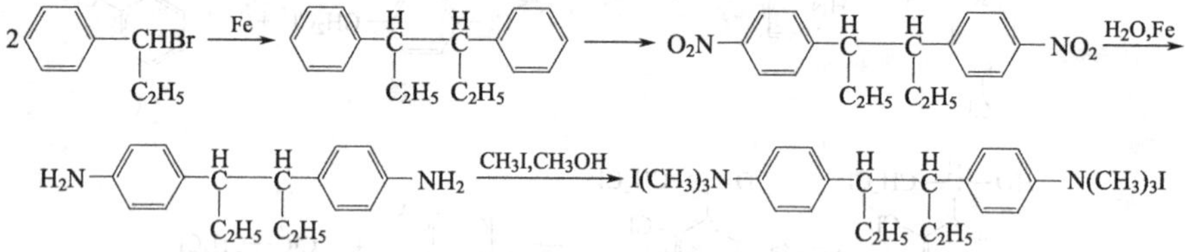

图 2-18　肌安松的合成工艺设计路线

四、模拟类推法

对化学结构复杂、合成路线设计困难的药物，可模拟类似化合物的合成方法进行合成路线设计。从初步的设想开始，通过文献调研，改进他人尚不完善的概念和方法来进行药物工艺路线设计。

注意事项：在应用模拟类推法设计药物合成工艺路线时，还必须与已有方法对比，注意比较类似化合物的化学结构、化学活性的差异。模拟类推法的要点在于适当的类比和对有关化学反应的了解。

黄连素（berberine）的合成路线设计是一个很好的模拟类推法的例子。它是模拟巴马汀（palmatine）和镇痛药延胡索酸乙素（四氢巴马汀硫酸盐，tetrahydropalamatine sulfate）的合成方法。它们都具有母核二苯并［a,g］喹啉，含有异喹啉环的特点，其结构式见图 2-19。黄连素的合成路线设计见图 2-20。

黄连素　　巴马汀　　延胡索酸乙素　　4H-喹啉　　二苯并[a,g]喹啉

图 2-19　具有母核二苯并［a,g］喹啉结构的药物

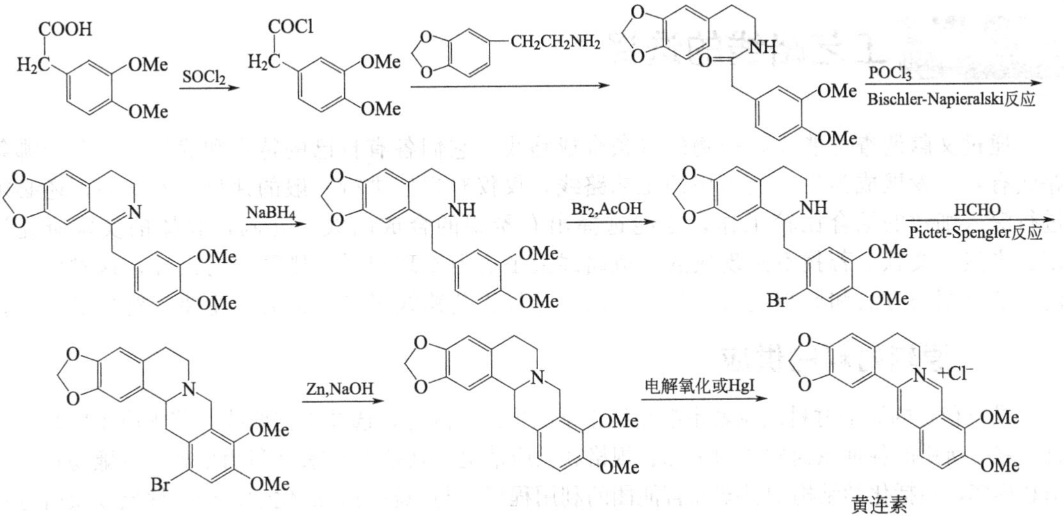

图 2-20　黄连素的合成路线设计

从合成化学观点来看，这条线路是合理的。但是由于线路较长，收率不高，且使用了昂贵试剂，因而不适宜工业化生产。1969 年 Muller 等发表了巴马汀的合成法，如图 2-21 所示。

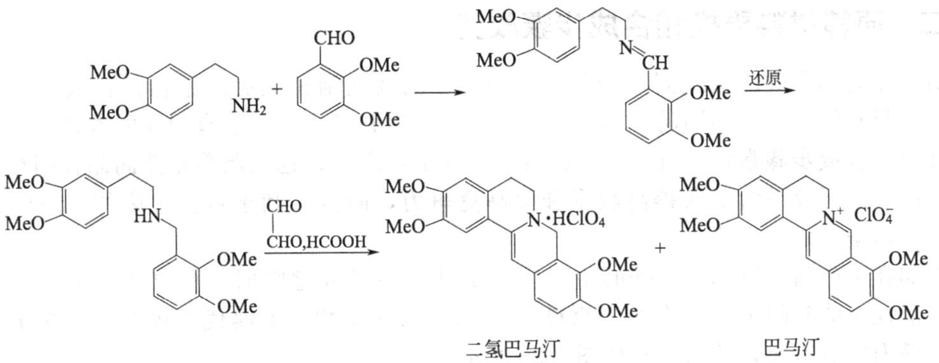

图 2-21　巴马汀的合成路线设计

参照上述巴马汀的合成，设计了从胡椒乙胺与邻甲氧基香兰醛出发合成黄连素的工艺路线，并试验成功，如图 2-22。

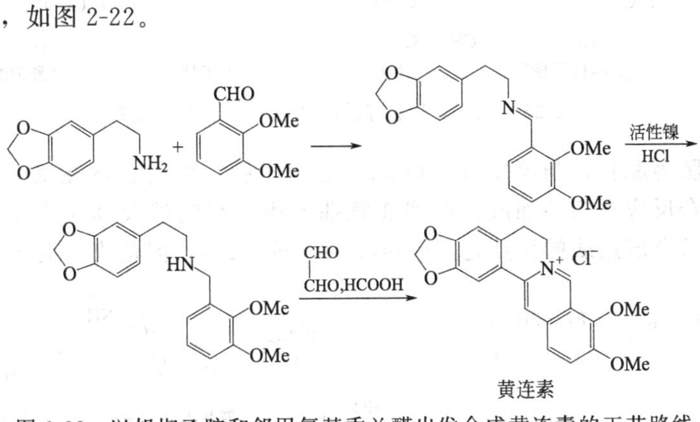

图 2-22　以胡椒乙胺和邻甲氧基香兰醛出发合成黄连素的工艺路线

第三节 工艺路线的选择

通过文献调查可能找到药物的多条合成路线，它们各有自己的特点和优缺点。至于哪条路线有希望发展成为生产上可用的工艺路线，仅仅对它们进行一般的评价是不够的，还必须进行深入细致的综合比较工作，才能选择出有希望的合成路线，并制订具体的实验研究计划。当然，文献上若找不到现成的合成路线或虽有但不理想时，则需自行设计，这时可参照前一节介绍的方法和原则进行设计，下面就选择工艺路线时应考虑到的主要问题加以讨论。

一、原辅材料的供应

没有稳定的原辅材料供应就不能组织正常的生产。因此，选择工艺路线，首先应了解每一条合成路线所用的各种原辅材料的来源、规格和供应情况，其基本要求是利用率高、价廉易得。所谓利用率，包括化学结构中骨架和官能团的利用程度；与原辅材料的化学结构、性质以及所进行的反应有关。为此，必须对不同合成路线所需的原料和试剂做全面的了解，包括理化性质、相类似反应的收率、操作难易以及市场来源和价格等。有些原辅材料一时得不到供应，则需要考虑自行生产，同时要考虑到原辅材料的质量规格、储存和运输等。对于准备选用的合成路线，应根据已找到的操作方法，列出各种原辅材料的名称、规格、单价，算出单耗（生产 1kg 产品所需各种原料的数量），进而算出所需各种原辅材料的成本和原辅材料的总成本，以便比较。

二、原辅材料更换和合成步骤改变

对于相同的合成路线或同一个化学反应，若能因地制宜地更改原辅材料或改变合成步骤，虽然得到的产物是相同的，但收率、劳动生产率和经济效果会有很大的差别。更换原辅材料和改变合成步骤常常是选择工艺路线的重要工作之一，也是制药企业同品种间相互竞争的重要内容。不仅是为了获得高收率和提高竞争力，而且有利于将排出废物减少到最低限度，消除污染，保护环境。

例如在生产磺胺甲基异噁唑的中间体 3-氨基-5-甲基异噁唑时，可以选择下列以 1、3 位上带有活性功能基的丁烷衍生物为原料。如 α,β-二溴丁腈、β-溴代丁烯腈、丁炔腈、丁烯腈、乙酰丙酮酸乙酯，其结构式如图 2-23 所示。

$$\underset{\alpha,\beta\text{-二溴丁腈}}{H_3C-CHBr-CHBr-C\equiv N}\qquad \underset{\beta\text{-溴代丁烯腈}}{H_3C-CBr{=}CH-C\equiv N}\qquad \underset{\text{丁炔腈}}{CH_3-C\equiv C-C\equiv N}\qquad \underset{\text{丁烯腈}}{CH_3-CH{=}CH-C\equiv N}\qquad \underset{\text{乙酰丙酮酸乙酯}}{H_3C-CO-CH_2-CO-CO-OC_2H_5}$$

图 2-23 1、3 位上带有活性功能基的丁烷衍生物

如果以丁烯腈为原料，与溴加成制得 α,β-二溴丁腈。此化合物在碱性条件下，可以直接与羟胺进行缩合反应和亲核加成，得到 3-氨基-5-甲基异噁唑及其异构体 3-甲基-5-氨基异噁唑混合物。这条合成路线的优点是反应步骤少（图 2-24），但是收率很低。

$$H_3C-CH{=}CH-C\equiv N \xrightarrow{Br_2} H_3C-CHBr-CHBr-C\equiv N \xrightarrow[HO-NH_2]{-2HBr} \underset{\text{3-氨基-5-甲基异噁唑}}{\text{3-}NH_2\text{-5-}CH_3\text{-异噁唑}} + \underset{\text{3-甲基-5-氨基异噁唑}}{\text{3-}CH_3\text{-5-}NH_2\text{-异噁唑}}$$

图 2-24 以丁烯腈为原料生产 3-氨基-5-甲基异噁唑的工艺路线

但是当选用羟胺的酰基衍生物替代羟胺时，由于酰基吸电子的影响，增加了氮原子上氢原子的化学活性，因此反应时主要是氮原子上的氢原子对氰基进行亲核加成，反应产物以3-氨基-5-甲基异噁唑为主，收率可达75%。

目前生产中采用的工艺路线是以乙酰丙酮酸为原料的生产工艺，如图2-25所示。

$$CH_3COCH_2COCOOC_2H_5 \xrightarrow{HONH_2} \cdots \xrightarrow{NH_3} \cdots \xrightarrow[\text{Hofmann 降解}]{NaClO,NaOH} \text{3-氨基-5-甲基异噁唑}$$

图2-25　以乙酰丙酮酸为原料生产3-氨基-5-甲基异噁唑的工艺路线

以乙酰丙酮酸乙酯为原料是合成磺胺甲基异噁唑最早的工艺路线。虽然反应步骤多，收率仅40%左右，但是它最突出的优点是原料（草酸二乙酯、甲醇钠、丙酮、羟胺）易得。由草酸二乙酯合成乙酰丙酮酸乙酯的反应为：

$$H_3C\text{—}\overset{\overset{O}{\|}}{C}\text{—}CH_3 + \underset{\text{草酸二乙酯}}{C_2H_5O\text{—}\overset{\overset{O}{\|}}{C}\text{—}\overset{\overset{O}{\|}}{C}\text{—}OC_2H_5} \xrightarrow[\text{Clasen 缩合}]{RONa} CH_3\overset{\overset{O}{\|}}{C}CH_2\text{—}\overset{\overset{O}{\|}}{C}\text{—}\overset{\overset{O}{\|}}{C}\text{—}OC_2H_5$$

三、合成步骤、操作方法与收率

理想的药物合成工艺路线应具备合成步骤少、操作简便、设备要求低、各步收率较高等特点。了解反应步骤和计算反应总收率是衡量不同合成路线效率的最直接的方法。这里有“直线方式”和“汇聚方式”两种主要的装配方式。

在“直线方式”（linear synthesis 或 sequential approach）中，一个由A、B、C……J等单元组成的产物，从A单元开始，然后加上B，在所得的产物A-B上再加上C，如此下去，直到完成，如图2-26所示。由于化学反应的各步收率很少能达到理论收率100%，总收率又是各步收率的连乘积，对于反应步骤多的直线方式，必然要求大量的起始原料A。当A接上分子量相似的B得到产物A-B时，即使用重量收率表示虽有所增加，但越到后来，当A-B-C-D的分子量变得比要接上的E、F、G……大得多时，产品的重量收率也就将惊人地下降，致使最终产品的量非常少。另一方面，在直线方式装配中，随着每一个单元的加入，产物A-B-……-J将会变得愈来愈珍贵。

$$A \xrightarrow{B} A\text{-}B \xrightarrow{C} A\text{-}B\text{-}C \xrightarrow{D} A\text{-}B\text{-}C\text{-}D \xrightarrow{E} A\text{-}B\text{-}C\text{-}D\text{-}E \longrightarrow \cdots\cdots \longrightarrow A\text{-}B\text{-}\cdots\cdots\text{-}J$$

图2-26　“直线方式”示意图

因此，通常倾向于采用另一种装配方式即“汇聚方式”（convergent synthesis 或 parallel approach）（图2-27）。先以直线方式分别构成A-B-C、D-E-F、G-H-I-J等各个单元，然后汇聚组装成所需产品。采用这一策略就有可能分别积累相当数量的A-B-C、D-E-F等单元，当把重量大约相等的两个单元接起来时，可望获得良好收率。汇聚方式组装的另一个优点是：即使偶然损失一个批号的中间体，比如A-B-C单元，也不至于对整个路线造成灾难性损失。

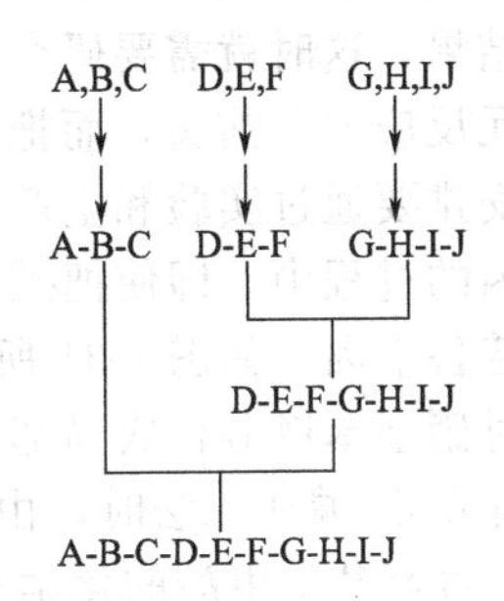

图2-27　“汇聚方式”示意图

这就是说，在反应步骤数量相同的情况下，宜将一个分子的两个大块分别组装；然后，尽可能在最后阶段将它们结合在一起，这种汇聚式的合成路线比直线式的合成路线有利得多。同时把收率高的步骤放在最后，经济效益也最好。图2-28和图2-29表示假定每步的收率都为90%时的两种方式的总收率。

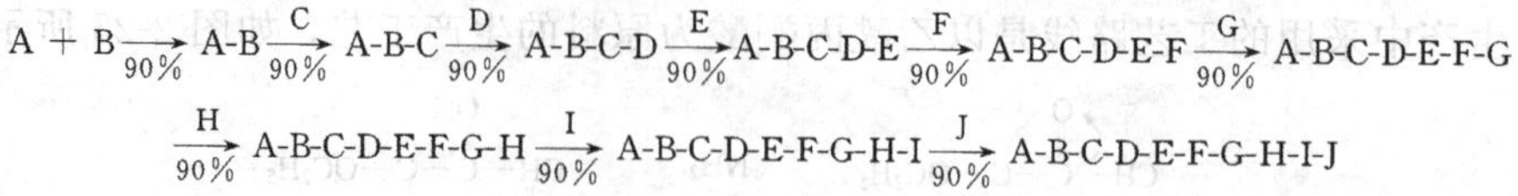

$$\text{A}+\text{B}\xrightarrow[90\%]{}\text{A-B}\xrightarrow[90\%]{\text{C}}\text{A-B-C}\xrightarrow[90\%]{\text{D}}\text{A-B-C-D}\xrightarrow[90\%]{\text{E}}\text{A-B-C-D-E}\xrightarrow[90\%]{\text{F}}\text{A-B-C-D-E-F}\xrightarrow[90\%]{\text{G}}\text{A-B-C-D-E-F-G}$$

$$\xrightarrow[90\%]{\text{H}}\text{A-B-C-D-E-F-G-H}\xrightarrow[90\%]{\text{I}}\text{A-B-C-D-E-F-G-H-I}\xrightarrow[90\%]{\text{J}}\text{A-B-C-D-E-F-G-H-I-J}$$

总收率为$(0.90)^9\times100\%=38.74\%$

图2-28 “直线方式”的总收率

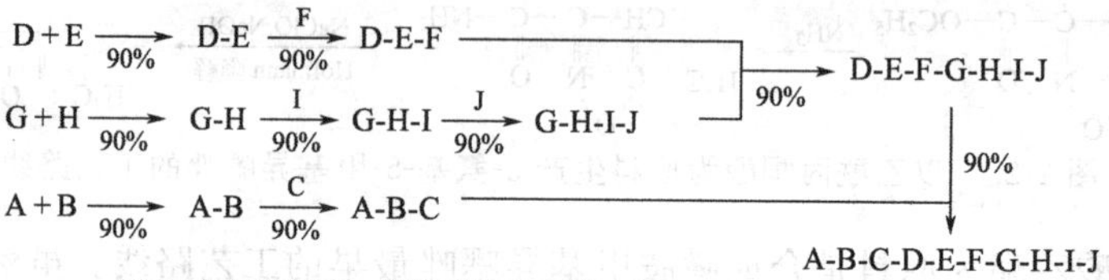

$$\text{D+E}\xrightarrow[90\%]{}\text{D-E}\xrightarrow[90\%]{\text{F}}\text{D-E-F}$$

$$\text{G+H}\xrightarrow[90\%]{}\text{G-H}\xrightarrow[90\%]{\text{I}}\text{G-H-I}\xrightarrow[90\%]{\text{J}}\text{G-H-I-J}$$

D-E-F + G-H-I-J $\xrightarrow{90\%}$ D-E-F-G-H-I-J

$$\text{A+B}\xrightarrow[90\%]{}\text{A-B}\xrightarrow[90\%]{\text{C}}\text{A-B-C}$$

D-E-F-G-H-I-J + A-B-C $\xrightarrow{90\%}$ A-B-C-D-E-F-G-H-I-J

仅有5步连续反应，总收率为$(0.90)^5\times100\%=59.05\%$

图2-29 “汇聚方式”的总收率

反应条件与产物收率的关系有两种类型，即“平顶型”反应和“尖顶型”反应，如图2-30。从合成工艺的可操作性来看，“平顶型”反应比较好；对于尖顶型反应来说，反应条件要求苛刻，稍有变化就会使收率下降，副反应增多；尖顶型反应往往与安全生产技术、“三废”防治、设备条件等密切相关。

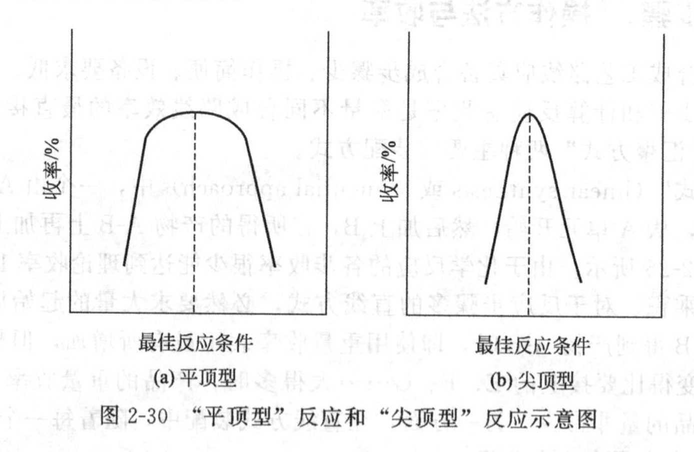

图2-30 “平顶型”反应和“尖顶型”反应示意图

四、单元反应的次序安排

在同一条合成路线中，有时其中的某些单元反应的先后次序可以颠倒，而最后都得到同样的结果，这时就需要研究单元反应的次序如何安排最为有利。从收率角度看，应把收率低的单元反应放在前头，而把收率高的放在后边，这样做符合经济原则，有利于降低成本。最佳的安排要通过实验和生产实践来验证。例如，在以对硝基苯甲酸合成局部麻醉药物盐酸普鲁卡因的过程中，即使把硝基的还原与羧基的酯化这两个单元反应的先后顺序颠倒，都同样得到普鲁卡因，如图2-31所示。

对硝基苯甲酸合成局部麻醉药盐酸普鲁卡因采用B法，先还原，得到的还原产物难分离（即用铁-酸还原法时，由于羧基与铁离子形成不溶性沉淀，混于铁泥中不易分离），而且B法中对氨基苯甲酸的化学活性较A法中对硝基苯甲酸的活性低，B法中的酯化收率不如A法高，故生产中采用先酯化后还原的反应顺序。

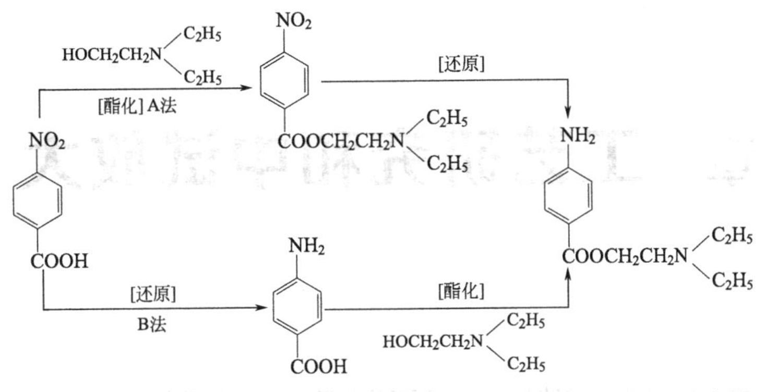

图 2-31　以对硝基苯甲酸合成局部麻醉药物盐酸普鲁卡因的工艺路线

五、技术条件与设备要求

合成路线中有些化学反应需在高温、高压、低温、高真空或严重腐蚀的条件下进行，有些需要避开这类技术条件和设备要求的反应。

[1] 计志忠. 化学制药工艺学. 北京：化学工业出版社，1980.
[2] 王效山. 制药工艺学. 北京：北京科学技术出版社，2004.
[3] 王亚楼. 化学制药工艺学. 北京：化学工业出版社，2008.
[4] 赵临襄. 化学制药工艺学. 北京：中国医药科技出版社，2003.
[5] 陈建茹. 化学制药工艺学. 北京：中国医药科技出版社，2007.

第三章 工艺研究和中试放大

在设计和选择了合理的合成路线后，就需要进行生产工艺条件研究。合成路线通常可由若干个合成工序组成，每个合成工序包含若干个化学单元反应。这些化学单元反应往往需要进行实验室工艺研究（小试），以便优化、选择最佳的生产条件，也为中试放大做准备。药物的生产工艺也是各种化学单元反应与化工单元操作的有机组合和综合应用。探讨药物工艺研究中的实践及其有关理论，需要研究反应物分子到生成物分子的变革及其过程。合成药物工艺研究需要探索化学反应条件对反应物所起作用的规律性。只有对化学反应的内因和外因，以及它们之间的相互关系深入了解后，才能正确地将两者统一起来考虑，才有可能获得最佳的工艺。

化学反应的内因：主要指参与反应的分子中原子的结合态、键的性质、立体结构、功能基活性，各种原子和功能基之间的相互影响及理化性质等。

化学反应的外因：反应条件，也就是各种化学反应单元在实际生产中的一些共同点，如配料比、反应物的浓度与纯度、加料次序、反应时间、反应温度与压力、溶剂、催化剂、pH、设备条件、反应终点控制、产物分离与精制、产物质量监控等。以上这些都是工艺研究的主要内容，也是化学动力学所研究的内容。

药物生产的工艺研究有如下七个重大课题。

① 配料比：参与反应的各物料相互间物质的量的比例称为配料比。通常物料以摩尔为单位，则称为投料的摩尔比。

② 溶剂：化学反应的介质、溶剂化作用。

③ 催化：酸碱催化、金属催化、相转移催化、酶催化等，可加速化学反应、缩短生产周期、提高产品的纯度和收率。

④ 能量供给：化学反应需要热、光、搅拌等能量的传输和转换等。

⑤ 反应时间及其监控：适时地控制反应终点，可使获得的生成物纯度高、收率高。

⑥ 后处理：蒸馏、过滤、萃取、干燥等分离技术。

⑦ 产品的纯化和检验：化学原料药的最好工序（精制、干燥、包装）必须在符合 GMP 规定的条件下进行。

第一节 反应条件与影响因素

在本节中将讨论影响化学反应的外因。主要研究反应物的浓度、配料比、反应时间、反应温度、压力、溶剂、催化剂对反应的影响。

一、反应物的浓度与配料比

反应物的浓度与配料比是由反应类型所决定的。对于不同的反应类型，反应物的浓度与配料比都有一定规律。所以首先介绍在化学合成反应中有哪些反应类型。

1. 化学反应类型

基元反应：反应物分子在碰撞中一步直接转化为生成物分子的反应。非基元反应：反应物分子经过若干步，即若干个基元反应，才能转化为生成物的反应。对于任何基元反应，反应速度总是与它的反应物浓度的乘积成正比。

化学反应按其过程，可分为简单反应和复杂反应两大类。简单反应：由一个基元反应组成的化学反应。复杂反应：由两个以上基元反应组成的化学反应，又可分为可逆反应、平行反应和连续反应。无论是简单反应还是复杂反应，一般都可应用质量作用定律来计算浓度和反应速率的关系。

质量作用定律：当温度不变时，反应的瞬间反应速度与直接参与反应的物质瞬间浓度的幂乘积成正比，并且每种反应物浓度的指数等于反应式中各反应物的系数。

例如，$aA+bB+\cdots \longrightarrow gG+hH+\cdots$

按质量作用定律，其瞬间反应速率为：

$$-\frac{dc_A}{dt}=kc_A^a c_B^b\cdots$$

化学反应根据其反应机理，可分为以下几类。

（1）单分子反应（一级反应）　只有一个分子参与反应，如热分解反应、异构化反应和分子重排反应。反应速度与反应物浓度成正比。

$$-dc/dt=kc$$

（2）双分子反应（二级反应）　两分子碰撞时相互作用发生的反应，如加成反应、取代反应和消除反应。反应速度与反应物浓度的乘积（相当于二次方）成正比。

$$-dc/dt=kc_A c_B$$

（3）零级反应　反应速度与反应物浓度无关，而仅受其他因素影响的反应，如光化学反应、表面催化反应、电解反应。其反应速度为常数。

$$-dc/dt=k$$

（4）可逆反应　两个方向相反的反应同时进行。特点：正反应速度随时间逐渐减小，逆反应速度随时间逐渐增大，直到两个反应速度相等，反应物和生成物浓度不再随时间而发生变化。利用影响化学平衡移动的因素，使得化学反应向有利于生产需要的方向移动。例如乙酸与乙醇的酯化反应。若乙酸与乙醇的初始浓度各为 c_A、c_B，经过 t 时间后，生成乙酸乙酯和水的浓度为 x，该反应总的反应速度为：

$$CH_3COOH + C_2H_5OH \underset{k_2}{\overset{k_1}{\rightleftharpoons}} CH_3COOC_2H_5 + H_2O$$

t_0	c_A	c_B		
t	c_A-x	c_B-x	x	x

正反应速度$=k_1[c_A-x][c_B-x]$

逆反应速度$=k_2x^2$

则总反应速率为：　$\frac{dx}{dt}=k_1[c_A-x][c_B-x]-k_2x^2$

（5）平行反应（竞争性反应）　一反应物系统同时进行几种不同的化学反应。生产上所需要的反应称为主反应，其余称为副反应。此反应的特点是：单纯增加反应物浓度不但加快主反应速度同时也加快副反应速度，如以氯苯硝化为例：

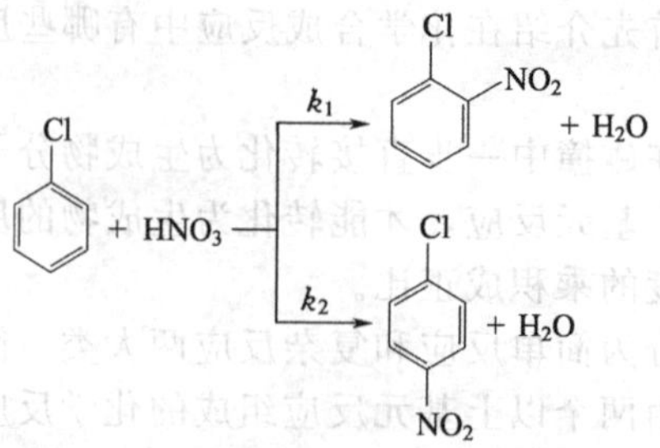

若反应物氯苯的初浓度为a，硝酸的初浓度为b，反应t时后，生成邻位和对位硝基氯苯的浓度分别为x、y，其速度分别为下列两式：

$$\frac{dx}{dt}=k_1(a-x-y)(b-x-y)$$

$$\frac{dy}{dt}=k_2(a-x-y)(b-x-y)$$

2. 反应物浓度与配料比的确定

配料比主要根据反应过程的类型来考虑。

① 可逆反应可采取增加反应物之一的浓度（即增加其配料比），或从反应系统中不断除去生成物之一的办法，以提高反应速度和增加产物的收率。

② 当反应生成物的生成量取决于反应液中某一反应物的浓度时，则增加其配料比。最适合的配料比应是收率较高，同时又是单耗较低的某一范围内。例如在磺胺类药物的合成中（图 3-1），对乙酰氨基苯磺酰氯（ASC）的收率取决于反应液中氯磺酸与硫酸两者的比例关系。氯磺酸的用量越多，则与硫酸的浓度比越大，对于 ASC 的生成越有利。

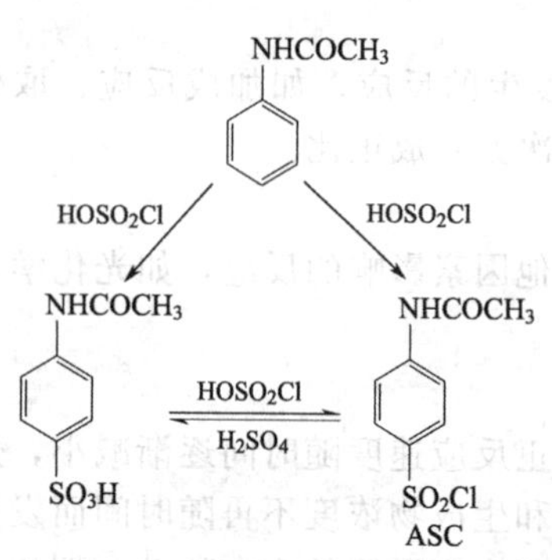

图 3-1 在磺胺类药物的合成中氯磺酸和硫酸的关系

③ 若反应中，有一反应物不稳定，则可增加其用量，以保证有足够的量参与主反应。

④ 当参与主、副反应的反应物不尽相同时，应利用这一差异，增加某一反应的用量，以增加主反应的竞争力。例如氟哌啶醇中间体 4-对氯苯基-1,2,5,6-四氢吡啶，可由对氯-α-甲基苯乙烯与甲醛、氯化铵作用生成噁嗪中间体，再经酸化重排而得［图 3-2(a)］。这个反应的副反应之一是对氯-α-甲基苯乙烯单独与甲醛反应，生成 1,3-二氧六环化合物［图 3-2(b)］。这个副反应可看作是正反应的一个平行反应；为了抑制此副反应，可适当增加氯化铵的用量，目前实际生产中氯化铵的用量超过理论量的 100%。

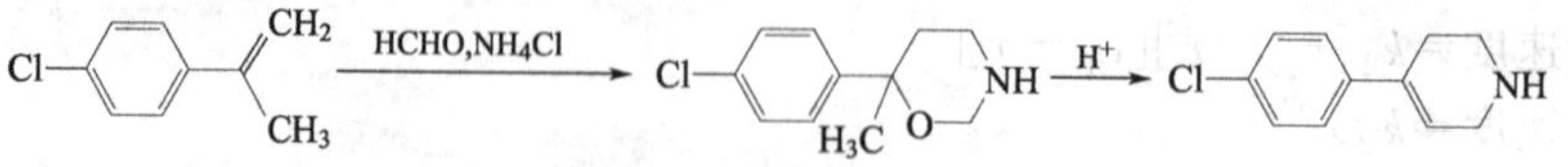

对氯-α-甲基苯乙烯

(a) 主反应

(b) 副反应

图 3-2 合成氟哌啶醇中间体 4-对氯苯基-1,2,5,6-四氢吡啶的主、副反应

⑤ 为防止连续反应（副反应）的发生，有些反应的配料比宜小于理论量，使反应进行到一定程度，停下来。如乙苯是在三氯化铝催化下，将乙烯通入苯中制得。所得乙苯由于引入乙基的供电性能，使苯环更为活泼，极易继续引入第二个乙基，如图 3-3 所示。所以控制乙烯与苯的摩尔比，可以提高乙苯收率，并且过量苯可以循环套用。

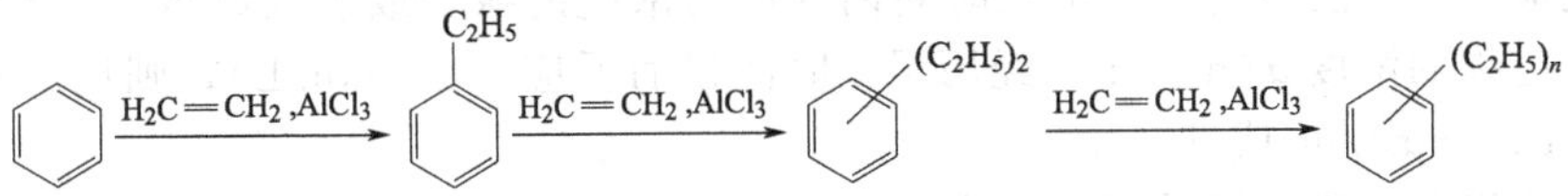

$$\text{C}_6\text{H}_6 \xrightarrow{H_2C=CH_2,AlCl_3} \text{C}_6\text{H}_5\text{C}_2\text{H}_5 \xrightarrow{H_2C=CH_2,AlCl_3} \text{C}_6\text{H}_4(\text{C}_2\text{H}_5)_2 \xrightarrow{H_2C=CH_2,AlCl_3} \text{C}_6\text{H}_{6-n}(\text{C}_2\text{H}_5)_n$$

图 3-3 乙苯生成中的连续反应

二、反应温度

温度对反应速度影响很大，对于大多数反应，提高温度可以缩短反应时间。化学反应中分子需要活化后才能转化。阿累尼乌斯（Arrhenius）反应速度方程式即 $k=Ze^{-E/RT}$ 的反应速度常数 k 可以分解为频率因子 Z 和指数因子 $e^{-E/RT}$。指数因子 $e^{-E/RT}$ 一般是控制反应速度的主要因素。指数因子的核心是活化能 E，而温度 T 的变化，也使指数因子变化而导致 k 值的变化。E 值反映温度对速度常数影响的大小。E 值很大时，升高温度，k 值增大显著。若 E 值较小时，升高温度，k 值增大并不显著。

温度升高，一般都可以使反应速度加快，例如对硝基氯苯与乙醇钠在无水乙醇中生成对硝基苯乙醚的反应，温度升高，k 值增加。在实验室小试阶段常用介质的温度范围：冰/水 0℃；冰/盐 −10～−5℃；干冰/丙酮 −60～−50℃；液氮 −196～−190℃；蒸汽浴 100℃；油浴约 300℃。中试放大和生产阶段反应釜夹套常常采用水、蒸汽、盐水来调节所需温度。

根据大量实验归纳总结得到一个近似规则，即反应温度每升高 10℃，反应速度大约增加 1～2 倍。这种温度对反应速度影响的粗率估计，称为范特霍夫（Van't Hoff）规则，如以 k_t 表示 t℃时的反应速度常数，k_{t+10} 表示（$t+10$）℃时的反应速度常数，则 $k_{t+10}/k_t=\gamma$（γ 称为反应速度的温度系数，其值约为 1～2 倍）。多数反应大致符合上述规则，但并不是所有的反应都符合。温度对速度的影响是复杂的，归纳起来有以下四种类型。

Ⅰ：反应速度随温度的升高而逐渐加快，它们之间是指数关系，这类反应最常见。可以应用阿累尼乌斯公式，求出反应速度的温度系数与活化能之间的关系。

Ⅱ：有爆炸极限的化学反应，反应开始时温度影响小，当达到一定温度极限时，反应即以爆炸速度进行。阿累尼乌斯公式就不适用了。

Ⅲ：温度不高时 k 随 T 的增高而加速，但达到某一高温以后，再生高温度，反应速度反而下降。酶反应及催化加氢反应多属于这种类型，这是由于高温对催化剂的性能有着不利的影响。

Ⅳ：温度升高，反应速度反而下降。显然阿累尼乌斯反应公式也就不适用了。如硝酸生产中一氧化氮的氧化反应，就属于这类反应。

必须指出，温度对化学平衡的关系式为：

$$\log k=\frac{-\Delta H}{2.303RT}+C \tag{3-1}$$

式中，R 为气体常数；T 为绝对温度；ΔH 为热效应；C 为常数；k 为平衡常数。

$$\ln k=\frac{-E}{RT}+\ln A \tag{3-2}$$

式中，E 为活化能，E 值反映温度对速度常数影响的大小。

从式(3-1) 看出，若 ΔH 为正值时，即吸热反应，温度升高，k 值增大，也就是升高温度对反应有利。但是放热反应，也需要一定的活化能，即需要先加热到一定温度后才能开始反应。因此，应该结合该化学反应的热效应（反应热、稀释热和溶解热等）和反应速度常数等数据加以考虑，找出最适宜的反应温度。下面介绍确定最适宜的反应温度的一种方法。

首先在实验室阶段，通过获得某一温度条件下，反应时间与反应物或生成物浓度的数据，制表制图，确定反应级数。

（1）反应速度 反应速度用单位时间内反应物浓度的减少或生成物浓度的增加来表示。假设开始反应物的浓度 a(mol/L) 经历了 t 时间以后反应了 x(mol/L)，则反应速度可用下式表示：$-\mathrm{d}(a-x)/\mathrm{d}t$ 或 $\mathrm{d}x/\mathrm{d}t$。

（2）反应级数 反应级数阐明反应速度与反应物的联系，它是由实验求出的数值。即便不完全了解化学反应的机理，也可以求出反应级数。对于大多数药物，即使它们的反应过程或机理十分复杂，也可以用零级、一级、伪一级、二级反应等来处理。

$$-\frac{\mathrm{d}c}{\mathrm{d}t}=kc^n$$

式中，k 为反应速度常数；c 为反应物浓度；n 为反应级数；t 为反应时间。

零级反应：

$$-\frac{\mathrm{d}c}{\mathrm{d}t}=k$$

$$c=-kt+c_0$$

当反应时间与反应物浓度呈直线关系，说明此反应是零级反应。

一级反应：

$$-\frac{\mathrm{d}c}{\mathrm{d}t}=kc$$

$$\log c=-\frac{kt}{2.303}+\log c_0$$

当反应时间与反应物浓度的对数呈直线关系，说明此反应是一级反应。

二级反应：

$$-\frac{\mathrm{d}c}{\mathrm{d}t}=kc^2$$

$$\frac{1}{c}=kt+\frac{1}{c_0}$$

当反应时间与反应物浓度的倒数呈直线关系，说明此反应是二级反应。

从相应的直线图形的斜率，可以计算出该反应在这个温度条件下的改变温度，记录反应时间与反应物或生成物浓度的数据。如表 3-1。

表 3-1 温度与平衡常数

温度	T_1	T_2	T_3	T_4	T_5
平衡常数	k_1	k_2	k_3	k_4	k_5

以 $\ln k$ 与 $1/T$ 作图，直线的斜率为 $-E/R$，可以计算出活化能。

例如研究氯萘水解制备 α-萘酚的工艺条件。

氯萘在铜和氧化亚铜催化下，碱性水解制备 α-萘酚。反应方程式如下：

$$C_{10}H_7Cl + 2NaOH \longrightarrow C_{10}H_7ONa + NaCl + H_2O$$

首先在 277℃氯萘的初始浓度为 0.57mol/L，摩尔比为 4.2 时，进行了一组实验，结果见表 3-2。

表 3-2 氯萘水解的实验结果

反应时间/min	5.0	10	20	32	44	46	70	100
转化率 x/%	23.3	33.9	67.5	83.5	85.0	93.1	95.2	96.0

根据以上数据可以作图推断，此反应符合二级反应动力学。再做出其他温度下的转化率，并算出速率常数。实验结果如表 3-3 所示。

表 3-3 速度常数与温度的关系

项 目	温 度 /℃				
	257	265	285	285	290
反应时间/min	30	30	17	8	13
转化率 x/%	27.5	42.5	80.8	58.0	82.0
速度常数 k/$\times 10^3$	4.85	8.72	54.6	54.0	96.0

由此得出速度常数 k 与绝对温度 T(K) 的关系式：

$$\ln k = 43.75 - \frac{52000}{RT} \tag{3-3}$$

从式(3-3) 可以看到，提高反应温度，可以有效地缩短反应时间。提高温度也要考虑原辅料的沸点以及由此而带来的压力问题，所以在反应釜可以承受的压力条件下，温度选择275℃，反应时间为130min，氯萘的转化率为99.5%。

三、压力

多数反应是在常压下进行的，但有时反应要在加压下进行才能提高收率。压力对液相反应影响不大，而对气相或气液相反应的平衡影响显著。压力对于理论产率的影响，依赖于反应前后体积和分子数的变化，如果一个反应的结果使体积增加（分子数增加）那么加压对产物生成不利。加压能增加气体在溶液中的溶解度，从而促进反应。另外如需要较高温度的液相反应，所需反应温度已超过反应物或溶剂的沸点，也可以在加压下进行，以提高反应温度，缩短反应时间。

四、溶剂

在药物合成中，绝大部分反应都是在溶剂中进行的。溶剂可以帮助反应散热或传热，并使反应分子能够均匀分布，以增加分子碰撞和接触机会，从而加速反应进程。溶剂效应亦称"溶剂化作用"，指液相反应中，溶剂的物理和化学性质影响反应平衡和反应速度的效应。溶剂化本质主要是静电作用。对中性溶质分子而言，共价键的异裂将引起电荷的分离，故增加溶剂的极性，对溶质影响较大，能降低过渡态的能量，结果使反应的活化能降低，反应速度大幅度加快。对于带有正电荷的溶质分子，溶剂的极性使溶质的正电荷趋于集中，相对更加稳定，因而使反应的活化能加大，反应速度减慢。溶剂介电常数可近似估计溶剂的极性大小。溶剂能否提供质子形成氢键，对溶质和溶剂的相互作用有较大的影响。质子型溶剂既是氢键的给予体，又是氢键的接受体，在离子型反应中具有高度的溶剂化能力。了解溶剂效应，有助于研究有机物的溶解状况和反应历程。

在均相反应中，溶液的反应远比气相反应多得多（有人粗略估计有90%以上均相反应是在溶液中进行的）。但研究溶液中反应的动力学要考虑溶剂分子所起的物理的或化学的影响，另外在溶液中有离子参加的反应常常是瞬间完成的，这也造成了观测动力学数据的困难。最简单的情况是溶剂仅引起介质作用的情况。

在溶液中起反应的分子要通过扩散穿过周围的溶剂分子之后，才能彼此接触，反应后生成物分子也要穿过周围的溶剂分子通过扩散而离开。

扩散——就是对周围溶剂分子的反复挤撞，从微观角度，可以把周围溶剂分子看成是形成了一个笼，而反应分子则处于笼中。分子在笼中持续时间比气体分子互相碰撞的持续时间大10～100倍，这相当于它在笼中可以经历反复的多次碰撞。

笼效应——就是指反应分子在溶剂分子形成的笼中进行多次的碰撞（或振动）。这种连续反复碰撞则称为一次偶遇，所以溶剂分子的存在虽然限制了反应分子作远距离的移动，减少了与远距离分子的碰撞机会，但却增加了近距离分子的重复碰撞，总的碰撞频率并未减低。

据粗略估计，在水溶液中，对于一对无相互作用的分子，在一次偶遇中它们在笼中的时间约为10～12s，在这段时间内大约要进行100～1000次的碰撞。然后偶尔有机会跃出这个笼子，扩散到别处，又进入另一个笼中。可见溶液中分子的碰撞与气体中分子的碰撞不同，后者的碰撞是连续进行的，而前者则是分批进行的，一次偶遇相当于一批碰撞，它包含着多次的碰撞。而就单位时间内的总碰撞次数而论，大致相同，不会有数量级上的变化。所以溶剂的存在不会使活化分子减少。A和B发生反应必须通过扩散进入同一笼中，反应物分子通过溶剂分子所构成的笼所需要的活化能一般不会超过20kJ/mol，而分子碰撞进行反应的活化能一般在40～400kJ/mol之间。

由于扩散作用的活化能小得多，所以扩散作用一般不会影响反应的速率。但也有不少反应的活化能很小，例如自由基的复合反应、水溶液中的离子反应等。则反应速率取决于分子的扩散速度，即与它在笼中的时间成正比。

从以上的讨论可以看出，如果溶剂分子与反应物分子没有显著的作用，则一般说来碰撞理论对溶液中的反应也是适用的，并且对于同一反应无论在气相中或在溶液中进行，其概率因素P和活化能都大体具有同样的数量级，因而反应速率也大体相同。但是也有一些反应，溶剂对反应有显著的影响。例如某些平行反应，常可借助溶剂的选择使得其中一种反应的速率变得较快，使某种产品的数量增多。溶剂对反应速率的影响是一个极其复杂的问题，一般来说：

① 溶剂的介电常数对有离子参加的反应有影响。因为溶剂的介电常数越大，离子间的引力越弱，所以介电常数比较大的溶剂常不利于离子间的化合反应。

② 溶剂的极性对反应速率有影响。如果生成物的极性比反应物大，则在极性溶剂中反应速率比较大；反之，如反应物的极性比生成物大，则在极性溶剂中的反应速率必变小。

③ 溶剂化对反应速率有影响。一般来说，作用物与生成物在溶液中都能或多或少地形成溶剂化物。这些溶剂化物若与任一种反应分子生成不稳定的中间化合物而使活化能降低，则可以使反应速率加快。如果溶剂分子与作用物生成比较稳定的化合物，则一般常能使活化能增高，而减慢反应速率。如果活化络合物溶剂化后的能量降低，因而降低了活化能，就会使反应速率加快。

④ 离子强度对反应速率有影响（也称为原盐效应）。在稀溶液中如果作用物都是电解质，则反应的速率与溶液的离子强度有关，也就是说第三种电解质的存在对于反应速率有影响。

溶剂一般可分为质子性（protic solvent）和非质子性溶剂（aprotic solvent）两大类。

质子性溶剂，如水、酸、醇等含有易取代氢原子，可与含阴离子的反应物发生氢键结合，产生溶剂化作用，也可与阳离子的孤独电子对进行配价，或与中性分子中的氧原子（或氮原子）形成氢键，或由于偶极距的相互作用而产生溶剂化作用。质子性溶剂有水、醇类、乙酸、硫酸、多聚磷酸、氢氟酸-三氟化锑（$HF-SbF_3$）、氟磺酸-三氟化锑（FSO_3H-SbF_3）、三氟乙酸（F_3CCOOH）等，以及氨或胺类化合物。

非质子性溶剂不含有易取代的氢原子，主要是靠偶极距或范德华力的相互作用而产生溶剂化作用。介电常数（D）和偶极距（μ）小的溶剂，其溶剂化作用亦小，一般以介电常数在15以上的称为极性溶剂，15以下的称为非极性溶剂或惰性溶剂。非质子性极性溶剂有醚类（乙醚、四氢呋喃、二氧六环等）、卤素化合物（氯甲烷、氯仿、二氯乙烷、四氯化碳等）、酮类（丙酮、甲乙酮等）、硝基烷类（硝基甲烷）、苯系（苯、甲苯、二甲苯、氯苯、硝基苯等）、吡啶、乙腈、喹啉、亚砜类［二甲基亚砜（DMSO）］和酰胺类［甲酰胺、二甲基甲酰胺

(DMF)、*N*-甲基咯酮（NMP）、二甲基乙酰胺（DMAA）、六甲基磷酰胺（HMPA）］等。

惰性溶剂一般指脂肪烃类化合物，常用的有正己烷、环己烷、庚烷和各种沸程的石油醚。

在药物合成中，绝大部分的反应都是在溶剂中进行的。溶剂可以帮助反应散热或传热，并使反应分子能够均匀地分布，以增加分子碰撞和接触的机会，从而加速反应的进程。同时溶剂也可直接影响反应速度、反应方向、反应程度、产物构型等。因此，在药物合成中，对溶剂的选择与使用也是一项重要课题。溶剂对反应影响的原因非常复杂，目前还不能从理论上十分可靠地找出某反应的最适合的溶剂，常常需要根据实验结果确定。

1. 溶剂对反应速度的影响

有机反应按其反应机理可分为两大类：游离基反应；离子型反应。在游离基反应中，溶剂对反应并无显著影响；在离子型反应中，溶剂对反应影响是很大的。例如极性溶剂可以促进离子反应，显然这类溶剂对单分子亲核取代反应（SN1 反应）最为适合。又如氯化氢或对甲苯磺酸这类强酸，它们在甲醇中的质子化作用首先被溶剂分子所破坏而遭削弱；而在氯仿或苯中，酸的“强度”将集中作用在反应物上，因而得到加强，导致更快的甚至不同的反应。

例如，Beckmann 重排：

$$\underset{\displaystyle NOC_6H_2(NO_2)_3}{C_6H_5-\overset{\|}{C}-C_6H_5} \xrightarrow{\text{慢}} \underset{\displaystyle \sigma^+NOC_6H_2(NO_2)_3}{C_6H_5-\overset{\|}{C}-C_6H_5} \longrightarrow \underset{\displaystyle C_6H_5-N-C_6H_2(NO_2)_3}{C_6H_5-\overset{\|}{C}-O}$$

其反应速度取决于第一步的解离反应，故极性溶剂有利于反应。

在下列溶剂中反应速度的次序为：$C_2H_4Cl_2 > CHCl_3 > C_6H_6$，这三种溶剂的介电常数（20℃）分别为 10.7、5.0、2.28。

正是由于离子或极性分子处于极性溶剂中时，在溶质和溶剂分子之间能发生溶剂化作用。在溶剂化过程中，物质放出热量而降低位能。如果反应过渡状态（活化络合物）比反应物更容易发生溶剂化作用。随着反应物或活化络合物位能下降（ΔH），反应活化能也降低 ΔH，故反应加速，溶剂的极性越大，对反应越有利，如图 3-4 所示。反之，如果反应物更容易发生溶剂化作用，则反应物的位能降低 ΔH，相当于活化能增高 ΔH，于是反应速度降低，如图 3-5 所示。

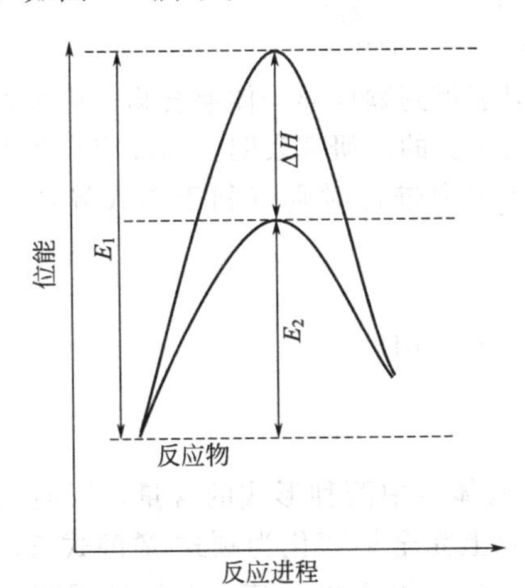

图 3-4　活化络合物溶剂化，反应活化能降低

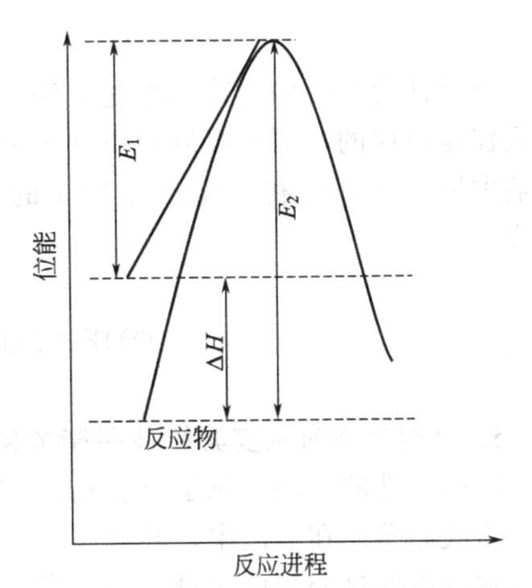

图 3-5　反应物溶剂化，反应活化能增高

2. 溶剂对均相化学反应的速率和级数的影响

选择合适的溶剂，可以实现化学反应的加速或减缓，有些溶剂甚至可以改变化学反应的

历程而改变反应级数。例如碘乙烷与三乙胺生成季铵盐的反应，在不同的溶剂中，反应速度是不同的。如表 3-4。

表 3-4 溶剂与反应速率的关系

溶剂	各溶剂反应速率与以正己烷为溶剂的反应速率比值	溶剂	各溶剂反应速率与以正己烷为溶剂的反应速率比值
乙醚	5	甲醇	281
苯	37	苄醇	743

3. 溶剂对反应的影响

甲苯与溴进行溴化反应时，取代反应发生在苯环上，还是在甲基侧链上，可用不同极性的溶剂来控制，如图 3-6 所示。

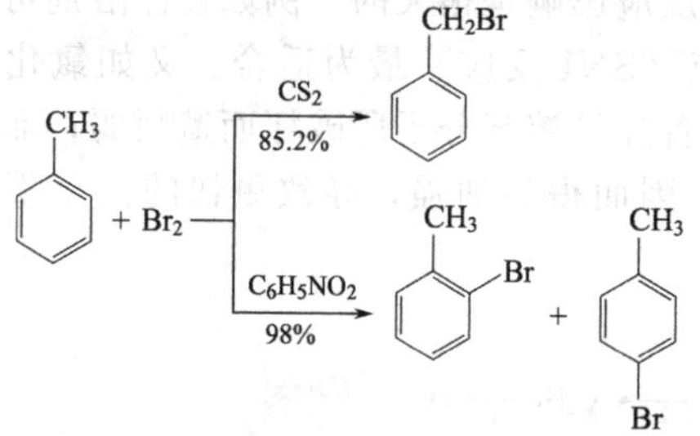

$CH_3C_6H_5 + Br_2$ —(CS_2, 85.2%)→ $C_6H_5CH_2Br$；—($C_6H_5NO_2$, 98%)→ 邻溴甲苯 + 对溴甲苯

图 3-6 用不同极性的溶剂控制甲苯与溴的反应

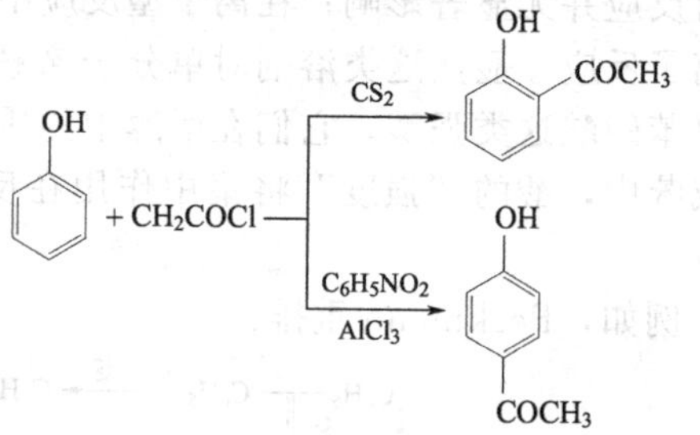

$C_6H_5OH + CH_3COCl$ —(CS_2)→ 邻羟基苯乙酮（OH, $COCH_3$）；—($C_6H_5NO_2$, $AlCl_3$)→ 对羟基苯乙酮（OH, $COCH_3$）

图 3-7 用不同极性的溶剂控制苯酚与乙酰氯的反应

苯酚与乙酰氯进行 Friedel-Crafts 反应，在硝基苯溶剂中，产物主要是对位取代物；若在二硫化碳中反应，产物主要是邻位取代产物，如图 3-7 所示。

4. 溶剂对产品构型的影响

由于溶剂极性不同，有的反应产物中顺反异构体的比例不同。Wittig 试剂与醛类和不对称酮类反应时，得到的烯烃是一对顺反异构体，其反应式如下：

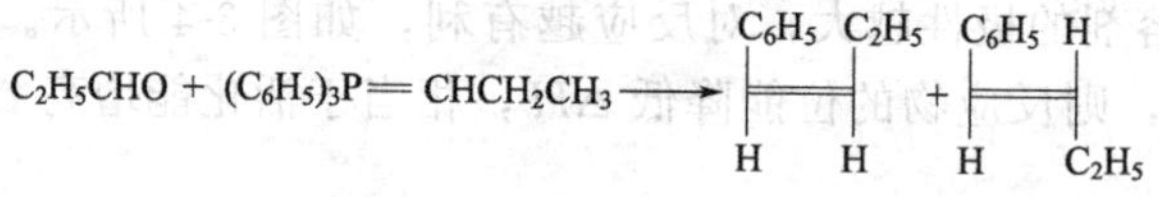

$$C_2H_5CHO + (C_6H_5)_3P{=}CHCH_2CH_3 \longrightarrow (C_6H_5)(C_2H_5)C{=}C(H)(H) + (C_6H_5)(H)C{=}C(H)(C_2H_5)$$

顺式 DMF, 96%　　反式 PhH, 100%

以前认为产品的立体构型是无法控制的，因而，只能得到顺反异构体混合物。后来人们发现控制反应的溶剂和温度可以使某种构型的产物成为主要的。研究表明，当反应在非极性溶剂中进行时，有利于反式异构体的生成；在极性溶剂中进行时则有利于顺式异构体的生成。

←顺式增加

DMF＞EtOH＞THF＞Et_2O＞PhH

反式增加→

5. 溶剂极性对互变异构体平衡的影响

溶剂极性的不同影响了化合物酮型-烯醇型互变异构体系中两种形式的含量，因而也影响产物收率等。在溶液中，开链 1,3-二羰基化合物实际上完全烯醇化为顺式-烯醇式 B，这种形式可以通过分子内氢键而稳定化。极性溶剂有利于酮型物 A 的形成，非极性溶剂有利于烯醇型物 C 的形成。以烯醇型物含量来看，在水中为 0.4%，乙醇中为 10.52%，苯中为 16.2%，环己烷中为 46.4%，随着极性的降低，烯醇型物含量越来越高。A、B、C 三种形式的转换如下：

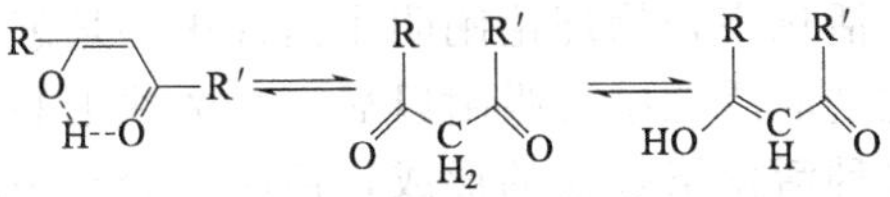

在药物合成工艺研究中，除了在合成过程中要选择适当的溶剂，重结晶时溶剂的选择是实际生产中遇到的另一个重要课题。重结晶的目的是除去由原辅材料和副反应带来的杂质，达到精制和提纯的目的。因此，理想的重结晶溶剂的选择要考虑：①对杂质具有良好的溶解性；②对结晶的药物具有所期望的溶解性，室温下微溶、接近溶剂沸点时易溶；③结晶的状态和大小。

五、催化剂

催化剂是一类能改变化学反应速度而在反应中自身并不消耗的物质。其作用通常是加速反应，例如铁催化剂可使氮和氢转变为氨的反应大为加速，使合成氨工业成为可能。若其作用是使反应减速，则称负催化剂，如少量醇、酚或蔗糖可抑制亚硫酸钠溶液被溶于水中的氧所氧化。催化剂可以是气态物质（如氧化氮）、液态物质（如酸、碱、盐溶液）或固态物质（如金属、金属氧化物），还有些以胶体状态存在（如生物体内的酶）。在催化剂工业中，主要产品是固体催化剂。

催化作用原理十分复杂。几十年来，研究者们提出过不少的催化理论，但至今还缺乏适用范围广泛的理论来阐明催化剂的作用原理，并指导人们更好地选择催化剂。这是由于催化反应，特别是多相催化反应，是一个十分复杂的问题。它不仅涉及一般的化学反应机理，而且还涉及固体物理学、结构化学和表面化学等学科，而这些都是人们至今还在探索的科学领域。

催化剂与反应物同处于均匀的气相或液相中的催化称为单相催化（又称均相催化）。单相催化一般认为是反应物与催化剂先生成一定的中间产物，然后催化剂又从这些中间产物中产生出来。反应物与催化剂形成中间产物，再由中间产物变为产物，其总的活化能，要比反应物之间直接反应成为生成物的活化能小得多。例如，乙醛分解为甲烷和一氧化碳的反应：

$$CH_3CHO \longrightarrow CH_4 + CO$$

在 518℃时，如果没有催化剂，此反应的活化能是 190kJ。但若有碘蒸气作催化剂，此反应分两步进行：

$$CH_3CHO + I_2 \longrightarrow CH_3I + HI + CO$$

$$CH_3I + HI \longrightarrow CH_4 + I_2$$

两步反应所需的总的活化能为 136kJ。用碘作催化剂后，活化能降低了 54kJ，使反应速率加大约 1 万倍。

在水溶液中的单相催化，大都是由 H^+ 或 OH^- 所引起的。例如，在水溶液中糖的转化、酯的水解、酰胺及缩醛的水解等，都因有 H^+ 的参加而加速。

催化剂自成一相（固相），在催化剂表面进行的催化作用称为多相催化。对于多相催化反应，目前有三种理论，即活性中心理论、活化络合物理论和多位理论。

（1）活性中心理论　活性中心理论认为，催化作用发生在催化剂表面上的某些活性中心。由于这些活性中心对反应物分子产生化学吸附，使反应物分子变形，化学键松弛，呈现活化状态，从而发生催化作用。在固体表面，活性中心存在于棱角、突起或缺陷部位。因为这些部位的价键具有较大的不饱和性，所以具有较大的吸附能力。通常活性中心只占整个催化剂表面的很小部分。例如，合成氨的铁催化剂的活性中心只占总表面积的 0.1%。活性中心理论可以解释：为什么微量的毒物就能使催化剂丧失活性（毒物破坏或占据活性中心）；为什么催化剂的活性与制备条件有关（制备条件能影响晶体结构，即影响活性中心的形成）。

（2）活化络合物理论　活化络合物理论阐明了活性中心是怎样使反应物活化的，这种理论认为，反应物分子被催化剂的活性中心吸附以后，与活性中心形成一种具有活性的络合物（称为活化络合物）。由于这种活化络合物的形成，使原来分子中的化学键松弛，因而反应的活化能大大降低，这就为反应的进行创造了有利条件。

（3）多位理论　活性中心理论和活化络合物理论都没有注意到催化剂表面活性中心的结构，因而不能充分解释催化剂的选择性。多位理论认为，表面活性中心的分布不是杂乱无章的，而是具有一定的几何规整性。只有活性中心的结构与反应物分子的结构成几何对应时，才能形成多位的活化络合物，从而发生催化作用。这时催化剂的活性中心不仅使反应物分子的某些键变得松弛，而且还由于几何位置的有利条件使新键得以形成。

一种催化剂只能选择性地加速某一或某些特定的化学反应，即同一催化剂对于不同的反应具有不同的催化活性，称为催化剂的选择性。利用催化剂对反应的选择性来控制原料的化学转变方向，在化学工业中有重要意义。

在可逆反应中，对于正、逆反应的速度，催化剂是以同样的倍率产生影响的。所以催化剂虽然能加速化学反应，但它不能改变化学平衡常数，只能影响反应向平衡状态推进的速度。例如铂、钯催化剂可使苯加氢转变为环已烷，但在有利于脱氢反应的热力学条件下，它们亦可使环已烷脱氢成苯。

影响催化剂活性的因素如下。

（1）温度　温度对催化剂活性影响较大，温度太低，催化剂的活性很小，反应速度很慢。随着温度升高，反应速度逐渐增大，达到最大速度后，又开始降低，适宜的温度需通过试验确定。

（2）助催化剂（促进剂）　助催化剂是一类能改善活性组分的催化性能的物质。它能提高催化剂的活性、稳定性和选择性。

例如，在合成氨的铁催化剂中，加入45% Al_2O_3，1%～2%K_2O等作为助催化剂，虽然Al_2O_3等本身对氨合成无催化作用，但可使铁催化剂活性显著提高。固体催化剂是借助其表面与作用物接触才发生催化作用的，故多数为具有较高比表面积的物质。但并非固体的全部表面均具有催化活性，具有活性的部分称为催化活性中心或活性位。活性中心的组成、构造及其生成和破坏，在催化理论和实践中均具有重要意义。

（3）载体（担体）　在多数情况下，常常把催化剂负载于某种惰性物质上，这种惰性物质称为载体。常用的载体有石棉、活性炭、硅藻土、氧化铝、硅酸等。载体可使催化剂分散，从而使有效面积增大，又可节约其用量。同时还可增加催化剂的机械强度，防止其活性组织在高温下发生熔结现象，影响其使用寿命。

（4）催化剂中毒　催化剂在使用过程中，因某些物理和化学作用破坏了催化剂原有的组织和构造，催化剂会降低或丧失活性，这种现象称为催化剂衰退或催化剂失活。例如反应物中的某些杂质与催化剂作用或覆盖于催化剂表面，会使催化剂中毒，导致催化剂衰退。有些催化剂失活后可以用特定的方法处理，使催化剂再生，重新恢复催化活性；有些催化剂失活后不能再生。但所有的催化剂都有一定的使用期限，称催化剂寿命。

六、原料、中间体的质量控制

原料、中间体的质量，对下一步反应和产品的质量关系很大。若不加以控制、规定杂质含量限度，不仅影响反应的正常进行和收率的降低，更严重的是影响药品质量和治疗效果。

七、反应终点的控制

反应终点的控制，主要是测定反应系统中是否尚有未反应的原料（或试剂）的存在，或残存量是否达到一定的限度。一般可用简易快速的化学和物理方法，如测定其显色、沉淀、酸碱度等，还可利用薄层色谱、气相色谱、纸色谱。

第二节 试验设计方法

在化学研究过程中，广泛使用试验手段去探求和掌握研究对象的规律，化工工艺开发过程更是这样。

面对大量的试验工作，除了需要具有相关的专业知识和文献信息之外，还必须有一套科学的试验设计方法，才能花费尽量少的力气，获取最多的信息。

经过设计的试验，效果大大提高，与不经过设计的试验相比，情况大不相同。

一、概述

在实验室工艺研究、中试放大研究及生产中都涉及化学反应各种条件之间的相互影响等诸多因素。要在诸多因素中分清主次，就需要合理的试验设计及优选方法，为找出影响生产工艺的内在规律以及各因素间相互关系，尽快找出生产工艺设计所要求的参数和生产工艺条件提供参考。

试验设计及优选方法是以概率论和数理统计为理论基础，安排试验的应用技术。其目的是通过合理地安排试验和正确地分析试验数据，以最少的试验次数，最少的人力、物力，最短的时间达到优化生产工艺方案。

试验设计及优选方法的过程包括试验设计、试验实施和对试验结果的分析三个阶段。

优选法，是以数学原理为指导，用最可能少的试验次数，尽快找到生产和科学实验中最优方案的一种科学试验的方法。例如，在现代体育实践的科学试验中，怎样选取最合适的配方、配比；寻找最好的操作和工艺条件；找出产品的最合理的设计参数，使产品的质量最好，产量最多，或在一定条件下使成本最低、消耗原料最少、生产周期最短等。把这种最合适、最好、最合理的方案，一般总称为最优；把选取最合适的配方、配比，寻找最好的操作和工艺条件，给出产品最合理的设计参数，称为优选。也就是根据问题的性质在一定条件下选取最优方案。最简单的最优化问题是极值问题，这样问题用微分学的知识即可解决。

实际工作中的优选问题，即最优化问题，大体上有两类：一类是求函数的极值；另一类是求泛函的极值。如果目标函数有明显的表达式，一般可用微分法、变分法、极大值原理或动态规划等分析方法求解（间接选优）；如果目标函数的表达式过于复杂或根本没有明显的表达式，则可用数值方法或试验最优化等直接方法求解（直接选优）。

优选法是尽可能少做试验，尽快地找到生产和科研的最优方案的方法，优选法的应用在我国从 20 世纪 70 年代初开始，首先由我国数学家华罗庚等推广并大量应用，优选法也称最优化方法。

1. 优选法的优点

例如，在体育领域中，怎样用较少的试验次数，找出最合适的训练量，这就是优选法所要研究的问题。应用这种方法安排试验，在不增加设备、投资、人力和器材的条件下，可以缩短时间、提高质量，达到增强体质，迅速提高运动成绩的目的。

2. 优选法的基本步骤

① 选定优化判据（试验指标），确定影响因素，优选数据是用来判断优选程度的依据。

② 优化判据与影响因素直接的关系称为目标函数。

③ 优化计算。优化（选）试验方法一般分为两类：

分析法——同步试验法；

黑箱法——循序试验法。

3. 优选法的分类

优选法分为单因素方法和多因素方法两类。单因素方法有对分法、0.618 法（黄金分割法）、分数试验法等；多因素方法很多，但在理论上都不完备，主要有降维法、爬山法、单纯形调优胜、随机试验法、试验设计法等。优选法已在体育领域得到广泛应用。

（1）单因素优选法　如果在试验时，只考虑一个对目标影响最大的因素，其他因素尽量保持不变，则称为单因素问题。一般步骤：

① 首先应估计包含最优点的试验范围，如果用 a 表示下限，b 表示上限，试验范围为 $[a, b]$；

② 然后将试验结果和因素取值的关系写成数学表达式，不能写出表达式时，就要确定评定结果好坏的方法。

（2）多因素优选法　多因素问题，即首先对各个因素进行分析，然后找出主要因素，略去次要因素，化“多”为“少”，以利于解决问题。

二、单因素优选法

黄金分割法：把一条线段分割为两部分，使其中一部分与全长之比等于另一部分与这部分之比。其比值是一个无理数，取其前三位数字的近似值是 0.618。每次取黄金分割点进行优选的方法称为黄金分割法。

分数试验法：利用菲波拉契数列 1，1，2，3，5，8，13，21，34，55，89，144，…构成 3/8，5/8，8/13，13/21，21/34，34/55，55/89，89/144，…分数在试验中进行取值的方法，称为分数试验法。

对分法：假如某一集合中包含有偶数个元素，就可以把它分成两个相等的部分，使每部分包含同等数量的元素，假如某一集合包含有奇数个元素，也可以把它分成两部分，使这两部分所包含的元素个数尽可能相等。然后就可以用“是非法”的形式来提问，在得到回答后，重复上述步骤，直到确定此集合中的某一特定元素为止。

1. 黄金分割法

黄金分割又称黄金律，是指事物各部分间一定的数学比例关系，即将整体一分为二，较大部分与较小部分之比等于整体与较大部分之比，其比值为 1∶0.618 或 1.618∶1，即长段为全段的 0.618。0.618 被公认为最具有审美意义的比例数字。上述比例是最能引起人的美感的比例，因此被称为黄金分割，也称为中外比。这是一个十分有趣的数字，以 0.618 来近似，通过简单的计算就可以发现：

$$1/0.618=1.618$$

$$(1-0.618)/0.618=0.618$$

这个数值的作用不仅仅体现在诸如绘画、雕塑、音乐、建筑等艺术领域，而且在管理、工程设计等方面也有着不可忽视的作用。

如在炼钢时需要加入某种化学元素来增加钢材的强度，假设已知在每吨钢中需加某化学元素的量在 1000～2000g 之间，为了求得最恰当的加入量，需要在 1000～2000g 这个区间中进行试验。通常是取区间的中点（即 1500g）做试验。然后将试验结果分别与 1000g 和 2000g 时的试验结果做比较，从中选取强度较高的两点作为新的区间，再取新区间的中点做试验，再比较端点，依次下去，直到取得最理想的结果。这种试验法称为对分法，但这种方法并不是最快的试验方法，如果将试验点取在区间的 0.618 处，那么试验的次数将大大减少。这种取区间的 0.618 处作为试验点的方法就是一维的优选法，也称 0.618 法。实践证明，对于一个因素的问题，用“0.618 法”做 16 次试验就可以完成“对分法”做 2500 次试验所达到的效果。

在一般情况下，通过预试验或其他先验信息，确定了试验范围 $[a, b]$，可以用黄金分割法设计试验，安排试验点位置。

第一个试验点：　　　　　　(大－小)×0.618＋小

其余试验点：　　　　　　　大＋小－中

注意：这里“中”指的是已经做过的试验点而不是中点。

下面通过实例，说明黄金分割法设计试验的具体步骤。

目前，合成乙苯主要采用乙烯与苯烷基化的方法。为了因地制宜，对于没有石油乙烯的地区，开发了乙醇和苯在分子筛催化下一步合成乙苯的新工艺：

$$C_6H_6 + C_2H_5OH \longrightarrow C_6H_5C_2H_5 + H_2O$$

筛选了多种组成的催化剂，其中效果较好的一种催化剂的最佳反应温度，就是用黄金分割法通过试验找出的。

初步试验找出，反应温度范围在 340～420℃之间。在苯与乙醇的摩尔比为 5∶1，重量空速为 $11.25h^{-1}$ 的条件下，苯的转化率 X_B 见表 3-5。

表 3-5　工艺操作数据

温度	苯的转化率
340℃	10.98%
420℃	15.13%

第一个试验点位置是：

$$(420-340)\times 0.618+340=389.4$$

在 390℃下试验结果是：$X_B=16.5\%$。

第二个试验点的位置是：

$$420+340-390=370$$

在 370℃下，试验测得：$X_B=15.4\%$。

比较两个试验点的结果，因 390℃的 X_B 大于 370℃的 X_B，删去 340～370℃的温度范围，在 370～420℃范围内再优选。第三个试验点位置是：

$$420+370-390=400$$

在 400℃下试验测得：$X_B=17.07\%$。

因 400℃的 X_B 大于 390℃的 X_B，再删去 370～390℃的温度范围，在 390～420℃范围内再优选。第四个试验点的位置是：

$$420+390-400=410$$

在 410℃下测得 $X_B=16.00\%$，已经小于 400℃的结果。故此，试验的最佳温度确定为 400℃。在此温度下进行反应，试验获得成功，并通过了鉴定。

2. 分数试验法

为了介绍分数试验法，先介绍一个优选数列，历史上称为菲波那契数列 F_n：

F_0	F_1	F_2	F_3	F_4	F_5	F_6	F_7	F_8	…
1	1	2	3	5	8	13	21	34	…

这个优选数列存在如下规律：$F_n=F_{n-1}+F_{n-2}$

例如，$F_5=F_4+F_3=5+3=8$，$F_6=F_5+F_4=8+5=13$。

数学上可以证明：$\lim\limits_{n\to\infty}\dfrac{F_n}{F_{n+1}}=\dfrac{\sqrt{5}-1}{2}\approx 0.618$

利用这个数列，建立起的分数试验数据如表 3-6 所示。

表 3-6 分数试验优选数据表

试验次数	等分试验范围分数 F_{n+1}	第一试验点位置 F_n/F_{n+1}
1	2	1/2
2	3	2/3
3	5	3/5
4	8	5/8
5	13	8/13
6	21	13/21

下面通过实例看看分数法是如何安排试验，以及如何在 F_{n-1} 个试验点的情况下，顶多只做 $n-1$ 次试验即可找到最佳条件的。

例如，某抗生素生产传统工艺要求在 37℃发酵 16h。为了提高生产能力，欲提高发酵温度来缩短发酵时间，准备在 29～50℃的范围内进行优选试验，温度间隔为 1℃，故在此范围之间总试验点为 20 个。按 $F_{n-1}=20$，n 值为 7，故顶多只做 6 次试验即可找到最佳条件。

所安排的试验点温度与菲波那契数列的关系见图 3-8(a)。因 $F_7=F_6+F_5=21$，故第 1 个试验点在 $F_6=13$ 即 42℃进行，第 2 试验点在 $F_5=8$ 即 37℃进行。试验结果表明 42℃下发酵优于 37℃下发酵（发酵时间缩短，且未影响其他指标）。舍去低于 37℃的试验范围，所安排的试验点温度与菲波那契数列的关系见图 3-8(b)。因 $F_6=F_5+F_4=13$，故第 3 个试验点在 $F_5=8$ 即 45℃进行，第 2 试验点在 $F_4=5$ 即 42℃的试验已有结果。比较说明 45℃发酵已影响其他指标，情况劣于 42℃。舍去高于 45℃的试验范围，按图 3-8(c) 所示，第 4 个试验点在 40℃进行，结果是发酵时间比 42℃长，但未影响其他指标。最后舍去低于 40℃的试验范围，所安排的试验点温度与菲波那契数列的关系见图 3-8(d)。在 43℃进行第 5 次试验，结果与 42℃时相当，温度间隔已为 1℃。这样，仅做了 5 次试验，就可以确定在 42～43℃发酵的新工艺，提高了生成力。使用分数法时，对于试验点总数大于 F_{n-1}，又小于 $F_{n+1}-1$ 的情况，应凑成 $F_{n+1}-1$ 个点，以便按上述原则安排。虚设的试验点不必做试验。

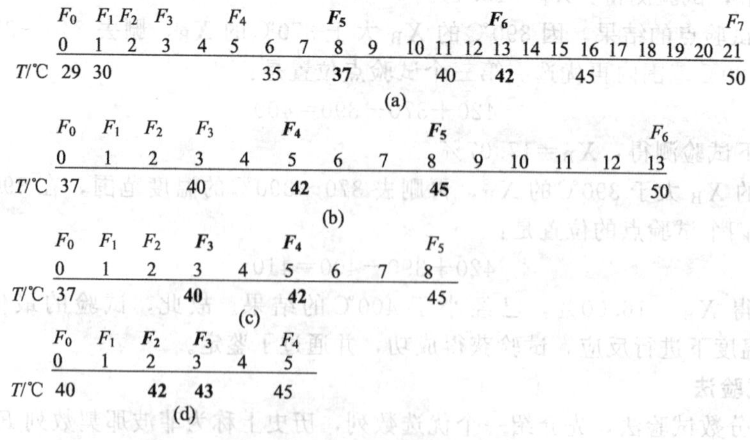

图 3-8 试验点的安排以及菲波那契数列的关系

3. 对分法

上面介绍的是在试验范围内存在最优点的情况。但是，在许多情况下，面对的函数是单调上升或单调下降。例如用某种贵金属来保证产品质量，贵金属越多越好。但贵金属太贵，要节约使用，只要保证一定量就行了。这类问题是，每次试验都放在现行试验区间的中点进行。这样，试验就可以缩短一半。

例：在 $AlCl_3$ 法合成异丙苯时，异丙苯为反应的目的产物，二异丙苯为不希望的产物：

$$C_6H_6 + C_3H_6 \xrightarrow[AlCl_3]{k_1} C_6H_5C_3H_7$$

$$C_6H_5C_3H_7 + C_3H_6 \xrightarrow[AlCl_3]{k_2} C_6H_4(C_3H_7)_2$$

已知，反应速度可用一级连串反应动力学表示，其积分式为：

$$c_i = \frac{1}{1-K}(c_B^K - c_B)$$

式中，c_i 为异丙苯的浓度；c_B 为苯的浓度；K 是两步连串反应速度常数比（$K=k_2/k_1$）。K 值越大，反应液中二异丙苯浓度越高，它是反应选择性优劣的一个指标。按照苯、异丙苯、二异丙苯在 $AlCl_3$ 存在下的平衡研究，K 的最小值为 0.5。K 是 $AlCl_3$ 用量的函数，随着 $AlCl_3$ 在溶液中浓度降低而单调地增加。在 $AlCl_3$ 和苯的质量比为 14.6∶100 时，$K=0.53$。试验目的是找出 $K=0.90$ 时的 $AlCl_3$ 用量，用量用 c_1 表示，它的定义是反应起始苯的量为 100g 时 $AlCl_3$ 加入的量（g）。这是一个 $AlCl_3$ 用量越小越好的研究课题。因此可以用对分法安排试验。

第 1 个试验点应选在 $c_1=14.6/2=7.3$ 处。实际配置时稍有偏差，$c_1=7.88$。试验结果得 $K=0.55$。

第 2 个试验点应选在 $c_1=7.88/2=3.04$ 处。实际配置时仍稍有偏差，$c_1=3.24$。试验结果得 $K=0.65$。

第 3 个试验点应选在 $c_1=3.24/2=1.62$ 附近。试验结果得 $c_1=1.71$，$K=0.73$。

第 4 个试验点应选在 $c_1=1.71/2=0.86$ 附近。试验结果得 $c_1=0.93$，$K=0.85$。

第 5 个试验点再减少 $AlCl_3$ 的用量。$c_1=0.49$，$K=0.95$。这时 K 值已经大于 0.90。

第 6 个试验点应选在 $c_1=0.93$ 和 0.49 的中间，即 0.71 附近。试验结果得 $c_1=0.68$，$K=0.90$。至此，任务已经完成。这就是说，如果要求 $K=0.90$ 或小于 0.90，c_1 不应小于 0.68。

为了观察所得结果的可信程度，又在 $c_1=0.49/2=0.245$ 附近进行一次试验。结果得 $c_1=0.238$，$K=1.30$。看来 $AlCl_3$ 用量的确不能再降低。$c_1=0.68$ 时 $K=0.90$ 的结果是可信的。

三、正交设计法

1. 概述

在化工工艺开发研究中，通常以反应的收率或选择性作为优化目标。反应温度、压力、原料的摩尔比、发应时间、催化剂的配方和制造方法，有时还会遇到搅拌速率和反应器类型等多种因素对优化目标都会造成重要影响。这些因素之间，常常相互影响，不能简化为单因素优选进行考察。将这些因素研究的条件列成表格，把各种可能的答案逐一进行试验，工作量实在太大，甚至在事实上无法进行。这就需要一种科学的试验设计方法，通过特定安排的一些试验，判断出哪些因素是显著的，哪些是不够显著的，进而抓住主要矛盾，确定最佳工艺条件。正交试验设计，或称正交试验法，就是处理这类问题的得力工具。

正交设计是在全面试验点中挑选出最具有代表性的点做试验，挑选的点在其范围内具有均匀分散和整齐可比的特点。均匀分散是指试验点均衡地分布在试验范围内，每个试验点有成分的代表性。整齐可比是指试验结果分析方便，易于分析各个因素对目标函数的影响。

正交表用 $L_n(t^q)$ 表示。L 表示正交设计，t 表示水平数，q 表示因素数，n 表示试验次数。现将比较常用的正交设计表列出，见表 3-7、表 3-8。

表 3-7 $L_9(3^4)$ 正交表

试验号	因素 A	因素 B	因素 C	因素 D
1	1	1	1	1
2	1	2	2	2
3	1	3	3	3
4	2	1	2	3
5	2	2	3	1
6	2	3	1	2
7	3	1	3	2
8	3	2	1	3
9	3	3	2	1

表 3-8 $L_8(2^7)$ 正交表

试验号	因素 A	因素 B	因素 C	因素 D	因素 E	因素 F	因素 G
1	1	1	1	1	1	1	1
2	1	1	1	2	2	2	2
3	1	2	2	1	1	2	2
4	1	2	2	2	2	1	1
5	2	1	2	1	2	1	2
6	2	1	2	2	1	2	1
7	2	2	1	1	2	2	1
8	2	2	1	2	1	1	2

正交试验步骤：根据试验的要求，排出因素（或称因子数），排定位级数（或称水平数）；然后，选用相应的正交表，按正交表的安排进行试验；最后，根据试验结果，对诸因素影响的显著程度和顺序做出判断。

2. 实例分析

【例 3-1】 利用双水相萃取甘草中的甘草酸工艺条件的确定。

影响双水相萃取的因素有盐的种类、PEG 相对分子质量、PEG 的量，用正交设计安排试验，试验目的是明确这些因素对收率的影响，哪些是主要的？哪些是次要的？从而确定最佳工艺条件。

(1) 确定考察的因素数目和因素水平数目　在本例中因素数为三因素，即 A 为盐的种类，B 为 PEG 相对分子质量，C 为 PEG 的量。水平数要根据所考察的范围来确定。对于 A、B、C 三个因素分别确定的三个水平见表 3-9。

表 3-9 三因素三水平的因素水平表

水平	盐的种类(A)	PEG 分子量(B)	PEG 的量/mg(C)
1	NaCl	400	3.5
2	KCl	600	4.5
3	K_2HPO_4	1000	5.5

(2) 选取适当的正交表　选用正交表时，应使确定的水平数与正交表中因素的水平数一致，正交表列的数目应大于要考察的因素数。本例中选取 $L_9(3^4)$ 正交表。

(3) 制定试验方案　按照 $L_9(3^4)$ 正交表因素安排，即把所考察的每个因素任意地对应于正交表中的各列，然后把每列的数字转化成所对应因素的水平。这样，每一行的各水平组合就构成了一个试验条件，从上到下就是这个正交试验方案，如表 3-10 所示。

表 3-10 正交试验方案

试验号	因素 A		因素 B		因素 C	
1	1	NaCl	1	400	1	3.5
2	1	NaCl	2	600	2	4.5
3	1	NaCl	3	1000	3	5.5
4	2	KCl	1	400	2	4.5
5	2	KCl	2	600	3	5.5
6	2	KCl	3	1000	1	3.5
7	3	K_2HPO_4	1	400	3	5.5
8	3	K_2HPO_4	2	600	1	3.5
9	3	K_2HPO_4	3	1000	2	4.5

(4) 进行试验并记录结果 按照设计好的试验方案中所列的试验条件严格操作，试验顺序不限，并将试验结果记录在表 3-11 中。

表 3-11 试验结果记录与计算

试验号	因素 A	因素 B	因素 C	收率/%
1	NaCl	400	3.5	31
2	NaCl	600	4.5	54
3	NaCl	1000	5.5	38
4	KCl	400	4.5	53
5	KCl	600	5.5	49
6	KCl	1000	3.5	42
7	K_2HPO_4	400	5.5	57
8	K_2HPO_4	600	3.5	62
9	K_2HPO_4	1000	4.5	64
K_1	41	47	45	
K_2	48	55	57	
K_3	61	48	48	
R	20	8	12	

注：表中 K_1 表示一水平试验结果总和的平均值；K_2 表示二水平试验结果总和的平均值；K_3 表示三水平试验结果总和的平均值；R 为极差，为平均值 K 中的最大值与最小值之差。

(5) 计算并分析试验结果 由表 3-11 中的收率，可以进行以下工作。

① 直接获得试验结果。从表中 9 个试验中直接用收率最高的试验号 9 号，以此试验条件（盐的种类为 K_2HPO_4，PEG 的相对分子质量为 1000，PEG 的量为 4.5mg）作为最佳反应条件，代表性较好。

② 计算分析试验结果。9 次试验在全面逐项试验法中可能的水平组合（$3^3=27$ 次）中只是一小部分，所以还可以扩大，寻求更好的工艺条件。利用正交表计算分析，可以分辨出主次因素，预测更好的水平组合，为进一步试验提供可靠依据。

③ 分析试验结果。极差 R 的大小可以用来衡量试验中相应因素作用的大小。因素水平数完全一样时，R 大的因素为主要因素，R 小的因素为次要因素。本例中主要因素是 A 盐的种类。K_1、K_2、K_3 中数据最大的对应的水平为最佳水平，本例中的最佳水平组合是 A3、B2、C2，即最佳工艺条件为：盐的种类为 K_2HPO_4，PEG 分子量为 600，PEG 的量为 4.5mg。

【例 3-2】 在维生素 B_6 的制备中，进行重氮化和水解反应工艺条件的确定。

为了寻求最佳工艺条件，选取酸的种类、滴加温度、水解温度、配料比、氢化物浓度、催化剂六个影响因素进行试验。

$$\text{H}_3\text{C},\ \text{H}_2\text{N},\ \text{CH}_2\text{NH}_2,\ \text{CH}_2\text{OH (pyridine)} \xrightarrow{NaNO_2, HCl} \text{H}_3\text{C},\ \text{HO},\ \text{CH}_2\text{OH},\ \text{CH}_2\text{OH (pyridine)}$$

（1）确定考察的因素数目和因素水平数目　见表 3-12。

表 3-12　考察的因素和因素水平

水平	酸	滴加温度/℃	水解温度/℃	氢化物：亚硝酸钠：酸	氢化物浓度	催化剂
1	HCl	68～72	88～92	1：2.32：1.58	原浓度	不加
2	H_2SO_4	88～92	96～98	1：1.80：1.58	浓缩 0.15 倍	加 4%

（2）选用正交表 $L_n(t^q)$　选用 $L_8(2^7)$ 表，见表 3-13。

表 3-13　试验数据及计算

试验号	操作者	酸	滴加温度	配比	催化剂	氢化物浓度	水解温度	质量/g	收率/%
1	1	1	1	1	1	1	1	11.97	67.85
2	1	1	1	2	2	2	2	13.00	60.63
3	1	2	2	1	1	2	2	15.96	74.46
4	1	2	2	2	2	1	1	12.76	72.35
5	2	1	2	1	2	1	2	12.53	71.03
6	2	1	2	2	1	2	1	13.70	63.90
7	2	2	1	1	2	2	1	13.62	63.52
8	2	2	1	2	1	1	2	13.58	78.52
K_1	68.82	65.85	67.63	69.22	71.18	72.47	66.91		
K_2	69.24	72.21	70.44	68.85	66.88	65.63	71.16		
R	0.42	6.36	2.81	0.37	4.30	6.84	4.25		

（3）分析试验结果　酸和氢化物浓度的极差 R 较大，分别为 6.36 和 6.84。用硫酸代替盐酸、氢化物用原浓度，均使收率提高。其次水解温度（$R=4.25$）对收率的影响也较重要。进一步确定硫酸代替盐酸和催化剂对收率的影响，用 $L_4(2^3)$ 正交表，如表 3-14 所示。

表 3-14　试验数据及计算

试验号	酸	滴加时间/min	催化剂	质量/g	收率/%
1	HCl	60	不加	9.46	70.60
2	HCl	30	加 7%	9.26	68.96
3	H_2SO_4	60	加 7%	9.89	73.81
4	H_2SO_4	30	不加	9.76	72.83
K_1	69.78	72.21	71.72		
K_2	73.32	70.89	71.38		
R	3.54	1.32	0.34		

进一步的试验表明：酸对收率影响最大，催化剂影响不明显。通过正交试验，维生素 B_6 重氮化及水解最适宜的工艺条件为：配比为氢化物：亚硝酸钠：硫酸＝1.0：2.0：1.5；氢化物浓度为原浓度；滴加亚硝酸钠温度为 88～92℃；水解温度为 96～98℃。

【例 3-3】 氯萘水解制备 α-萘酚工艺条件的确定。

郑州工学院和郑州大学共同进行氯萘在铜和氧化亚铜催化下，碱性水解制备 α-萘酚试验中工艺开发研究。为了系统地摸索工艺条件，安排三因素三水平正交试验。

$$C_{10}H_7Cl + 2NaOH \longrightarrow C_{10}H_7ONa + NaCl + H_2O$$

(1) 确定考察的因素数目和因素水平数目　见表 3-15。

表 3-15　氯萘水解试验的因素水平表

水平	温度/℃	反应时间/min	NaOH 与氯萘的摩尔比/[mol(NaOH)/mol(氯萘)]
1	265	15	2.5
2	277	30	3.0
3	290	45	4.2

(2) 选用正交表 $L_n(t^q)$　选用 $L_9(3^4)$ 正交表，见表 3-16。第四列无因素可排，作为空列，不安排因素，按照正交表要求，进行 9 次试验，以氯萘转化率大小作为考察指标，结果见表 3-16。

(3) 分析试验结果　对于空列来说三个因素在空列中的三个位级中均等出现，它们的三个位级和应该相等，极差本应为零。但是在实际试验中，总是有误差的，极差不能正好为零，它的数值大小正好反映了误差大小。此例中空列的极差为 0.056，与其他三个因素的极差相比，相差一个数量级，都比空列大得多，说明这三个因素的影响都是显著的。

表 3-16　$L_9(3^4)$ 正交表和氯萘水解试验结果

试验号	温度/℃		时间/min		摩尔比/(mol/mol)		空列	转化率(摩尔分率)
1	1	265	1	15	1	2.5	1	0.160
2	1	265	2	30	2	3.0	2	0.325
3	1	265	3	45	3	4.2	3	0.547
4	2	277	1	15	2	3.0	3	0.453
5	2	277	2	30	3	4.2	1	0.786
6	2	277	3	45	1	2.5	2	0.688
7	3	290	1	15	3	4.2	2	0.907
8	3	290	2	30	1	2.5	3	0.864
9	3	290	3	45	2	3.0	1	0.970
1 位级和	1.032		1.520		1.712		1.916	转化率总和＝5.700
2 位级和	1.927		1.975		1.748		1.920	
3 位级和	2.741		2.205		2.240		1.864	
极差	1.709		0.685		0.528		0.056	

比较各因素的极差值可以看到，温度越高转化率越高，时间越长转化率越高，NaOH 与氯萘的摩尔比为 3.0 时，收率高。对该反应来说，反应温度对收率影响最大。

前面用比较极差大小的方法，比较各因素影响的大小，这是一种定性的方法。要做定量的显著性检验，还应借助于方差分析。

用各位级平均值与总平均值差的平方和表示作用的大小，记 S_1 为 m_{11}、m_{21}、m_{31} 的离差平方和的 3 倍（因为每个位级重复了 3 次），即：

$$S_1=3[(m_{11}-\overline{x})^2+(m_{21}-\overline{x})^2+(m_{31}-\overline{x})^2]$$

式中，m 是位级的平均值，$m_{11}=M_{11}/3$、$m_{21}=M_{21}/3$、$m_{31}=M_{31}/3$；$\overline{x}$ 是 9 次试验所得转化率的总平均值 $\sum_{1}^{9}x_i/9$。由此计算得：

$$S_1=0.487,\ S_2=0.081,\ S_3=0.058,\ S_4=S_{误}=0.00065,$$

在方差分析中，还用到自由度 f 的概念：f＝位级数－1，在本例中自由度 $f=3-1=2$。

统计量 F 的计算式为：$F=\dfrac{s_{因}/f_{因}}{s_{误}/f_{误}}$

查 F 检验表，查出 $F_{\alpha}(f_{因}, f_{误})$ 的值，与计算得的 F 值相比较，看 F 值是否大于 $F_{1-\alpha}(f_{因}, f_{误})$。在 α 取 0.05 时，$1-\alpha=0.95$，F 若大于表值，这个因素是显著的，表中用 * 表示。在 α 取 0.01 时，$1-\alpha=0.99$，F 若大于表值，这个因素的作用是很显著的，用 * * 表示。氯萘水解制 α-萘酚，其方差分析表和显著性检验结果如表 3-17 所示。

表 3-17 氯萘水解正交试验结果的显著性检验

方差名称	S	f	S/f	F	显著性
温度	0.487	2	0.244	739.4	* *
时间	0.081	2	0.0405	122.73	* *
摩尔比	0.058	2	0.029	87.9	*
误	0.00065	2	0.00033		

查 F 检验表，当 $\alpha=0.05$ 时，$F_{\alpha}(2, 2)=19.0$；当 $\alpha=0.01$ 时，$F_{\alpha}(2, 2)=99.0$。因此，从上面的计算中可以看到，温度和时间对转化率的影响是很显著的。

有关方差分析方法在下面还会做更详细的介绍。

四、均匀设计法

均匀设计法为我国数学家方开泰、王元首创，可适用于多因素、多水平试验设计方法。试验点在试验范围内充分均衡分散，这就可以从全面试验中挑选更少的试验点为代表进行试验，得到的结果仍能反映该分析体系的主要特征。这种从均匀性出发的设计方法，称为均匀设计试验法。

所有的试验设计方法本质上都是在试验的范围内给出挑选代表性点的方法，均匀设计也不例外，它是只考虑试验点在试验范围内均匀散布的一种试验设计方法。它由方开泰教授和数学家王元在 1978 年共同提出，是数论方法中的“伪蒙特卡罗方法”的一个应用。方开泰、王元完成的“均匀试验设计的理论、方法及其应用”，首次创立了均匀设计理论与方法，揭示了均匀设计与古典因子设计、近代最优设计、超饱和设计、组合设计深刻的内在联系，证明了均匀设计比上述传统试验设计具有更好的稳健性。该项工作涉及数论、函数论、试验设计、随机优化、计算复杂性等领域，开创了一个新的研究方向，形成了中国人创立的学派，并获得国际认可，已在国内外诸如航天、化工、制药、材料、汽车等领域得到广泛应用。

1. 均匀设计法的提出

均匀设计法是继 20 世纪 60 年代华罗庚教授倡导、普及的优选法和我国数理统计学者在国内普及推广的正交法之后，于 70 年代末应航天部第三研究院飞航导弹火控系统建立数学模型，并研究其诸多影响因素的需要，由中国科学院应用数学所方开泰教授和王元教授提出的一种试验设计方法。均匀设计是统计试验设计的方法之一，它与其他的许多试验设计方法，如正交设计、最优设计、旋转设计、稳健设计和贝叶斯设计等相辅相成。

试验设计就是如何在试验域内最有效地选择试验点，通过试验得到响应的观测值，然后进行数据分析求得达到最优响应值的试验条件。因此，试验设计的目标，就是要用最少的试验取得关于系统的尽可能充分的信息。均匀设计即可以较好地实现这一目标，尤其对多因素、多水平的试验。

2. 均匀设计法的原理

均匀设计法的数学原理是数论中的一致分布理论，此方法借鉴了“近似分析中的数论方法”这一领域的研究成果，将数论和多元统计相结合，是属于伪蒙特卡罗方法的范畴。均匀设计只考虑试验点在试验范围内均匀散布，挑选试验代表点的出发点是“均匀分散”，而不考虑“整齐可比”，它可保证试验点具有均匀分布的统计特性，可使每个因素的每个水平做一次且仅做一次试验，任两个因素的试验点在平面的格子点上，每行每列有且仅有一个试验点。它着重在试验范围内考虑试验点均匀散布以求通过最少的试验来获得最多的信息，因而其试验次数比正交设计明显地减少，使均匀设计特别适合于多因素多水平的试验和系统模型完全未知的情况。例如，当试验中有 m 个因素，每个因素有 n 个水平时，如果进行全面试验，共有 n^m 种组合，正交设计是从这些组合中挑选出 n^2 个试验，而均匀设计是利用数论中的一致分布理论选取 n 个点试验，而且应用数论方法使试验点在积分范围内散布得十分均匀，并使分布点离被积函数的各种值充分接近，因此便于计算机统计建模。如某项试验影响因素有 5 个，水平数为 10 个，则全面试验次数为 10^5 次，即做 10 万次试验；正交设计是做 10^2 次，即做 100 次试验；而均匀设计只做 10 次，可见其优越性非常突出。

均匀设计是通过一套精心设计的表来进行试验设计的，对于每一个均匀设计表都有一个使用表，可指导如何从均匀设计表中选用适当的列来安排试验。均匀设计分会还编制了一套软件《均匀设计与统计调优软件包》供试验设计和数据处理、分析使用，非常方便。均匀设计法的试验数据分析要用到回归分析方法，例如线性回归模型、二次回归模型、非线性回归模型，以及各种选择回归变点的方法，也有利用多元样条函数技术、小波理论、人工神经网络模型应用于试验设计和数据分析。具体选择何种模型要根据实际试验的具体性质来确定。利用回归分析得出的模型，即可进行影响因素的重要性分析及新条件试验的结果估算，预报和最优化。

3. 均匀设计理论的发展

近几年来，均匀设计理论研究突飞猛进，对均匀设计和其他试验设计的关联和结合，如与正交设计进行了均匀性、最优性比较研究，得出在大多数情况下，特别是模型比较复杂时，均匀设计试验次数少、均匀性好，并对非线性模型有较好的估计；对线性模型，均匀设计有较好的均匀性和较少的试验次数，正交设计有较好的估计。虽然均匀设计失去了正交设计的整齐可比性，但在选点方面比正交设计有更大的灵活性，也就是说，它更加注重了均匀性。利用均匀设计可以选到偏差更小的点，更重要的是，试验次数减少，从而在实践中大大降低了成本。从经济和优化两个角度衡量，均匀设计确实有其优越性。实践中若水平数多、因素多而要求试验次数少的设计，一般用均匀设计来安排试验；对于因素数，水平数不多，一般采用正交设计。有时，可以将正交设计和均匀设计结合起来使用。

4. 均匀设计法的优点

① 试验次数大大减少。例如某化工试验，欲找出最优产量或其他优化目标条件。试验因素有 3 个，每因素在取值范围内均有 7 个试验点。

采用优选法：对多因素同时选优的试验，不适用。

采用正交法：需做 49 次试验，方可找出最优产量或其他优化目标条件。

采用均匀设计法：只需做 7 次试验即可。

② 自动将各试验因素分类为重要与次要，并将因素按重要性排序。

③ 过程数字化，通过电脑对结果与因素条件进行界定与预报（如天气预报），进而控制各因素。

5. 均匀设计法的操作过程

① 明确试验目的，确定试验指标。若考察的指标有多个则一般需要对指标进行综合分析。

② 选择试验因素。根据专业知识和实际经验进行试验因素的选择，一般选择对试验指标影响较大的因素进行试验。

③ 确定因素水平。根据试验条件和以往的实践经验，首先确定各因素的取值范围，然后在此范围内设置适当的水平。

④ 选择均匀设计表，排布因素水平。根据因素数、水平数来选择合适的均匀设计表进行因素水平数据排布。

⑤ 明确试验方案，进行试验操作。

⑥ 试验结果分析。建议采用回归分析方法对试验结果进行分析进而发现优化的试验条件。依试验目的和支持条件的不同也可采用直接观察法取得最好的试验条件（不再进行数据的分析处理）。

⑦ 优化条件的试验验证。通过回归分析方法计算得出的优化试验条件一般需要进行优化试验条件的实际试验验证（可进一步修正回归模型）。

⑧ 缩小试验范围进行更精确的试验，寻找更好的试验条件，直至达到试验目的为止。

6. 均匀设计法的注意事项

① 当所研究的因素和水平数目较多时，均匀设计试验法比其他试验设计方法所需的试验次数更少，但不可过分追求少的试验次数，除非有很好的前期工作基础和丰富的经验，否则不要企图通过做很少的试验就可达到试验目的，因为试验结果的处理一般需要采用回归分析方法完成，过少的试验次数很可能导致无法建立有效的模型，也就不能对问题进行深入的分析和研究，最终使试验和研究停留在表面化的水平上（无法建立有效的模型，只能采用直接观察法选择最佳结果）。一般情况下，建议试验的次数取因素数的3～5倍为好。

② 优先选用表进行试验设计。通常情况下表的均匀性要好于 U_n 表，其试验点布点均匀，代表性强，更容易揭示出试验的规律，而且在各因素水平序号和实际水平值顺序一致的情况还可避免因各因素最大水平值相遇所带来的试验过于剧烈或过于缓慢而无法控制的问题。

③ 对于所确定的优化试验条件的评价，一方面要看此条件下指标结果的好坏，另一方面要考虑试验条件是否合理可行的问题，要权衡利弊，力求达到用最小的付出获取最大收益的效果。

7. 均匀设计表及使用表

均匀设计与正交设计一样，也需要使用规范化的表格（均匀设计表）设计试验。均匀设计还有使用表，设计试验时必须将设计表与使用表联合使用。

均匀设计表用 $U_n(t^q)$ 表示。U 表示均匀设计，t 表示因素的水平数，q 表示因素数，n 表示试验的次数。

$U_5(5^4)$ 表为五行四列表，见表 3-18。表中行数为水平数（试验次数），列数为安排的最大因素数。如果一个试验按 $U_5(5^4)$ 表安排试验，考察2因素时，依据 $U_5(5^4)$ 使用表，选取1、2列安排试验；考察3因素选取1、2、4列安排试验等，如表3-19所示。

表 3-18 $U_5(5^4)$ 均匀设计表

试验号	1	2	3	4	试验号	1	2	3	4
1	1	2	3	4	4	4	3	2	1
2	2	4	1	3	5	5	5	5	5
3	3	1	4	2					

表 3-19 $U_5(5^4)$ 表的使用表

因素数	列号
2	1、2
3	1、2、4
4	1、2、3、4

在选用均匀设计表时，可根据水平数选用，如5水平，选用 $U_5(5^4)$ 表；7水平选用 $U_7(7^6)$ 表等。在均匀设计表中，水平数比因素数大1。有时为了减少试验误差和数据处理方便，水平数一般取因素数的2倍，然后按这个水平选取均匀表。例如，欲安排一个3因素试验，取3×2＝6水平，选用 $U_7(7^6)$ 表。

均匀设计表与正交设计表不同之处在于，除了设计表，还有使用表。原因在于因素数少于设计表时，列的选择是有规律的。以二因素五水平试验为例，在 $U_5(5^4)$ 表中取 1、2 两列和 1、4 两列各自组合考察所设计的试验点发布情况。

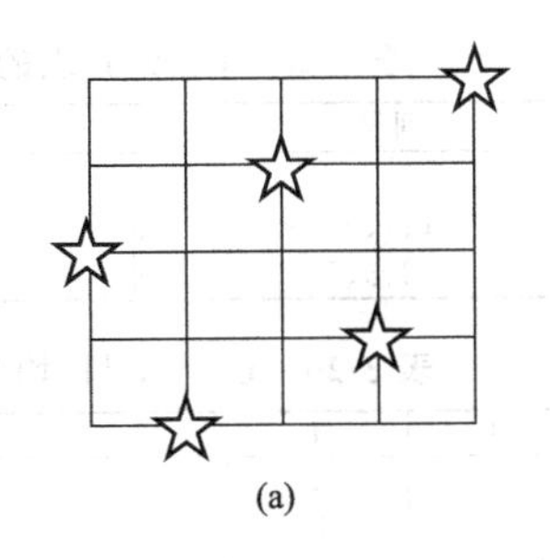

(a)

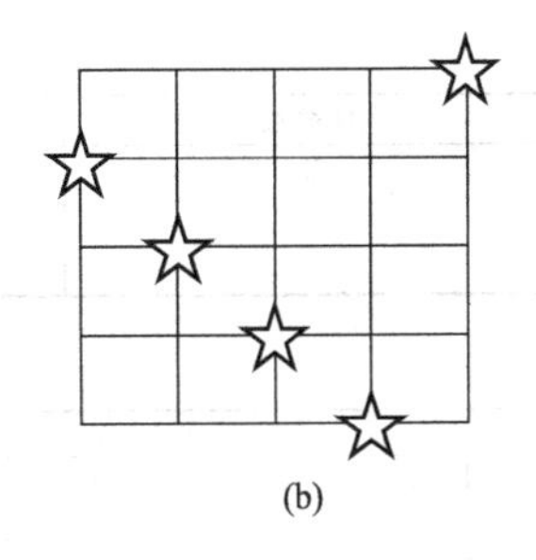

(b)

图 3-9　均匀设计表中不同列的组合

均匀设计表中不同列的组合试验点分布情况不同，如图 3-9 所示，(a) 分布得较 (b) 均匀，也就是说，在 $U_5(5^4)$ 中 1、2 两列组合成的试验点的代表性比和 1、4 两列组合对试验要好些。这样，对于二因素五水平试验一般采用 U_5 (5^4) 表中的第 1、2 两列安排试验。

为了保证不同因素和水平设计的试验点均匀分布，每个均匀设计表都带有一个使用表，指出不同因素数应选择哪几列。按 $U_5(5^4)$ 表安排试验，考察 2 因素时，依据 $U_5(5^4)$ 使用表，选取 1、2 列安排试验；考察 3 因素时，选取 1、2、4 列安排试验。现将比较常用的均匀设计表及其使用表列出，见表3-20～表 3-29。

表 3-20　$U_5(5^4)$ 均匀设计表

试验号	1	2	3	4	试验号	1	2	3	4
1	1	2	3	4	4	4	3	2	1
2	2	4	1	3	5	5	5	5	5
3	3	1	4	2					

表 3-21　$U_5(5^4)$ 表的使用表

因素数	列号
2	1、2
3	1、2、4
4	1、2、3、4

表 3-22　$U_7(7^6)$ 均匀设计表

试验号	1	2	3	4	5	6	试验号	1	2	3	4	5	6
1	1	2	3	4	5	6	5	5	3	1	6	4	2
2	2	4	6	1	3	5	6	6	5	4	3	2	1
3	3	6	2	5	1	4	7	7	7	7	7	7	7
4	4	1	5	2	6	3							

表 3-23　$U_7(7^6)$ 表的使用表

因素数	列号	因素数	列号
2	1、3	5	1、2、3、4、6
3	1、2、3	6	1、2、3、4、5、6
4	1、2、3、6		

表 3-24　$U_9(9^6)$ 均匀设计表

试验号	1	2	3	4	5	6	试验号	1	2	3	4	5	6
1	1	2	4	5	7	8	6	6	3	6	3	6	3
2	2	4	8	1	5	7	7	7	5	1	8	4	2
3	3	6	3	6	3	6	8	8	7	5	4	2	1
4	4	8	7	2	1	5	9	9	9	9	9	9	9
5	5	1	2	7	8	4							

表 3-25 $U_9(9^6)$ 表的使用表

因素数	列号	因素数	列号
2	1、3	5	1、2、3、4、5
3	1、3、5	6	1、2、3、4、5、6
4	1、2、3、5		

表 3-26 $U_{11}(11^{10})$ 均匀设计表

试验号	1	2	3	4	5	6	7	8	9	10
1	1	2	3	4	5	6	7	8	9	10
2	2	4	6	8	10	1	3	5	7	9
3	3	6	9	1	4	7	10	2	5	8
4	4	8	1	5	9	2	6	10	3	7
5	5	10	4	9	3	8	2	7	1	6
6	6	1	7	2	8	3	9	4	10	5
7	7	3	10	6	2	9	5	1	8	4
8	8	5	2	10	7	4	1	9	6	3
9	9	7	5	3	1	10	8	6	4	2
10	10	9	8	7	6	5	4	3	2	1
11	11	11	11	11	11	11	11	11	11	11

表 3-27 $U_{11}(11^{10})$ 表的使用表

因素数	列 号
2	1、7
3	1、5、7
4	1、2、5、7
5	1、2、3、5、7
6	1、2、3、5、7、10
7	1、2、3、4、5、7、10
8	1、2、3、4、5、6、7、10
9	1、2、3、4、5、6、7、9、10
10	1、2、3、4、5、6、7、8、9、10

表 3-28 $U_{13}(13^{12})$ 均匀设计表

试验号	1	2	3	4	5	6	7	8	9	10	11	12
1	1	2	3	4	5	6	7	8	9	10	11	12
2	2	4	6	8	10	12	1	3	5	7	9	11
3	3	6	9	12	2	5	8	11	1	4	7	10
4	4	8	12	3	7	11	2	6	10	1	5	9
5	5	10	2	7	12	4	9	1	6	11	3	8
6	6	12	5	11	4	10	3	9	2	8	1	7
7	7	1	8	2	9	3	10	4	11	5	12	6
8	8	3	11	6	1	9	4	12	7	2	10	5
9	9	5	1	10	6	2	11	7	3	12	8	4
10	10	7	4	1	11	8	5	2	12	9	6	3
11	11	9	7	5	3	1	12	10	8	6	4	2
12	12	11	10	9	8	7	6	5	4	3	2	1
13	13	13	13	13	13	13	13	13	13	13	13	13

表 3-29 $U_{13}(13^{12})$ 表的使用表

因素数	列 号
2	1、5
3	1、3、4
4	1、6、8、10
5	1、6、8、9、10
6	1、2、6、8、9、10
7	1、2、6、8、9、10、12
8	1、2、6、7、8、9、10、12
9	1、2、3、6、7、8、9、10、12
10	1、2、3、5、6、7、8、9、10、12
11	1、2、3、4、5、6、7、8、9、10、12
12	1、2、3、4、5、6、7、8、9、10、11、12

上述均匀设计表未给出偶数水平的均匀表，如 4 水平、6 水平等。一般均匀表中均为试验次数（水平数）为奇数的均匀设计表，当水平数为偶数时，选用比水平数大 1 的奇数表去掉最后一行即可。如 6 水平均匀表即为 $U_7(7^6)$ 去掉最后一行（第 7 次实验）而得。奇数水平试验的最后一行由各因素最大水平组成，该试验点处在所考察的试验范围的最上角，代表性较差。去掉这个试验点，对试验点均匀性并无太大影响。

对于均匀设计结果分析，因为均匀设计弃掉整齐可比性，所以不能用方差分析处理试验结果。通常用多元回归分析方法，找出影响因素与指标（或收率）之间统计学关系的回归方程，或用关联度分析方法，找出主要因素及其最佳值。

8. 均匀设计的案例分析

【例 3-4】 环戊酮与甲醛合成工艺条件的确定。

$$\text{环戊酮} + HCHO \xrightarrow{K_2CO_3} \text{2-}(CH_2OH)\text{环戊酮}$$

环戊酮与甲醛合成工艺考察中，选取配料比、反应时间、温度以及用碳酸钾碱的用量 4 个因素进行考察，各因素取 12 个水平。根据文献报道及初步预试验，确定考察的因素及范围：

A 环戊酮：甲醛（摩尔比）　1.0～5.4
B 反应温度/℃　5～60
C 反应时间/h　1.0～6.5
D 碱量/mol　15～70

先根据各因素变化范围划分因素水平，如表 3-30 所示。

表 3-30　因素与水平表

因素	1	2	3	4	5	6	7	8	9	10	11	12
A	1.0	1.4	1.8	2.2	2.6	3.0	3.4	3.8	4.2	4.6	5.0	5.4
B	5	10	15	20	25	30	35	40	45	50	55	60
C	1.0	1.5	2.0	2.5	3.0	3.5	4.0	4.5	5.0	5.5	6.0	6.5
D	15	20	25	30	35	40	45	50	55	60	65	70

将各个因素平均分成 12 个等级（水平），构成因素水平表（表 3-30），选择 $U_{13}(13^4)$ 均匀设计表，去掉最后一行得 $U_{12}(12^4)$。根据使用表的规定，选取 1、6、8、10 列，构成 $U_{12}(12^4)$ 的试验方案，其试验方案及结果见表 3-31。

表 3-31　4 因素 12 水平的均匀设计试验方案及结果

试验号	A	B	C	D	收率
1	1(1.0)	6(30)	8(4.5)	10(60)	0.0220
2	2(1.4)	12(60)	3(2.0)	7(45)	0.0283
3	3(1.8)	5(25)	11(6.0)	4(30)	0.0620
4	4(2.2)	11(55)	6(3.5)	1(15)	0.1049
5	5(2.6)	4(20)	1(1.0)	11(65)	0.0425
6	6(3.0)	10(50)	9(5.0)	8(50)	0.0987
7	7(3.4)	3(15)	4(2.5)	5(35)	0.1022
8	8(3.8)	9(45)	12(6.5)	2(20)	0.2424
9	9(4.2)	2(10)	7(4.0)	12(70)	0.0988
10	10(4.6)	8(40)	2(1.5)	9(55)	0.1327
11	11(5.0)	1(5)	10(5.5)	6(40)	0.1243
12	12(5.4)	7(35)	5(3.0)	3(25)	0.2777

直观上看试验 12 收率最高达 27.77%。如果对试验数据不进行统计处理，可以认为最优化条件是环戊酮：甲醛（mol/mol）为 5.4，反应温度为 35℃，反应时间为 3.0h，碱的用量为 25mol。

进行一元回归分析：

$$Y=-0.032+0.045A+1.18\times10^{-3}B+6.00\times10^{-3}C-1.46\times10^{-3}D \tag{3-4}$$

$$R=0.9283, F=10.88, S=0.04354, N=12$$

式(3-4) 说明，A、B、C 越大，D 越小时，Y 的收率最高。R 表示相关系数，越接近，说明方程与试验数据拟合得越好。N 代表回归次数。

五、方差分析

在科学研究中进行多个平均数间的差异显著性检验，即方差分析。方差分析的基本思想是将测量数据的总变异按照变异原因不同分解为处理效应和试验误差，并做出其数量估计。

假设有 k 组观测数据，每组有 n 个观测值，则用线性可加模型来描述每一个观测值，有：

$$x_{ij}=\mu+\alpha_i+\varepsilon_{ij}$$

式中，x_{ij} 是在第 i 次处理下的第 j 次观测值；μ 为总体平均数；α_i 为处理效应；ε_{ij} 是试验误差，ε_{ij} 要求是相互独立的，且服从正态分布 $N(0, \sigma^2)$。

对于样本估计的线性模型为：

$$x_{ij}=\bar{x}+t_i+e_{ij}$$

式中，$\bar{x}$ 为总体平均数；t_i 为样本处理效应；e_{ij} 是试验误差。根据对总变量的不同假定，将数学模型分为固定模型（各个处理的效应值 α_i 是固定的）和随机模型（各个处理的效应值 α_i 不是固定的）。

将总变异分解为处理间变异和处理内变异。但这种分解是通过将总均方的分子——称为总离均差平方和，简称总平方和，分解成处理间平方和与处理内平方和两部分；将总均方的分母——称为总自由度，分解成处理间自由度与处理内自由度两部分来实现的。

1. 总平方和的分解

设某单因素试验 A 具有 k 个处理样本，每个样本有 n 个观测值，则试验 A 共有 nk 个观测值。这类试验资料的模式如表 3-32 所示。处理间平均数的差异由处理效应所致；同一处理内的变异则由随机误差引起，根据线性可加数学模型，则有：

表 3-32 每组具有 n 个观测值的 k 组样本符号

处理	观测值						总和 T_i	平均 $\bar{x}_i$
A_1	x_{11}	x_{12}	…	x_{1j}	…	x_{1n}	T_1	$\bar{x}_1$
A_2	x_{21}	x_{22}	…	x_{2j}	…	x_{2n}	T_2	$\bar{x}_2$
⋮	⋮	⋮	…	⋮	…	⋮	⋮	⋮
A_i	x_{i1}	x_{i2}	…	x_{ij}	…	x_{in}	T_i	$\bar{x}_i$
⋮	⋮	⋮	…	⋮	…	⋮	⋮	⋮
A_k	x_{k1}	x_{k2}	…	x_{kj}	…	x_{kn}	T_k	$\bar{x}_k$
合计							$T=\sum x_{ij}$	$\bar{x}$

$$(x-\bar{x})=(x-\bar{x}_i)+(\bar{x}_i-\bar{x})$$

$$(x-\bar{x})^2=[(x-\bar{x}_i)+(\bar{x}_i-\bar{x})]^2$$

$$=(x-\bar{x})^2+2(x-\bar{x}_i)(\bar{x}_i-\bar{x})+(\bar{x}_i-\bar{x})^2$$

每一个处理的观测值离均差平方和累加，有：

$$\sum_1^n(x-\bar{x})^2=\sum_1^n(x-\bar{x})^2+2\sum_1^n(x-\bar{x}_i)(\bar{x}_i-\bar{x})+\sum_1^n(\bar{x}_i-\bar{x})^2$$

其中

$$2\sum_1^n(x-\bar{x}_i)(\bar{x}_i-\bar{x})=0$$

则 $$\sum_{1}^{n}(x-\bar{x})^2=\sum_{1}^{n}(x-\bar{x})^2+\sum_{1}^{n}(\bar{x}_i-\bar{x})^2$$

把 k 个处理的离均差平方和累加，得：

$$\sum_{1}^{k}\sum_{1}^{n}(x-\bar{x})^2=n\sum_{1}^{k}(\bar{x}_i-\bar{x})^2+\sum_{1}^{k}\sum_{1}^{n}(x-\bar{x})^2 \tag{3-5}$$

式(3-5) 可简写成：$SS_T=SS_t+SS_e$。SS_T、SS_t、SS_e 分别表示总平方和、处理间平方和、处理内平方和，即，总平方和=处理间平方和+处理内平方和，实际计算时 SS_T 及 SS_t 可用式(3-6) 推导：

$$SS_T=\sum_{i=1}^{k}\sum_{j=1}^{n}(x_{ij}-\bar{x})^2=\sum x_{ij}^2-\frac{(\sum \bar{x})^2}{kn}=\sum x_{ij}^2-\frac{T^2}{kn} \tag{3-6}$$

令矫正数 $C=T^2/kn$，则：

$$SS_T=\sum x_{ij}^2-C$$

$$SS_t=n\sum_{1}^{k}(\bar{x}_i-\bar{x})^2$$

$$=n\sum_{1}^{k}(\bar{x}_i{}^2-2\bar{x}_i\bar{x}+\bar{x}^2)$$

$$=\frac{n\sum_{1}^{k}T_i^2}{n^2}-\frac{nkT^2}{(nk)^2}$$

$$=\frac{1}{n}\sum T_i^2-C$$

即 $$SS_t=\frac{1}{n}\sum T_i^2-C$$

$$SS_e=SS_T-SS_t$$

2. 自由度的分解

在计算总平方和时，资料中的各个观测值要受 $\sum_{i=1}^{k}\sum_{j=1}^{n}(x_{ij}-\bar{x})=0$ 这一条件的约束，故总自由度等于资料中观测值的总个数减 1，即 $df_T=kn-1$。

处理间自由度为处理数减 1，即 $df_t=k-1$。

处理内自由度为资料中观测值的总个数减 k，即 $df_e=kn-k=k(n-1)$。

因为

$$nk-1=(k-1)+(nk-k)=(k-1)+k(n-1)$$

所以 $$df_T=df_t+df_e$$

综合以上各式得：

$$df_T=kn-1$$

$$df_t=k-1$$

$$df_e=df_T-df_t$$

各部分平方和除以各自的自由度便得到总均方、处理间均方和处理内均方，分别记为 MS_T（或 S_T^2）、MS_t（或 S_t^2）和 MS_e（或 S_e^2）。

即 $$MS_T=S_T^2=SS_T/df_T$$

$$MS_t=S_t^2=SS_t/df_t$$

$$MS_e=S_e^2=SS_e/df_e$$

总均方一般不等于处理间均方加处理内均方。

【例 3-5】 某猪场对 4 个不同品种幼猪进行 4 个月增重测定，每个品种选择体重接近的幼猪 4 头，测定结果如表 3-33 所示，试进行方差分析。

表 3-33 不同品种幼猪体重测定结果 单位：kg

品 种	重复观测值				总和 T	平均数 $\bar{x}$
	1	2	3	4		
大白	31.9	24.0	31.8	35.9	123.6	30.9
沈白	24.8	25.7	26.8	25.9	103.2	25.8
沈黑	22.2	23.0	26.7	24.3	96.2	24.1
沈花	27.0	30.8	29.0	24.6	111.4	27.9
合计					$T=434.4$	$\bar{x}=27.2$

本例中，品种 $k=4$，重复 $n=4$，观测数据总数 $nk=4\times4=16$。

（1）平方和计算

$$C=\frac{T^2}{nk}=\frac{434.4^2}{16}=11793.96$$

$$\begin{aligned}SS_T&=\sum x_{ij}^2-C\\&=31.9^2+24.0^2+\cdots+24.6^2-C\\&=12007.26-11793.96\\&=213.30\end{aligned}$$

$$\begin{aligned}SS_t&=\frac{1}{n}\sum T_i^2-C\\&=\frac{1}{4}(123.6^2+103.2^2+96.2^2+111.4^2)-C\\&=11897.90-11793.96=103.94\end{aligned}$$

$$\begin{aligned}SS_e&=SS_T-SS_t\\&=213.30-103.94\\&=109.36\end{aligned}$$

（2）自由度的计算

$$df_T=nk-1=4\times4-1=15$$

$$df_t=k-1=4-1=3$$

$$df_e=df_T-df_t=15-3=12$$

（3）方差的计算

$$MS_t=SS_t/df_t=103.94/3=34.647$$

$$MS_e=SS_e/df_e=109.36/12=9.113$$

在方差分析中不涉及总均方的数值，所以不必计算之。

3. *F* 检验

若实际计算的 F 值大于 $F_{0.05(df_1,df_2)}$，则 F 值在 $\alpha=0.05$ 的水平上显著，以 95%的可靠性推断 S_t^2代表的总体方差大于 S_e^2代表的总体方差。这种用 F 值出现概率的大小推断两个总体方差是否相等的方法称为 F 检验。

无效假设是否成立，决定了计算的 F 值在 F 分布中出现的概率。

【例 3-5】中，$F=S_t^2/S_e^2=34.647/9.113=3.802^*$。

根据 $df_1=df_t=3$、$df_2=df_e=12$，查 F 表，得 $F_{0.01}(3,12)=5.95$ 和 $F_{0.05}(3,12)=3.49$。

因为 $F>F_{0.05}(3,12)=3.49$，$P<0.05$，所以否定 H_0：$\sigma_{t2}=\sigma_{e2}$，接受 H_A：$\sigma_{t2}\neq\sigma_{e2}$。

表明品种猪的增重差异是显著的。

将方差分析结果列成方差分析表，如表 3-34 所示。

表 3-34 不同品种猪 4 个月增重的方差分析表

变异来源	df	SS	s^2	F	$F_{0.05}$	$F_{0.01}$
品种间	3	103.94	34.647	3.802*	3.49	5.95
品种内	12	109.36	9.113			
总变异	15	213.30				

因而，有必要进行两两处理平均数间的比较，以具体判断两两处理平均数间的差异显著性。统计上把多个平均数两两间的相互比较称为多重比较。

多重比较的方法甚多，常用的有最小显著差数法（LSD 法，least significant difference）和最小显著极差法（LSR 法，least significant ranges）。

4. 最小显著差数法

LSD 法实质是两个平均数相比较的 t 检验。基本做法是：在 F 检验显著的前提下，先计算出显著水平为 α 的最小显著差数 LSD_α，然后将任意两个处理平均数的差数的绝对值 $|\bar{x}_{i.}-\bar{x}_{j.}|$ 与其比较。若 $|\bar{x}_{i.}-\bar{x}_{j.}|>LSD_\alpha$，即为在给定的 α 水平上差异显著，反之差异不显著。

由
$$t=\frac{\bar{x}_{i.}-\bar{x}_{j.}}{s_{\bar{x}_{i.}-\bar{x}_{j.}}}$$

得
$$\bar{x}_{i.}-\bar{x}_{j.}=ts_{\bar{x}_{i.}-\bar{x}_{j.}}$$
$$LSD_\alpha=t_{\alpha(df_e)}S_{\bar{x}_{i.}-\bar{x}_{j.}}$$

式中，$t_{\alpha(df_e)}$ 为在 F 检验中误差自由度下，显著水平为 α 的临界 t 值；$S_{\bar{x}_{i.}-\bar{x}_{j.}}$ 为均数差异标准误差，由下式算得：

$$S_{\bar{x}_{i.}-\bar{x}_{j.}}=\sqrt{\frac{S_e^2}{n_1}+\frac{S_e^2}{n_2}}=\sqrt{\frac{2S_e^2}{n}}$$

其中
$$n_1=n_2$$

式中，S_e^2 为 F 检验中的误差均方；n 为各处理的重复数。

当显著水平 $\alpha=0.05$ 和 0.01 时，从 t 值表中查出 $t_{0.05(df_e)}$ 和 $t_{0.01(df_e)}$，代入式得：

$$LSD_{0.05}=t_{0.05(df_e)}S_{\bar{x}_{i.}-\bar{x}_{j.}}$$
$$LSD_{0.01}=t_{0.01(df_e)}S_{\bar{x}_{i.}-\bar{x}_{j.}}$$

利用 LSD 法进行多重比较时，可按如下步骤进行：

① 列出平均数的多重比较表，各处理按其平均数从大到小自上而下排列；

② 计算最小显著差数 $LSD_{0.05}$ 和 $LSD_{0.01}$；

③ 将平均数多重比较表中两两平均数的差数与 $LSD_{0.05}$、$LSD_{0.01}$ 比较，做出统计推断。

对于【例 3-5】中，各处理的多重比较如表 3-35 所示。

表 3-35 不同品种猪 4 个月增重的多重比较表

品种	平均数 $\bar{x}$	差异显著性		
		$\bar{x}-24.1$	$\bar{x}-25.8$	$\bar{x}-27.9$
大白	30.9	6.8**	5.1*	3.0
沈花	27.9	3.8	2.1	
沈白	25.8	1.7		
沈黑	24.1			

因为
$$S_{\bar{x}_{i.}-\bar{x}_{j.}}=\sqrt{2S_e^2/n}=\sqrt{2\times 9.113/4}=2.1346$$

查 t 值表，当误差自由度 $df_e=12$ 时：

$$t_{0.05(df_e)}=t_{0.05(12)}=2.179$$

$$t_{0.01(df_e)}=t_{0.01(12)}=3.056$$

故显著水平为 0.05 与 0.01 的最小显著差数为：

$$LSD_{0.05}=t_{0.05(df_e)}S_{\bar{x}_{i.}-\bar{x}_{j.}}=2.179\times2.1346=4.6513\ (kg)$$

$$LSD_{0.01}=t_{0.01(df_e)}S_{\bar{x}_{i.}-\bar{x}_{j.}}=3.056\times2.1346=6.5233\ (kg)$$

多重比较结果常用标记字母法表示：首先将平均数从大到小依次排列；然后在最大平均数上标 a，将该平均数与下面的平均数比较，凡相差不显著（<LSD）标 a，直至某个与之相差显著的则标 b；再以该标有 b 的平均数为标准，与各个比它大的平均数比较，凡相差不显著的在 a 右标 b；再以标 b 的最大平均数为标准与下面未标记的平均数比较不显著标 b，显著标 c；再与上面比较，如此反复。

这样各平均数间凡有一个相同标记字母差异不显著，凡具不同标记字母差异显著。差异极显著标记法同上，但用大写字母。

对于【例 3-5】，用标记字母法表示的多重比较结果如表 3-36 所示。结果表明大白与沈黑差异极显著，大白与沈白差极显著。其他品种间差异不显著。

表 3-36 用标记字母法表示的不同品种猪 4 个月增重的多重比较表

品 种	平均数	差异显著性	
		$\alpha=0.05$	$\alpha=0.01$
大白	30.9	a	A
沈花	27.9	ab	AB
沈白	25.8	b	AB
沈黑	24.1	b	B

第三节 中试放大与生产工艺

试验进行到什么阶段才进行中试呢？简单地说，中试是小试工艺和设备的结合问题，所以进行中试至少要具备下列条件。

① 小试合成路线已确定，小试工艺已成熟，产品收率稳定且质量可靠。成熟的小试工艺应具备的条件是：合成路线确定；操作步骤明晰；反应条件确定；提纯方法可靠等。

② 小试的工艺考察已完成。已取得小试工艺多批次稳定翔实的试验数据；进行了 3～5 批小试稳定性试验，说明该小试工艺稳定可行。

③ 对成品的精制、结晶、分离和干燥的方法及要求已确定。

④ 建立了质量标准，检测分析方法已成熟确定。包括最终产品、中间体和原材料的检测分析方法。

⑤ 某些设备、管道材质的耐腐蚀试验已经进行。

⑥ 进行了物料衡算。

⑦“三废”问题已有初步的处理方法。

⑧ 提出原材料的规格和单耗数量。

⑨ 提出安全生产的要求。

对于药物的试验室研究与工业化生产的比较见表 3-37。

表 3-37　药物试验室研究与工业化生产的比较

项　目	试验室研究	工业化生产
目的	迅速打通合成路线，确定可行方案	提供大量合格产品，获得经济效益
规模	尽量小，通常按 g 计	在市场允许下，尽可能大，一般按 kg 或 t 计
总体行为	研究人员层次高，工资比例较大，希望方便、省事，不算经济	实用，强调经济指标，人员工资占生产成本比例相对较小
原料	多用试剂进行研究。一般含量在 95%以上，并且对杂质含量有严格要求	使用工业级原料，含量相对较低，杂质指标不明确，不严格
基本状态	物料少，设备小，流速低，趋于理想状态	物料量大，设备大，流速高，非理想状态；对传热、传质均有影响。对连续式反应器而言，存在"反混"问题，对反应速率影响较大
操作方式	间歇式反应	倾向采用连续化，提高生产率
设备条件	玻璃仪器多为常压，可采用无水、无氧等特殊操作	多在金属和非金属设备中进行，要考虑选材和选型；易实现压力下反应，以改善反应状况
物料	很少考虑回收，利用率低；很少研究副反应、副产物	必须考虑物料的回收、循环使用以及副产物联产等问题
"三废"	往往只要求减少量，很少处理	"三废"排放量大，必须考虑处理方法，"三废"经处理后达标排放
能源	很少考虑	考虑能源的综合利用

一、中试放大的研究内容和方法

1. 中试放大的研究内容

（1）工艺路线和单元反应方法的最后确定　当原来选定的工艺路线与单元反应方法在中试放大阶段暴露出一时难以克服的重大问题时，那就不得不重新选择其他路线，再按新路线进行中试放大。

（2）设备材质与形式的选择　对于接触腐蚀性物料的设备材质的选择问题尤应注意。

（3）搅拌器形式与搅拌速度的考察　反应很多是非均相的，且反应热效应较大。在小试时由于物料体积小，搅拌效果好，传热传质问题不明显，但在中试放大时必须根据物料性质和反应特点，注意搅拌形式和搅拌速度对反应的影响规律，以便选择合乎要求的搅拌器和确定适用的搅拌速度。

（4）反应条件的进一步研究　试验室阶段获得的最佳反应条件不一定完全符合中试放大的要求，为此，应就其中主要的影响因素，如加料速度、搅拌效果、反应器的传热面积与传热系数以及制冷剂等因素，进行深入研究，以便掌握其在中间装置中的变化规律，得到更适用的反应条件。

（5）工艺流程与操作方法的确定　由于中试阶段的处理量增加了，因而有必要考虑使反应与后处理的操作方法如何适应工业生产的要求。注意点放在缩短工序、简化操作。例如，加料方式上尽量采取自动加料和管线输送。提出整个合成路线的工艺流程，各个单元操作的工艺规程、安全操作要求及制度。要考虑使反应和后处理操作方法适用工业生产的要求。特别注意缩短工序、简化操作、提高劳动生产率，从而最终确定生产工艺流程和操作方法。

（6）进行物料衡算　当中试放大各步反应条件和操作方法确定后，应就一些收率低、副产物多和"三废"较多的反应进行物料衡算，以便摸清生成的气体、液体和固体反应产物中物料的种类、组成和含量，为提高收率、回收副产物和综合利用，以及"三废"的防治提供数据。对无分析方法的化学成分要进行分析方法的研究。

（7）安全生产与"三废"防治措施的研究　中试阶段由于处理物料的数量增大，安全生产与“三废”问题就显现出来了。因此，在此阶段应就使用易燃、易爆、有毒物质的安全生产与劳动保护等问题进行研究。

（8）原辅材料、中间体的理化性质和化工常数的测定 为了解决生产工艺和安全措施中的问题，必须测定某些物料的性质和化工常数，如比热、黏度、爆炸极限等。

（9）原辅材料、中间体质量标准的制定 根据中试研究的结果制定或修订中间体和成品的质量标准，以及分析鉴定方法。小试中质量标准有欠完善的要根据中试试验进行修订和完善。

（10）消耗定额、原料成本、操作工时与生产周期等计算 根据原材料、动力消耗和工时等，初步进行经济技术指标的核算，提出生产成本。在中试研究总结报告的基础上，可以进行基建设计，制定型号设备的选购计划。进行非定型设备的设计制造，按照施工图进行生产车间的厂房建筑和设备安装。在全部生产设备和辅助设备安装完毕，如试产合格和短期试产稳定即可制订工艺规程，交付生产。

消耗定额：生产 1kg 成品消耗的各种原材料的质量（kg）。

原料成本：生产 1kg 成品所消耗各种物料价值的总和。

操作工时：每一操作工序从开始至终了所需的实际作业时间（以 h 计算）。

生产周期：从合成第一步反应开始到最后一步获得成品为止生产一个批号成品所需要时间的总和（以工作天数计算）。

2. 中试放大的方法

中试放大的方法有下面几种。

（1）经验放大法 主要是凭借研发经验通过逐级放大（小试装置—中间装置—中型装置—大型装置）来摸索反应器的特征和反应条件。它也是目前药物合成中采用的主要方法。

（2）相似放大法 主要是应用相似原理进行放大。此法有一定的局限性，只适用于物理过程放大。而不适用于化学过程的放大。

（3）数学模拟放大法 是应用计算机技术的放大方法。它是工业研究中常用的模拟方法，在兵器工业中应用较为广泛。现在引入了制药行业，它是今后发展的方向。此外，微型中间装置的发展也很迅速，即采用微型中间装置替代大型中间装置，为工业化装置提供精确的设计数据。其优点是费用低廉，建设快。现在国外的制药设备厂商已注意到这方面的需求，已经设计制造了这类装置。

数学模型（mathematical model）是近些年发展起来的新学科，是数学理论与实际问题相结合的一门科学。它将现实问题归结为相应的数学问题，并在此基础上利用数学的概念、方法和理论进行深入的分析和研究，从而从定性或定量的角度来刻画实际问题，并为解决现实问题提供精确的数据或可靠的指导。

3. 原料药和中间体的中试放大要进行的工作步骤

① 依据小试操作步骤进行物料衡算和中试工艺流程。物料衡算包括原材料消耗和生产成本估算。原料消耗表中应包括回收溶剂的回收估算。工艺流程应是操作步骤和设备结合的综合体现。

② 依据流程图和中试工艺进行中试工艺装置的安装。其中重要的方面包括：在改装车间是要从安全、通风、采暖、照明、配电等方面加以考虑，依据设备安排来布置操作平台，并安装和调试设备。

③ 在设备完备的情况下，依据小试操作步骤和流程来编制中试操作规程。

④ 同时配合车间人员的操作培训，进行试车。试车的一般原则是先分步进行，考察每步操作和试车情况，然后再同时进行。

⑤ 开始正式试验。正式试验过程中要考察的项目主要有：

a. 验证工艺，稳定收率。

b. 验证小试所用操作。

c. 确定产品精制方法。

d. 验证溶剂回收套用等方案。

e. 验证工业化特殊操作过程。

f. 详细观察各步反应热效应。

g. 确定安全性措施。

h. 制备中间体及成品的批次一般不少于 3～5 批，以便积累数据，完善中试生产资料。

⑥ 提出工业化生产工艺方案，并确定大生产工艺流程。这是中试的最终目的。工业化生产依据中试提供的数据、可行工艺过程和设备选型，进行工业化设计、安装、试车、正式投入生产。

中试生产的原料药供临床试验，属于人用药物。中试生产的一切活动要符合《药品生产质量管理规范》(GMP)，产品的质量和纯度要达到药用标准。美国 FDA 规定，在新药申请 (NDA) 时要提供原料药中试生产（或今后大规模生产）的资料。

二、工艺计算

1. 物料衡算

(1) 物料衡算的目的　对于任何一个化工工艺设计。无论规模大小，过程复杂与否，都必须进行物料衡算。物料衡算是化工工艺设计中最基本最重要的内容之一，通过物料衡算达到以下目的。

① 根据设计任务可以算出主要产品、副产品和废物排出数量，或“三废”生成量。

② 算出原材料的消耗定额和消耗量。

③ 为能量衡算提供依据，计算出生产过程中需要提供或移走的能量（或可能回收的能量）。

④ 根据上述结果，可以对过程进行经济分析、估算成本，以评价过程的经济合理性。

⑤ 为设备或装置的设计（包括驱动设备）选型提供数据，从而确定设备的台数、套数和设备的主要尺寸等。

⑥ 为物料输送提供数据，以便进行工艺管道系统的设计以及为计量系统的配备提供条件。

⑦ 为仓储和运输系统以及公用工程提供设计依据。

⑧ 通过对每一个过程或单元的衡算结果，可以修正和完善工艺流程的设计。

此外物料衡算结果也为以后的开工、生产操作提供依据。

(2) 物料衡算的依据　物料衡算的理论依据是质量守恒定律。对于某一个体系，或者是任何一个化工工艺过程，不论是物理加工过程还是化学加工过程，也不论是总过程还是单元过程，都是根据质量守恒定律进行平衡计算的。即进入一个装置的全部物料质量必等于离开这个装置的全部物料的质量，再加上损失掉的和系统内积累起来的物料的质量。如果把损失的物料合并到输出物料量当中，那么物料衡算可表示为：

$$\sum F=\sum D+W$$

即，　　输入＝输出＋积累

对于有化学反应过程的物料平衡是根据反应平衡方程式的化学计量关系进行的，实际也服从于质量守恒定律的，因为对于参与反应的任何组分也必然服从于质量平衡。但要注意物料物质的量 (mol) 不一定守恒，另外实际上的物料平衡要考虑到开始的物料组成和最后的产品组成，还要考虑组分的过剩量、转化率以及原料和产品的损失等。因此其衡算式成为：

输入物料量±[反应生成或消耗的物料量]=输出物料量+积累物料量

式中，积累物料量表示体系内物料量随时间而变化时所增加或减少的量。

多数化工过程都是连续的，而且在正常操作时是稳定状态，因此体系内无物料积累，可视积累项等于零。所以衡算式可写成：

$$\sum F=\sum D$$

虽然实际生产条件下总是或多或少有些波动，并不是绝对稳定状态，即实际的连续过程与稳定状态是有些差距，但从总体考虑这些差距对过程影响一般属于次要因素。在设计中为了简化计算，都是按稳定状态考虑的，即不考虑积累量。生产流程中，每一个环节任何一个部位的参数完全不受时间因素影响，即每个部位的条件都认为始终不变，但每个部位的条件不一定相同。

(3) 物料衡算的基本步骤　进行物料衡算时，尤其对那些复杂的衡算对象，为了避免错误，必须采取正确的计算步骤，做到计算迅速，结果准确，同时使计算条理化，便于检查核对。一般物料衡算步骤如下所述。

① 画出计算对象的草图。针对计算难易程度，明确计算范围，对于单元设备，只需用一方框表示。对于整个生产流程，要画出物料流程示意图（或流程方框图）。绘制物料流程图时，要着重考虑物料的种类、物料的走向，输入和输出要明确。对设备的外形、尺寸、比例等并不严格要求，对于那些物料在其中既没有发生化学变化（或相变化），也没有损耗的过程（或设备），不需要计算，允许不画。但与物料衡算有关的无论是主管线，还是辅助管线，均应画出。有些部位如三通管件具有混合或分流的作用，应特别注意，必要时用一方框表示作为一个单元设备。

图面表达的主要内容为：物料的流动及变化情况；注明物料的名称、数量、组成及流向；注明与计算有关的工艺条件，如温度、压力、流量、配比等，都要标明在图上。不但已知的数据要标明在图上，待求的未知项，也要用适当的字母、符号标写清楚，这样的示意图，已知项、未知项一目了然，便于分析，不易出现差错。为方便起见，按物料走向，把流程中的各个需要计算的部位顺序编号，便于计算和核对。

② 确定计算任务。根据物料流程示意图所包含的设备单元，分析物料经过每一过程、每一设备的部位，所发生的物理的或化学的变化及物量、组成和各种参数的变化，并分析数据资料，进一步明确已知项和待求的未知项。对于未知项，判断哪些是可以查到的，哪些是必须通过计算求出的，从而弄清计算任务，并针对过程的特点，选择适当的数学公式，力求计算方法简便，以节省计算时间。

③ 收集数据资料。这里所说的数据资料包括两类，一类为设计任务所规定的已知条件；另一类为与过程有关的物理、化学参数。具体说一般需要收集的数据和资料如下。

a. 生产规模和生产时间（即年生产时数或年工作日）。生产规模一般在设计任务书中已规定数量，可直接按规定的数量计算，如果是中间车间，应根据消耗定额确定生产规模，同时考虑物料在车间的回流情况。

生产时间的确定应根据全厂检修、车间检修、生产过程和设备特性考虑每年有效的生产天数或时数，一般生产过程中无特殊现象（如易堵、易波动等），设备能正常运转（没有严重的腐蚀现象）或者已没有必要的备用设备（运转的泵、风机都没有备用设备），且全厂的公用工程系统又有能保障供应的装置，年工作时数可采用 8000～8400h，或年工作日在 330～350 天。

对于全厂（车间）检修时间较多的生产装置，年工作时数可采用 8000h。目前，大型化工生产装置根据实践经验，一般都采用 8000h。

对于生产难以控制，易出不合格产品，或因堵、漏常常停修的生产装置，或者试验性车间，生产时数一般采用 7200h（年工作日 300 天）。

有了生产规模和年工作时间，就可以确定小时处理的物料数量。因为计算往往以小时作基准，而且后面所选定或设计的设备或装置的生产能力都是以小时为基准的。

b. 有关的定额和技术指标。这类数据包括单位产品所消耗的原材料；原料和产品的允许损失量；配料比、循环比、固流比、气液比、回流比、利用率、单程收率、转化率、回收率等。

收集这类数据时应注意其可靠性和准确性，要认真了解其单位和基准，以免使用时发生错误。这类数据有些是根据经验设定的。

c. 原料、辅助材料、产品、中间产品的规格。其包括原料的有效成分的含量、杂质的含量、气或液体混合物的组成等。

d. 与过程计算有关的物理、化学常数。可以通过查阅手册取得有关的化工基础数据。如临界常数（临界压力、临界温度等）、密度或比容、状态方程参数、蒸气压、气液平衡常数或平衡关系式、黏度、扩散系数等。

在收集有关的数据资料时，应注意其准确性、可靠性和适用范围。然而有些特殊物质的物化数据，在手册或文献中查不到现成的数据或查得不完整时，可根据物理和化学的一些基本定律进行估算（有些文献介绍了一些估算物化数据的简略方法）。

近年来，随着电子计算机的迅速发展，应用计算机储存、检索和推算物化数据日益增多，许多大型企业、科研单位、高等院校都建立了物化数据库，有可供自动检索和估算所要求的数据。

总之在一开始计算时就把有关的数据资料准备好，既可以提高工作效率，又可以减少差错。

需要注意的是，所有数据包括物料数量、组成和物化数据，都要换算为 SI 单位。

④ 列出化学反应方程式。列出各个过程的主、副化学反应方程式，明确反应前后的物料组成和各个组分之间的定量关系，明确反应的特点，必要时指明反应的转化率和选择性。这样便于分析反应产物的组成情况，为计算做好准备。

当副反应很多时，对那些次要的，而且所占的比重也很小的副反应，可以略去，或将类型相近的若干副反应合并，以其中之一代表，以简化计算，但这样处理所引起的误差必须在允许误差范围之内。而对于那些产生有害物质或明显影响产品质量的副反应，其量虽小，却不能随便略去，因为这是进行某些分离、精制设备设计和三废治理设计的重要依据。

与此同时，为了下一步进行热量衡算方便，应同时写明各反应过程的热效应。

⑤ 选择计算基准。在物料衡算过程中，衡算基准选择恰当，可以使计算简便，避免出错，也利于各个过程计算上的相互配合。即基准的选取以计算方便为原则。

基准选择包含两个含义，一个是选系统的哪一物流作基准，是进口还是出口，是整体还是物流中某一组分；另一个是量的概念，即以什么量（或单位）为基准，例如是质量（kg）还是物质的量（mol）或体积，有时以时间为基准也属于物质的一种形式。基准选择合适与否，会关系到计算的繁简程度。

在一般的化工工艺计算中，根据过程特点，选择的基准大致如下。

a. 对于连续生产，以一段时间间隔，如 1s、1h、1 天的投料量为计算基准；或生产的产品量为计算基准，如 kg/h 或 kg/天为基准。这种基准可直接联系到生产规模和设备设计计算。但由于照顾到时间而进出物料量就不一定是便于计算的数字。如年产 300000t 乙烯，年操作时数为 8000h，则每小时的产量为 37.5t。

b. 对间歇生产，一般可以一釜或一批料的生产周期，作为计算基准。

c. 当系统介质为固体或液体时，如以煤、石油、矿石为原料的化工生产过程，一般采用一定量的原料，例如1kg、1000kg的原料等作为计算基准。如果所用原料或产品系单一的化合物或其浓度和各组分的物质的量均已知时，则以1kmol或100kmol的原料或产品作基准更为方便。

d. 对气体物料进行计算时，一般选体积作为计算基准。但必须用标准状况下的体积，即把操作条件下的体积换算为标准状况下的体积。这样可以不考虑温度、压力变化的影响。而且可与物质的量直接联合运算，因为混合气体中体积分数与摩尔分数是一样的。

e. 计算过程中所遇到的物料，不论是气体、液体或固体，都可能或多或少含有水分。而且水分含量又是变化的，因此在选用基准时就应指明所选的物料包括不包括水分在内，也即是干基或湿基。例如空气组成通常取为含O_2 21%、含N_2 21%，这就是干基。

f. 选定计算基准，通常可以从年产量出发，由此算出原料年需要量和中间产品、“三废”的年生成量。或根据年工作时数折算为小时需要量或产量。但如果中间步骤较多，或者年产量数值较大时，或数量不规整计算起来很不方便，比较繁复。为了使计算简便，可以按100kg［或100kmol，或100m^3(标准情况)，或其他方便的数量］作为基准进行计算，算出产量后，和实际产量相比较，求出相差的倍数，以此倍数作为系数，分别乘以原来假设的量，即可得实际需要的原料量、中间产物和“三废”生成量。

经验表明，选用恰当的基准可使计算过程简化。总之解题开始之前就要指明基准。整个计算过程都在同一个基准下进行。而在中间局部计算允许另设基准，但最后还是要以统一基准作为答案。

还应指明的是，计算过程中，必须把各个量的单位统一为同一单位制，并且在计算过程中保持前后一致，可避免出现差错。

⑥ 建立物料平衡方程，进行物料衡算。在前几步工作的基础上，利用化学反应的关联关系、化学工程的有关理论、物料衡算方程等，列出数学方程式，方程式的数目应等于未知项的数目。

物料衡算方程一般包括以下三种类型。

a. 物料平衡方程式。包括总质量衡算式、组分衡算式或元素衡算式。不论系统有多少股浸出物料，其总质量方程只有一个，而组分或元素方程取决于组分数或元素数。

b. 分子分率约束式。每一股物料的各组分的分率之和恒等于1，因此每股物料都有一个分子分率约束式。

c. 设备约束式。属于物料流量和组分以外的过程变量约束关系。它是描述设备特征的，每一过程单元的设备约束式是不同的。例如两股物料的流量比为一个定值、相平衡关系式等。

⑦ 整理并校核计算结果。在工艺计算过程中，每一步都要认真计算并进行认真校核，以便及时发现差错，避免差错延续，造成大量计算工作返工。当计算全部完成后，对计算结果进行认真整理，并根据需要换算基准，由计算过程的基准换成要求的基准。最后列成表格即物流表。这样使其他校、审人员一目了然，可大大提高工作效率。

⑧ 绘制物料流程图、编写物流表。根据物料衡算结果正式绘制物料流程图，并填写物流表。物料流程图（表）是表示物料衡算结果的一种简单而清楚的表示方法，它能清楚地表示出物料在流程中的位置、变化结果和相互比例关系。物料流程图（表）一般作为设计成果编入正式设计文件。

在物料衡算工作完成之后，应充分应用计算结果对全流程和其中的每一生产步骤及每一设备，从技术经济的角度进行分析评价，看其生产能力、效率是否符合预期的要求，物料损耗是否合理，并分析确定工艺条件是否合适等；借助物料衡算结果，还可以发现流程设计中存在的问题，从而使工艺流程设计得更趋完善。

2. 热量衡算（或能量衡算）

（1）热量衡算的目的　能量的消耗是化工生产中的一项重要指标。任何化工生产都必然要消耗能量。因此，它是衡量工艺流程、设备设计和操作制度是否先进合理的主要指标之一。在物料衡算之后，工艺过程涉及能耗时必须进行能量衡算。通过衡算达到以下目的。

① 可直接算出过程中需要供给多少热量，从而可以决定外加多少能量（电能或热能），即可得知重要的经济指标、单位产品的能耗。

② 可以算出过程中需要移出多少热量，以便确定需要多少冷却剂，如冷却水消耗量。

③ 根据过程需要供给或移除的热量，即热负荷，可以为设计热交换器的结构和尺寸，以及选型提供条件。

④ 在给定条件下，求算某些过程中的操作温度，为操作控制提供依据，为仪表、自控设计提供条件。

（2）能量衡算的依据　能量衡算的理论依据是热力学第一定律，即能量守恒定律：

$$\sum Q_{入}=\sum Q_{出}+\sum Q_{损}$$

即

$$输入=输出+损失$$

对于某些单元设备的热量衡算，热平衡方程式可写成如下形式：

$$Q_1+Q_2+Q_3=Q_4+Q_5+Q_6$$

式中　Q_1——各股物料带入设备的热量；

Q_2——由加热剂传递给设备和物料的热量；

Q_3——过程的各种热效应，如反应热、溶解热等；

Q_4——各股物料带出设备的热量；

Q_5——消耗在加热设备上的热量，或可能是气体产物冷凝传出的热量；

Q_6——设备向外界环境散失的热量。

上述各项热量可以分成 5 种类型。

① 显热：如 Q_1 和 Q_4，是由于温度的变化的热量。

② 潜热：或相变热，如 Q_5，温度不变。

③ 化学反应热：如 Q_3，放热或吸热。

④ 外加有用热：如 Q_2，外界提供的热量。

⑤ 热损失：如 Q_6，此项往往是其他项总收支的差值。

上述为通用公式，遇到具体问题时，要注意下面几个方面。

① 正确建立各个热量之间热平衡关系，必须根据物料走向及变化具体分析热量间关系，要注意各热量的正、负号。上式中除了 Q_1、Q_4 是正值以外，其他各项都有正、负两种情况，因此要根据具体情况进行具体分析，判断清楚再进行计算。

② 要弄清楚过程中存在的热量类型，从而确定收集哪些物化数据，例如显热就需要查询比热容值；相变热就需要查取相应的热数值如汽化或冷凝热。同时要注意数据的可靠性。

③ 合理划定计算范围，确定适宜的进料和出料部位，这对于方程中包括哪些热量，不包括哪些热量都直接有关，一般和设备的进出口一致，或者与物料衡算一致。

④ 计算时对于一些量小、比率小的热量可以略去不计，以简化计算。其误差可归于热损失中。

⑤ 正确确定计算基准。

（3）热量衡算的基本方法和步骤

① 绘制物料流程图。因为热量衡算是在物料衡算的基础上进行的，因此其热量平衡范围和物料衡算是相似的。在物料流程图上标明已知温度、压力等条件，并将已查出的有关热量计算数据列上。

② 选定计算基准。与物料衡算一样，热量衡算时也要确定计算的基准，它包括基准量、基准温度和基准相态。

a. 物料数量上的基准。因为一般热量衡算是在物料衡算的基础上进行的，基准量尽量和物料衡算所选定的基准量相一致，如100kg、100mol、$100m^3$（标准状况）等，或按每小时进料量计算。这样可以直接利用物料衡算的结果。

b. 温度及相态的基准。基准温度和基准相态是可以任意选定的，以计算方便为原则。采用平均比热容法计算时，大都取25℃作为热量衡算的基准温度。因为物化数据手册平均热容值多为25℃为基准的。采用统一基准焓法计算时，因为焓的数据中已经规定了基准温度和状态，在进行热量衡算时就不需要再去选择。

相态基准，只有在物料的组成中含有水而出现汽化或水蒸气凝结时才需要规定。例如湿煤燃烧或含碳氢化合物的燃烧，在烟道气中含有水蒸气，此时就不需要规定相态基准；以指明是液态还是气态为基准。在热量衡算中，由于基准温度和基准相态不同，热量衡算方程式中各项的值是不同的，因此在同一设计计算中，要选定一个基准温度和基准相态。

③ 收集数据。热量衡算的数据包括：

a. 设计条件规定的有关的工艺操作数据，如温度、压力等；

b. 涉及热量衡算的各股物料的量及组成标在物料流程图上；

c. 有关的物化数据，如汽化热或冷凝热、比热容、焓、反应热、溶解热等。

以上这些数据，有的来自设计任务书，有的来自物料衡算的结果，有的来自有关的资料和手册，有的可以从工厂的实际生产的数据、中试数据、科研开发数据中合理选取。这样，把计算涉及的数据资料预先收集好，可以节省计算时间并可提高计算的准确性。

④ 列出热量衡算方程式。热量衡算大多以单元设备为衡算对象，可以按物料走向依次列出热量衡算方程式，首先分析热效应的项目，切勿漏项，特别应注意反应热和相变热。

项目确定后，即可按前述能量守恒定律列出总的热平衡方程式。

各种热效应计算如下。

a. 显热。物料在不发生相变时，由基准温度升高（或降低）到某一温度所吸收（或放出）的热量。其通用算式为：

$$Q=m\int_{T_1}^{T_2} C_p \mathrm{d}T$$

或

$$Q=m\overline{C}_p(T_2-T_1)$$

式中 Q——吸收（或放出）的显热，kJ；

m——物料的质量，kg；

C_p——真实比定压热容，kJ/(kg·K)；

$\overline{C}_p$——平均比定压热容，kJ/(kg·K)；

T_1——基准温度，K；

T_2——物料升高（或降低）后的温度，K。

这里要注意真实比定压热容与平均比定压热容的区别。

b. 潜热。物质发生相变时，恒温下放出（或吸收）的热量。其通式为：

$$Q=m\Delta H$$

式中 Q——潜热，kJ；

ΔH——比焓值，如液体蒸发时为汽化热，kJ/kg。

ΔH值可从物化数据手册查得，查不到时按经验公式求取。例如工程常用沃森（Watson）公式计算汽化热。即用于由已知温度T_1时的汽化热估算另一温度T_2时的汽化热：

$$\Delta H_2=\Delta H_1\left(\frac{T_2-T_c}{T_1-T_c}\right)^{0.38}$$

式中 ΔH_1——温度为正常沸点 T_1 时的汽化热，kJ/kg；

ΔH_2——温度为任意温度 T_2 时的汽化热，kJ/kg；

T_c——物质的临界温度，K。

c. 化学反应热。伴随着化学反应的热效应。

一般从物化数据手册中查得的反应热数值都是指定了温度和压力的，通常都指在标准状态下，称标准反应热，系指 298K 和 101.3kPa 的条件。

如物化数据手册中直接查不到，则可按参与反应的物质的标准生成热或标准燃烧热计算。

盖斯定律：标准反应热等于生成物的标准生成热之和减去反应物的标准生成热之和。

根据盖斯定律，按标准生成热时如下式：

$$\Delta H_r=\sum_{生成物}\mu_i(\Delta H_f)_i-\sum_{反应物}\mu_i(\Delta H_f)_i$$

式中 ΔH_r——标准反应热；

ΔH_f——标准生成热；

μ_i——参与反应的分子的计量数。

按标准燃烧热时如下式：标准反应热等于反应物的标准燃烧热之和减去生成物的标准燃烧热之和。

$$\Delta H_r=\sum_{生成物}\mu_i(\Delta H_c)_i-\sum_{反应物}\mu_i(\Delta H_c)_i$$

式中 ΔH_c——标准燃烧热。

标准生成热和标准燃烧热的数值，从化学手册中均可查得。

注意两个式子形式上很相似，只是反应物和生成物前后顺序不同。

d. 统一基准焓法（或称标准焓法）。由于反应热是随温度变化的，任意温度 T 时的反应热应该由标准反应热加上从 298K 到温度 T 之间的焓变来取得。

为简化计算，规定各个单质在 25℃(298K) 的焓为零作为基准。

各种气体统一基准焓可用下列通式计算：

$$H=\alpha_0+\alpha_1T+\alpha_2T^2+\alpha_3T^3+\alpha_4T^4$$

式中 T——热力学温度，K；

α_0、α_1、α_2、α_3、α_4——常数，各种气体的常数可从物化数据手册中查得。

采用统一基准焓法进行热量衡算时，只需直接按公式计算或从表中查出各个物质的始态焓和终态焓。或者说系统的进、出口物料的焓值，二者相减，即可得出过程所发生的热量变化，而不需要考虑过程的显热、潜热和反应热，因此使用统一基准焓法，可以使计算过程简化。

e. 外加有用热（加热剂）。在化工过程中，需要传入（或传出）设备的热量一般是由传热剂进行传递的，因此，要正确地选择传热剂并计算其用量。一般有水蒸气、燃料、电和冷却水。

(a) 水蒸气作为加热剂：

$$Q_{汽}=G(H-CT)$$

式中 $Q_{汽}$——水蒸气提供的热量，kJ；

G——水蒸气消耗量，kg；

H——水蒸气的焓，kJ/kg；

C——冷却水的比热容，kJ/(kg·K)；

T——冷却水的温度，℃。

(b) 燃料作为热源：

$$Q_{燃}=\eta BQ_{T}$$

式中 $Q_{燃}$——燃料提供的有用热，kJ；

η——燃料燃烧的热效率；

B——燃料消耗量，kg；

Q_{T}——燃料的发热值（低），kJ/kg。

热衡算中 $Q_{燃}$ 是过程需要的已知量，而燃料消耗量 B 往往是待求量。

(c) 电用量：某些化工过程，用电作为热源。

$$Q_{电}=3600\eta E$$

式中 $Q_{电}$——由电能提供的热量，kJ；

E——耗电量，kW·h；

η——用电设备的电工效率。

(d) 冷却水：通过热衡算，得出系统中应移出的热量，常用冷却剂为水。

$$Q_{水}=WC(T_{2}-T_{1})$$

式中 $Q_{水}$——过程中应移出的热量，kJ；

W——冷却剂用量，kg；

C——冷却剂的比热容，kJ/(kg·K)；

T_{1}、T_{2}——冷却剂的进、出口温度，℃。

⑤ 计算和核算。根据前面所列方程，然后用数学方法求解，在解算过程中，要分析所列方程的复杂程度，分成独立求解和联立求解，解得结果要反复核对。如不平衡时要分析原因，必要时重新计算。

⑥ 列出热量衡算表。把整个系统的热量衡算结果，经核对无误后，列成表格，要求：

a. 表格可以与物料衡算结果同时列入；

b. 按计算所选定的物料基准列表；

c. 换算为单位产品为基准的数据，为产品成本估算提供依据；

d. 换算为时间基准，即单位时间（h）的产品量的对应数据，为设备选型、物料输送、仓储配制等以及其他经济指标提供条件。

三、车间布置设计

在生产工艺流程图、物料衡算、热量衡算与设备选型及其外形尺寸确定以后，就可以着手进行车间厂房和车间设备的安排布置设计工作了。车间布置设计的主要任务是对车间场地与建筑物大小、结构，内部的生产设施（包括生产工艺设备、原料和成品的储存、生产控制室、露天堆放场地等），生产辅助设施（包括化验室、配电室、机修间等），生活行政设施和其他特殊用室，如机房、空调以及通道、管廊等在平面和立面上按要求进行组合、安排。首先在图纸上各就各位，整个布局既要满足工艺生产操作的要求，又要体现出整齐、经济、安全、环境各方面都是合理的。

车间布置的合理与否，涉及整个项目的总投资及设备的安装和检修、今后的操作环境的方便与安全，以及车间各项经济指标的完成情况，因此要全面统筹考虑，合理安排才行。

1. 车间布置设计的内容和要求

(1) 车间布置设计的内容　车间布置设计的内容可分成两大部分，一部分为包括车间各工段、各种设施在车间场地内的厂房的整体布置和厂房的轮廓设计；另一部分是包括工艺设备、辅助生产车间设备的排列和布置。从施工顺序来说是先厂房建筑，后设备安装。从设计来说应该是由工艺设备的布置决定厂房的布置设计，然而也不是截然分开的。车间布置设计的内容通常包括以下几个部分。

① 生产设施，包括生产工艺的装置、原料和产品的仓储设备、露天堆放场、框架构筑物等。

② 生产辅助设施，包括化验室、配电室、空调室、机房、机修间等。

③ 生产管理设施，包括车间办公室、更衣室、休息室、卫生间等。

④ 其它特殊用房，包括劳动保健用室、培训教室等。

上述各种设施，根据需要确定各自的占地面积，分配方位，合理组合，以确定车间厂房的长度、宽度、跨度，如为楼房则需确定出层数、层高和总高度。还要确定露天占用的面积、道路的位置和大小。

（2）车间布置设计的要求

① 总体上要符合国家安全防火与环境保护的规定，以保障安全生产，妥善处理防火、防爆、防毒和防腐蚀问题。

② 经济效果要好，在满足工艺要求的情况下，尽量减少占地面积，充分利用空间，尽量降低厂房高度，以减少建设总投资费用，降低生产资本。

③ 要便于生产管理，便于安装、检修和生产操作。除主要生产工段外，对其他辅助设施用房和生活管理用房等要合理安排，以便于管理为准则。要尽量创造良好的工作环境，给操作人员以足够的操作空间和安全距离。

④ 服从于全厂总图布置，与其他车间、公用工程系统、运输系统形成有机整体。

⑤ 要考虑预留扩建余地，这一点从发展远期或近期考虑，由生产规划所确定，或按工程预算分期建设所决定。

2. 车间布置设计的步骤

（1）准备有关资料

① 带控制点的工艺流程图。此图表示了从原料到产品的整个生产过程。车间布置和以后的配管设计都以此为依据。各单元设备之间的严格关系、物料的输送关系，以及高低、前后的关系是不容改变的。由此图可得知车间组成、工段划分、主要设备结构特征，可确定设备布置组合与安排顺序及位置，并可以估算出各工段的面积。

② 设备一览表。设备选型以后，已经列出了所有工艺设备规格、外形尺寸、数量及质量、特点和布置要求。由此可以估计设备的占地面积和高度，以及其适合在室内还是室外。

③ 总图与规划设计资料。其中的有关内容如下述。

a. 整个工程中的场地与道路情况，公用工程管道、车间之间的工艺管道、污水排放点及有关车间的位置。

b. 依据气象资料中的温度、雨量情况，再结合工艺与操作要求决定设备装置是否露天布置。

c. 依据当地全年主导风向资料决定各工段的相对位置，例如有毒害的气体工段应布置在下风口、有可燃性气体的不能在具有明火的炉子上风口、凉水塔因有散发水气不应吹向附近建筑物或道路等。

④ 有关的设计规范与标准。例如化工企业设计防火规范，决定各工段间的防火、防爆距离；按照有关安全与环保规定对有毒物的车间合理布置等。

（2）确定车间的布置形式　布置形式有露天布置和室内布置，二者各有其优缺点。但比较起来应优先考虑露天布置或半露天布置。大多数较大型化工厂已普遍采用这种布置。

① 露天布置是大部分设备布置在室外露天或敞开式多层框架上。特别是一些高大的塔器、罐器等。

露天布置的优点是：建筑投资少，占地面积少，便于安装与检修，有利于通风、防火、防爆。其缺点是受气候影响大，操作条件差。但生产中一般不需经常操作或已装有自动化仪表控制的设备均应为露天布置。此外需要大气调节温度和湿度的装置，如凉水塔、排管冷却器、空气冷却器都应设在室外。

② 室内布置是将大部分生产设备、辅助生产设施和生活管理设施都布置在室内或楼房内。一般小规模设备，特别是间歇操作或频繁操作的生产设备都需要布置在室内，例如泵房、压缩机房、包装以及化验室、控制室等都必须设在室内。

室内布置的优点是：受气候影响小，劳动条件好，操作控制便于集中。缺点是：投资大，占地面积大，不利于车间内通风、防火、防爆以及安装检修（小型设备例外）。

(3) 车间厂房布置设计

① 平面布置。厂房形式最主要是平面布置，应首先确定。

a. 厂房的基本结构是由柱和梁划分为若干方（或长方）的格（间），每间四角有柱或其间有承重墙，柱与柱之间用横梁连接。整个厂房有外墙的称为封闭式厂房，有房顶而无外墙（或有部分外墙）称为敞开式或半开式厂房，没有外墙和顶的称为露天框架，这由工艺和安装等要求而定。

b. 厂房平面轮廓有长方形、L形、T形等数种，厂房平面设计应该力求简单。其中长方形最好，最简单。长方形厂房便于通道和管廊的布置，使设备可以紧凑、集中，敷设工艺管道较短，阻力小，经济效果好。它便于生产管理，操作方便，采光通风也较好。而T形、L形布置用于较复杂的车间，有其各自的特点，很适合于既有室内布置又有露天布置的情况。这须根据车间组成的复杂程度而定。

c. 厂房的柱网和跨距的布置，主要根据工艺、设备、采光、通风及建筑造价等因素而定。布置时既要服从于设备布置的要求，又要尽可能符合建筑模数的规定，以利于采用建筑标准件，减少建筑设计和施工的工作量以节省投资。此外为使建筑结构紧凑，降低造价和合理布置设备，大多是将生产设备用房和辅助生产设施（控制室、配电室、分析化验室）以及生活设施用房集中布置在一起，统一考虑。

一般多层厂房采用6m×6m的柱网，太大太小都不利于设备布置。例如每个6m×6m的面积上可以布置一台直径3m的设备或6台直径1.2～1.5m的小型设备，包括周围通道和管道，以及仪表的预留空间。

厂房的跨度根据需要和已定柱网而选定。一般单层厂房的跨度采用6m、9m、12m、15m、18m，特殊需要也可以采用更大的跨度。多层厂房大多为12m、15m，一般不超过24m。

② 厂房的立面布置。厂房的立面有单层、多层或部分单层与部分多层组合形式。其布置也是力求设备布局合理，排列齐整，充分利用厂房空间，达到既满足工艺生产操作和检修的要求，又经济合理，节约投资，并能符合采光通风等要求。

在立面布置时要考虑以下两点。

a. 厂房高度和层数，主要取决于设备高度，除设备本身外还应考虑：设备附件的要求，如设备上的管道、仪表、阀门的需要；安装、检修的需要高度，例如反应釜的搅拌器，合成塔内件等安装检修的吊出高度等；厂房顶层结构和高度；某些高温或有毒气可能泄漏时，还应适当加高厂房高度，以利于通风散热。

一般生产厂房每层高度不宜低于3.2m，净高不宜低于2.6～2.8m，每层高度采用4～6m。厂房的高度也应符合建筑模数的规定。

b. 吊装运输设备附加高度。某些生产车间的设备机器，在日常操作中需要借助于吊车，如间断加料操作、机器的频繁检修等。厂房必须设置起重运输设备，如吊钩、电动葫芦和桥式吊车，这样厂房就得加高，如为桥式吊车，则须考虑吊车轨道高度和吊车设备的高度。

③ 车间厂房布置时的原则

a. 厂房布置应该满足生产工艺的要求。依照工艺流程的物料顺序，使物料流向在水平方向和垂直方向保持连续性，尽量避免同一物料迂回反复，使原料到成品的路线最短，以节省管道，减少投资，经济效果好。

b. 如有重型设备和容量很大的槽罐以及震动性强的传动设备，如压缩机、转筒形加热炉或干燥炉等，应尽量布置在底层。而有些必须布置在楼上时，应布置在承重梁上（必须与建筑配合）。

c. 如有多个单元设备需要建造操作平台时，应尽量集中考虑、统一设计，避免单独平台过多，而使平台支柱凌乱，建筑构件增多，占地面积也增多，使投资加大，且使操作环境凌乱。

d. 不论哪一种厂房的形式，都要对厂房的进出口、通道、楼梯位置安排好。厂房大门与生活行政等设施的门应该分开。厂房大门宽度与高度要比最宽设备、最高设备宽出或高出 0.2m 以上。当有运转设备进入厂房时，厂房大门宽度总得比运输设备宽 0.4m 和高 0.4m 以上。

（4）车间设备布置设计

① 要满足生产工艺要求

a. 设备布置设计首先要遵循工艺流程的主要物料流动的前后、上下的顺序，保证工艺流程在水平和垂直方向的延续性。一般采用流程式布置，使原料到成品的路线最短。把同类设备尽量布置在一起。在不影响流程顺序的原则下，一般要把高层设备也尽量集中布置，充分利用空间。

b. 操作中有联系的设备或工艺上要求靠近的设备，尽管在流程上不一定符合顺序，但也应布置集中，并保持必要的间距，以便于操作。例如硫酸厂的 SO_2 的干燥与 SO_3 的吸收，就属于这种情况。

c. 对于结构相同与操作相似的设备应集中布置，例如反应釜，操作方法往往相同，可以完成不同的产品生产，有可以相互调换使用的可能性，根据需要可以更换产品，做到一机多用，充分发挥设备的潜力。

d. 对于有压差的设备应充分利用位能差，尽可能使物料自动流动输送，以节省动力设备和费用，避免中间产品有交叉往返的现象。一般可将加料、计量、高位槽等设在最高处，主要设备如反应器布置在中间，而把泵类、储槽及重型设备布置在最低层。

e. 要留出操作、运输、安装、检修的位置；设备与墙之间、设备与设备之间应有一定的距离，并留出运送设备的通道和人行道，以便于生产管理和操作。设计时应遵守它们的标准规范。

② 符合安全技术的有关规范。由于化工生产中具有易燃、易爆、有毒的物品较多，布置设备时应把安全放在第一位，每个设计项目都应符合有关的安全标准。除上述设备之间的安全距离外，还应考虑以下具体安全措施。

a. 加热炉或明火设备以及产生有毒气体的设备，应布置在下风处。

对易燃、易爆的设备最好露天布置，如设在室内应有效地加强自然对流通风，必要时采用机械送风和排风，防止易燃、易爆物质集聚，使易燃、易爆物含量降至规定极限之内或爆炸极限以下。

b. 加热炉或明火设备与易燃、易爆设备，应保持一定的间距。易燃、易爆车间要采取防爆和防火的措施，同时要防止产生静电现象。

c. 对于盛有易燃、易爆或有毒的储罐，则应尽量集中布置，并采取必要的防护措施。有些物料储罐应视其特点，决定它是靠近与之有关的厂房还是远离厂房。

d. 有毒、有粉尘和有气体腐蚀的设备，也应集中布置，并加强通风设施和防毒、防尘和防腐等环保措施。

e. 对盛有酸、碱等腐蚀性介质的设备，特别是储槽应尽量集中布置在建筑物的底层，且应设有必要的事故槽。不宜布置在楼上，而且除本身的基础要加防护外，对设备附近的墙、柱等建筑物也必须采取防护措施，必要时可加大设备与墙、柱间的距离。

③ 要考虑安装与检修的需要

a. 设备布置时必须根据设备结构的特性、大小来确定安装和检修的方式方法，必须留有安装空间，室外设备可直接利用地面道路。尤其是大型设备的整体吊装，必须有设备的存放场地和检修时的设备和设备附件的存放地点。

b. 室内布置的设备必须考虑设备运入、搬出车间的方法及经过的通道。并在厂房中要有一定的供设备检修及拆卸用的面积和空间。同类设备集中布置可统一留出检修场地，例如多台压缩机之间的距离要大一些，或在一端留出一块场地，作为检修地点。

c. 布置在敞开式框架上的设备，一般利用框架设起重梁和吊钩起吊，但要留有使设备能够移出并降到地面上的空间。

d. 为更换设备内部附件、填料、催化剂等，一些塔器或立式反应器都设有人孔。人孔的方位应对着空场地或检修通道或道路，以便于检修。列管式换热器应在可拆的一端留出一定空间，也可利用道路以备抽出管子来检修等。

设备的起吊运输高度应大于运输过道上最高设备高度 400mm 以上。

④ 要有方便和良好的操作环境

a. 在正常操作下不需看管的设备，或受气候影响不大的设备，或者要靠大气调节温度的设备等，这些允许露天布置的设备，应尽量布置在室外。除前述的一些优点外，也有利于车间室内环境的改善。

b. 对于需经常看管的室内设备，必须创造良好的操作条件，包括行进的道路，阀门的开启，显示仪表的监视、记录、取样分析等，以提高工作效率。

c. 设备布置应尽量安排良好的通风和采光，应避免妨碍门窗的开启。设备布置应尽量做到让操作人员背光操作。

⑤ 要符合建筑要求。除了前述厂房的柱网及跨度和高度等要求符合建筑模数外，还有以下一些具体要求。

a. 笨重设备或生产中能产生很大振动的设备，应尽可能布置在厂房的底层，以减少厂房的荷载和振动。

b. 有剧烈振动的机械，应有独立的基础，应避免和建筑物的柱、墙连在一起，以免影响建筑物的安全。

c. 有横跨穿墙的设备或立式穿过楼板的设备，要考虑到建筑物的柱子、主梁及次梁的位置。设备穿孔必须避开主梁和柱子。如果借助于横梁支承设备，必须与建筑人员配合。

d. 厂房内操作台必须统一考虑，做到整齐方便，避免平台支柱零乱重复，也可以节约厂房构筑物所占的面积。

e. 设备布置的同时要考虑到管廊或管架的敷设问题，独立管廊或管架的基础，不应与设备布置发生冲突，利用梁支承或吊架或借助柱子敷设管道支架，也应以不影响建筑结构为原则。

设备基础与地下管线（包括上、下水管，电缆等）不能重叠，地下管不能埋在设备基础之下，而是铺在基础之间。

f. 泵和风机等运转设备的布置。

(a) 泵：应尽量靠近供料设备，但如有多台泵则应尽量集中布置或单独建泵房，一般都布置在厂房内底层。少量小功率泵可以装在楼板上或框架上，泵的基础通常比地面高出

100～200mm。不经常操作的泵允许布置在室外，但须有电机保护罩。由于泵须经常检修，在其周围应有足够的检修空间，且有检修用的起吊设备。

(b) 风机：一般风机噪声都比较大，布置在室内的风机应有消声设备，或布置在封闭的机房中，以减少噪声对周围的影响。同样风机也要考虑维修的方便，并设适当的吊装设备。大风机的基础要与建筑物隔开，并考虑隔震。风管穿墙时，也要防止风管的震动对建筑物产生影响。

3. 设备布置设计的方法和步骤

(1) 熟悉并掌握有关图纸、资料提供的情况（即已完成的设计内容）

① 对已定的工艺流程要充分熟悉，要熟悉工艺物料的特性，熟悉工艺过程的特点、工艺操作参数等；

② 明确已选定的设备的种类和数量、设备的工艺特性和主要外形尺寸占地面积和高度，以及设备安装高低位置的要求；

③ 厂房建筑的基本结构等情况。

(2) 确定生产厂房的部位　根据设备的形状、大小、数量和设备的工艺特性，确定生产用厂房的轮廓、跨度、层数、柱间距等。同时要考虑是否露天布置或按照前述设备布置原则尽量满足各方面的要求。

(3) 绘制设备布置草图　按照流程化的布置，初步确定布置方案。从第一层的平面布置入手，先绘出厂房外形轮廓，再在轮廓内进行布置。至于布置方法，可根据经验采用纸上模型法等。

在进行设备布置时，可提出几个不同方案，反复评比，选出较理想的方案，绘出设备布置草图。

(4) 确定最后的设备布置方案　针对上述草图，根据各方面要求，按下述几个因素，加以修改。

① 检查各设备基础的占地面积大小，常用设备的安全距离是否合适，是否便于设备安装和日后的检修。

② 考虑设备支架的外形、结构与建筑楼板、梁、柱的相互关系，安装、检修的可能性。

③ 对各个设备的操作平台、局部平台的位置、大小等要认真考虑，是否便于操作。

④ 在设备布置时应考虑到工艺管道的敷设问题，所设的管架位置是否能做到管路最少，而又满足工艺要求。

⑤ 应考虑与外接工艺管道、蒸汽管道及上、下水管道进出车间的方位要一致，即外管架与地沟的方位要与车间内正好相接。

总之要按前述的布置原则，经过修改，最后确定出正式的布置方案。然后即着手绘制正式的车间设备布置图。

(5) 绘制车间设备布置图　设备布置图是用来表示一个车间的全部设备及设备管口方位在厂房建筑内或室外安装布置的详图。它主要分平面布置图和立面（或剖面）布置图。

① 厂房平面图的设备布置一般是每层厂房绘制一张平面图。有操作平台的部分，如表达不清楚时，可另画局部的平面图。平面图上反映出厂房建筑方位、面积大小、内部分隔情况和与设备定位有关的建筑物或构筑物的结构形状及相对位置。具体包括以下内容。

a. 绘制厂房和框架的外形，厂房的边墙线及门、窗、柱和楼梯等的位置。标出生产用房、辅助生产用房和生活管理用房的名称、相对位置，并标注轴线号和主要尺寸。

b. 绘制出车间内设备或设备基础的外形，标注设备名称、设备位号，并标注出设备的安装具体位置即定位尺寸，包括预留位置，往往以设备中心线与建筑轴线或墙面距离表示。

c. 标示出主要操作平台和楼梯的位置，并标注操作平台的主要尺寸。

d. 在图纸的右下侧有标题栏，标题栏上方列出设备安装一览表，该表自下而上逐步填写本张图上的所有设备，其内容（自左向右）为序号、设备位号、设备名称、设备图号（或规格）、材料、单位、数量、重量（包括单重和总重）、备注。

e. 在图纸右上角画出本图的方向标。方向标表示本图的地理方位，也是表示设备安装方位基准的符号。一般采用上北下南（即坐南向北），尽可能和总图方向保持一致。

方向标的符号是以粗实线画出两个直径分别为 8mm 和 14mm 的圆圈和水平、垂直两直线，分别注以 0°、90°、270°等字样，一般均采用北向为 0℃方位基准。

② 设备立面或剖面布置图是表示厂房内楼层数、层高数、设备的空间布置，即其所在的立面位置。它不像机械制图那样有正视图和侧视图。而是根据需要任意在适当位置剖切，剖切后绘出的立面图样，要求能反映出在垂直方向上设备安装布置情况，以表达清楚、能够按图施工为原则。具体包括以下内容。

a. 表示出厂房的边墙线及门、窗、梁（或楼板）、楼梯的位置，并须标注轴线的编号和间距（要与平面图相对应）。

b. 标注各楼层的相对于地面的标高，一般以地面作为基准 0m 标高。低于地面为负值。

c. 绘制出所剖的切面可见的设备的视图，并标注设备的名称、设备位号以及设备的标高和相邻设备的相对高度和距离。

d. 绘制出设备支撑形式、操作平台、地沟、地下槽、安装孔、洞等位置，并标注其相对标高和有关尺寸。

e. 如有吊装设备，须标出吊车梁的立面位置和相对高度。

③ 具体绘图步骤如下。

a. 准备工作包括以下内容。

(a) 选定绘制比例：绘制比例要符合国际，通常采用 1∶50 或 1∶100，个别情况采用 1∶200 或 1∶500，力求所有图纸均用一种比例。

(b) 确定图纸幅画：一般一层平面图的幅面采用 A1 号图纸，如车间需分别绘制几张图，幅面规格力求统一。然而其他层平面或剖面图，可视所表示的内容而决定幅面的大小。

(c) 规定图线：按规定针对图纸表示的内容采用不用的图线。

b. 绘制平面图（从底层开始逐张绘制）。

(a) 画出建筑定位轴线（用点划线）并在每一建筑轴线一端画出直径 8～10mm 的细线圆，在横向方向，从左向右依次编号，在圆内用阿拉伯数字 1、2、3、4…表示；在纵向方向从下而上编号，用大写字母 A、B、C…表示。

(b) 画出与设备安装布置有关的厂房建筑基本结构（用中实线）。它们是墙、柱、地面、楼板、平台、栏杆、楼梯、安装孔洞、地沟、地坑、吊车梁及设备基础等。

对于承重墙、柱子等结构，按建筑图要求用细点划线画出建筑定位轴线。

与设备安装定位关系不大的门窗等物件，一般只在平面图上画出它们的位置、门的开启方向等。

(c) 画出设备中心线（用点划线）作为设备的定位线。

(d) 画出设备、支架、基础、操作平台等的轮廓形状（用粗实线）。其中设备只需画出外形轮廓及主要接管口（如人孔、出入料口等）以表示安装方位。某些通用机械设备，如泵、压缩机、过滤机等可以省略外形视图，只画出包括电动机在内的基础底座位置和进出口方位。

(e) 标注厂房建筑及构件尺寸（用细实线）。包括厂房的长度、宽度、总尺寸；柱、墙定位轴线的间距尺寸；地面、楼板、平台、屋面的主要高度尺寸及安装孔洞及沟、坑等的定位尺寸。

所标注的平面尺寸均以建筑定位轴线为基准。

尺寸线的界限一般是以建筑定位轴线和设备中心线的延长线为起止。尺寸线起止点，一般用箭头表示，也可以采用45°细斜短线表示。

平面尺寸的单位，一律用mm（不加说明）。而厂房或楼层标高一般以厂房内地面为基准，单位用m（单位不注），取小数点后两位数字，例如±0.00、4.30等。

(f) 标注设备尺寸和设备名称与位号。在平面图中应标注出设备与建筑物及构件、设备与设备间的定位尺寸。一般是以建筑定位轴线为基准，标注出与设备中心线或设备支座中心线的距离。当某一设备定位后，可按此设备中心线为基准来标注邻近设备的定位尺寸。

设备的基础长度和宽度或直径，如有多台同样大小的设备，只需标注一台。

图中所有设备均需标出名称与代号，名称和代号应与工艺流程图一致，一般标注在相应设备的上方或下方，或用45°斜线引出，画一实线，位号在上，名称在下。

c. 绘制剖视图。剖视图的绘制步骤与平面图大致相同，首先根据需要确定剖切位置需在平面图上标记清楚，下方应注明剖视名称。剖视名称以大写英文字母或罗马数字表示，按平面图由下往上依次排列，如“A-A（剖视）”“B-B（剖视）”“Ⅰ-Ⅰ（剖视）”“Ⅱ-Ⅱ（剖视）”等。在一套图纸内，剖视图名称不允许重复。

d. 绘制方向标。

e. 编制设备一览表。

f. 编制、填写标题栏，绘制有关表格及注写说明。

图纸绘制完成以后，要认真进行检查、校核。特别是多层楼房，每层图纸的建筑轴线的符号、尺寸必须统一，剖视图与平面图应完全对应。尺寸标注要正确、无遗漏等。

在化工设计中，车间设备布置图作为设计成果编入设计文件中。

四、生产工艺规程

中试完成后，在其研究总结报告的基础上，可根据国家下达的该药品的生产任务书进行基础设计，制定定型设备的选购计划，进行非定型设备的设计、制造，然后按施工图进行车间的厂房建筑和设备安装。试车合格短期生产稳定后，即可制定生产工艺规程。

工艺规程包括以下内容。

① 本产品的有关介绍（名称、结构式、作用及用途、包装与储存）以及本产品的质量标准。

② 化学反应过程，即本产品是用什么原料经过哪些化学反应制得的（包括副反应）。

③ 原料及中间体规格。

④ 工艺过程，包括原料的规格、分子配比、用量、操作过程、反应条件、后处理的方法以及收率。

⑤ 设备一览表：设备一览表列举生产本产品所需用的全部设备（包括名称、数量、材质、容积、性能、所附电动机的功率以及使用的岗位）。

主要设备能力计算表：根据各台主要设备的单位时间负荷能量及昼夜使用时间算得的单个设备批号产量与主要设备利用率。

生产设备流程图：用设备示意图的形式表示在生产过程中各设备的衔接关系。

⑥ 操作工时与生产周期。

⑦“三废”防治及综合利用措施。

⑧ 技术安全与防火措施。列举与安全有关的所有物料的性质、毒性、使用注意事项、安全防护措施和车间的安全防火规定。

⑨ 生产技术经济指标，包括生产能力、各分步收率及总收率、收率计算方法、劳动生

产率（每人每月生产本产品的数量）、原料及中间体的消耗定额、成本（原辅料成本、车间成本及工厂成本）。

⑩ 物料平衡。

⑪ 中间体检验方法。

⑫ 附录（有关常数及计算公式等）。

参考文献

[1] 计志忠. 化学制药工艺学. 北京：化学工业出版社，1980.
[2] 王效山. 制药工艺学. 北京：北京科学技术出版社，2002.
[3] 傅启民. 化工设计. 合肥：中国科学技术大学出版社，1995.
[4] 国家医药管理局上海医药设计院编. 化工工艺设计手册. 北京：化学工业出版社，1992.
[5] 蒋楚生等编著. 工业节能的热力学基础和应用. 北京：化学工业出版社，1990.

第四章 手性制药技术

第一节 概　述

分子中具有手性中心的药物，其药理作用与其立体构型往往是相关的。按药理作用与立体构型的关系，药物的手性异构体有四种情况：①异构体具有相同的活性，如布洛芬（ibuprofen）的两个异构体有抗炎作用，异丙嗪（promethazine）的两个异构体有相同的抗组织胺的活性和毒性，这种情况比较少见。②异构体各有不同的生物活性，如镇痛药右丙氧芬（dravon），其对映体诺夫特（novrad）则为镇咳药，这种情况也比较少见。③一个异构体有效，另一个异构体无效，如氯霉素（chloramphienicol）的左旋体有杀菌作用，右旋体无药效，这种情况最常见。④一个异构体有效，另一个异构体可致不良副反应，如左旋多巴（levodopa）的D-异构体就与细胞减少症有关，左旋咪唑的D-异构体与呕吐的副反应有关；乙胺丁醇（ethambutol）S构型有抗结核菌作用。而其对映体R构型有致盲作用。鉴于对映体潜在的风险，1992年FDA发布手性药物指导原则，要求所有在美国上市的消旋体新药，生产者均需提供详细报告，说明其中所含对映体的各自的药理和毒性。

一、命名规则

分子中具有手性中心的药物，其立体构型往往是专一的。所谓手性即不对称性。DL对糖、氨基酸命名比较方便，而手性药物采用*RS*命名规则。

*RS*命名法包括以下两个步骤。

步骤1：遵循一套秩序规则，把与手性中心相连接的四个原子（a，b，c，d）或原子团确定一个先后次序，如a＞b＞c＞d。例在CHClBrI中，连接在手性中心的四个原子都不同，先后次序只取决于原子序数，序数越大的原子越优先，即按I①＞Br②＞Cl③＞H④的次序。

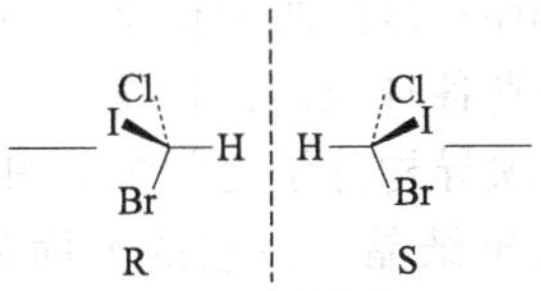

Cl I H Br　　H Cl I Br

R　　S

步骤2：设想分子的取向是把次序最后的基团（d）指向离开我们的方向，然后观察其余基团的排列，按各基团优先性从大到小的次序来看，a到b到c，如果我们的眼睛按顺时针方向转动，这个构型标定为*R*（拉丁文：rectus，右）；如果是逆时针方向，这个构型定为*S*（拉丁文：sinister，左）。

原子序优先性顺序规则的具体内容是：

① 首先比较和手性碳原子相连接的原子的原子序数，原子序数大者优先。对于同位素，质量大者优先。

② 当直接和手性碳原子相连的原子相同时，可再比较第二个原子；如果第二个原子有几个，只要其中一个原子序数最大则优先。当第二个原子又都相同时，则可再比较第三个原子，以此类推。

③ 双链和三链可分别看作两次和三次与有关之因素的结合。

二、外消旋体的一般性质

一种具有旋光性的手性分子与其对映体的等摩尔混合物我们称为外消旋体。它由旋光方向相反、旋光能力相同的分子等量混合而成，其旋光性因这些分子间的作用而相互抵消，因而是不旋光的。并且，虽然对映体的物理性质一般相同，但外消旋体的物理性质如熔点、溶解度等与对应的对映体性质常常是不相同的。外消旋体一般用（±）表示。

在外消旋体中，如果右旋体和左旋体共同构成一个均相固体则称为外消旋化合物；如果右旋体和左旋体各自成一固相则称为外消旋混合物。在有些例子中，同一对对映体在不同条件下可形成不同的外消旋体。例如（±）酒石酸在温度高于 28℃ 的水溶液中进行结晶，可得均相的外消旋化合物结晶；但如在低于 28℃ 的水溶液中进行结晶则得到两种外形上相对映的半面晶组成的外消旋混合物。

Pastaur 当年让酒石酸的铵水溶液在室温下慢慢蒸发以得到结晶，符合了生成外消旋混合物的温度条件，故可用肉眼把它们分辨开，用手工方法把它们拆分。一般来说，外消旋和相应的左旋和右旋体除旋光性能不同以外，其他物理性质也有差异。例酒石酸形成的外消旋体属于外消旋化合物，其物理性质与纯的右旋体或左旋体比较如表 4-1 所示。

表 4-1 酒石酸外消旋体与左旋体、右旋体物理性质的比较

酒石酸	$[\alpha]_d^{20}$	熔点	D	溶解度(g/100g 水)
右旋	+11.98	170	1.760	147(20℃)
左旋	−11.98	170	1.760	147(20℃)
外消旋	0	205	1.687	25(20℃)

从这些数据可以看出酒石酸外消旋体的结晶结构比纯的右旋体和左旋体较为稳定。

外消旋混合物中的单一组分的熔点、沸点、溶解度和光谱性质等往往相同，用常规的结晶或精馏等手段难以拆分外消旋混合物。但在晶态的情况下，对映体分子之间的晶间作用力可以有很大差异，根据对映体分子之间的相互作用力的差异，外消旋物质可有以下几种类型。

1. 外消旋混合物

外消旋混合物（racemic mixture）是指两个相反构型纯异构体晶体的混合物。在结晶过程中外消旋混合物的两个异构体分别各自聚结、自发地从溶液中以纯结晶的形式析出。产生的主要原因是由于两个不同构型对映异构分子之间的亲和力小于同构型分子之间的亲和力，结晶时只要其中一个构型的分子析出结晶，在它的上面就会有与之相同构型的结晶增长上去，分别长成各自构型的晶体，形成等量的、两种相反构型晶体的混合物。外消旋混合物的性质和一般混合物的性质相似，其熔点低于单一纯对映异构体，溶解度大于单一纯对映异构体，如图 4-1 所示。

2. 外消旋化合物

外消旋化合物（racemic compound）是指两种对映异构体以等量的形式共同存在于晶格中，形成均一的结晶。产生的主要原因是由于两个不同构型对映异构分子之间的亲和力大于同构型分子之间的亲和力，结晶时两个不同构型对映异构分子等量析出，共存于同一晶格

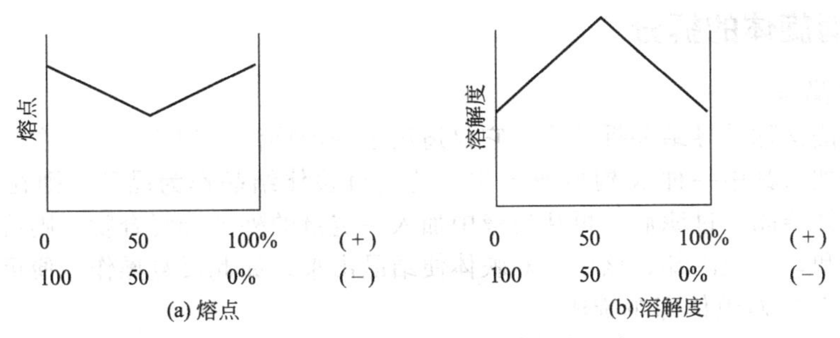

图 4-1 外消旋混合物熔点与溶解度示意图

中。由于分子间的相互作用增强，其熔点常比纯的对映体高，有尖锐的熔点。外消旋化合物的其他物理性质也与组成它的纯对映体的物理性质不同，其熔点处于熔点曲线的最高点，当向外消旋化合物中加入一些纯的对映体时，会引起熔点的下降。其固态的红外光谱也显示差异。外消旋化合物熔点与溶解度的示意图见图 4-2。

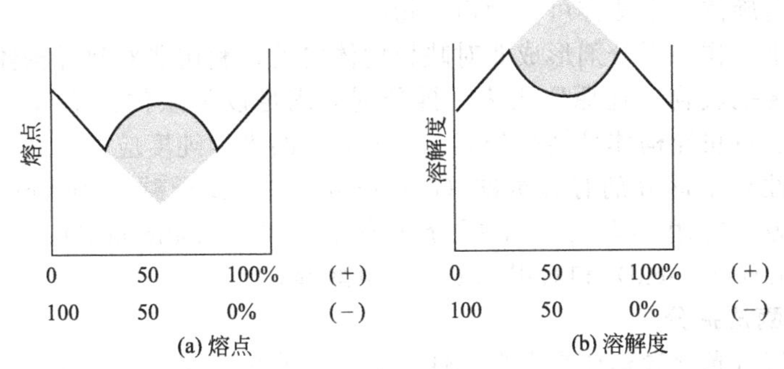

图 4-2 外消旋化合物熔点与溶解度示意图

3. 外消旋固体溶液

在某些情况下，当一个外消旋体中两种分子的三种结合力相差很小时，则两种分子混合在一起成晶，形成固体溶液，这种固体溶液称为外消旋固体溶液。这种情况相当于溶液或熔化状态的分布，其分子的排列是混乱的。这种晶体与其纯态的对映体在很多方面的性质都是相同的。例如，熔点及溶解度是相同或相差甚微。

区分外消旋化合物、外消旋混合物和假外消旋体的常用方法有：①红外光谱法（IR）；②粉末 X 射线衍射法（XRD）；③差热分析法（DSC）。由于外消旋化合物是两种对映异构体以等量的形式共同存在晶格中，因此其红外光谱、XRD 谱、DSC 谱与纯对映异构体相比都有较大的差别；而外消旋混合物的晶格中只含有一个构型的分子，其红外光谱、XRD 谱、DSC 谱与纯对映异构体无显著差异。特别是外消旋化合物的 DSC 谱中，熔化潜热几乎是单一对映异构体的 1 倍。

利用溶解度曲线和熔点也可以区分外消旋化合物、外消旋混合物和外消旋固体溶液。当将外消旋体和任一纯对映异构体混合时，由于外消旋混合物具有混合物的性质，混合后的熔点会降低；而外消旋化合物混合后的熔点会升高；外消旋固体溶液的混合熔点则没有显著变化。

在设计这类药物的工艺路线时，必须同时考虑其立体化学控制（不对称合成）和拆分问题。不对称合成可使用手性原料或采用手性诱导等方法，其难度很大，而拆分法难度相对较低。因而在制药工业中，拆分法仍然是目前的常用手段。它可分为四种方法：播种结晶法、形成非对称异构体结晶拆分法、微生物或酶催化的不对称反应拆分法和色谱分离法。

三、外消旋体的拆分

1. 播种结晶法

播种结晶法又称诱导结晶拆分法，它仅适用于外消旋混合物的拆分。在外消旋混合物的过饱和溶液中加入其中一种 R 构型或 S 构型的纯对映体结晶作为晶种，则在此晶种上优先生长同种对映体结晶。过滤后，再往滤液中加入一定量的外消旋混合物，则溶液中另一种对映体达到过饱和，一经冷却，该单一对映体便结晶出来。如此反复操作，便可连续拆分交叉得到（R）或（S）对映体即单旋体。

此法的优点是不需要拆分剂，操作简单，生产周期短，母液可以套用多次，收率较高；缺点是拆分条件控制要求严格，拆分所得光学异构体的纯度不够高。

2. 形成非对称异构结晶拆分法

本法对外消旋混合物、外消旋化合物及外消旋固体溶液均可适用。它是利用消旋体的化学性质使其与某一光学活性试剂（即光学拆分剂）作用以生成两种非对映体，然后利用这两种物质的某些理化性质，如溶解度的差异，将它们分离。分离后再脱去拆分剂，便可分别得到纯的左旋体和右旋体。本法亦可称为衍生物法。

其原理就在于底物与拆分剂形成非对映异构体之后，利用非对映异构体之间的性质差异进行拆分，最后再把底物“还原”出来。拆分剂应满足以下条件：①与底物易反应，又易“还原”；②所得非对映异构体易结晶分离；③拆分剂的光学纯度应尽量高；④拆分剂应廉价易得。常用的碱性光学拆分剂有麻黄碱（ephedrine）、马钱子碱（strychnine）和辛可尼丁（cinchonidine）等。常用的酸性光学拆分剂有苹果酸（malic acid）、扁桃酸（mandelic acid）、酒石酸（tartaric acid）和对甲苯磺酰谷氨酸等。

3. 生物法或酶法拆分

本法是利用酶对光学异构体具有选择性的酶解（催化）作用，使外消旋体中一个光学异构体进行反应（另一个光学异构体不反应），之后进行分离，进而达到拆分的目的。其优点在于选择性好，反应条件温和。

4. 色谱分离法

用手性化合物作为色谱的固定相（吸附剂），有可能将外消旋体拆分为单一的旋光体。常用的手性化合物有氨基酸、淀粉、乳糖和环糊精等。其优点在于可以不衍生，选择性较好，操作相对简单，尤其适用于实验室规模的分析与制备，但不易放大。

第二节 手性药物的不对称合成

近年来不对称合成法应用在手性药物及药物中间体的制备中，使手性药物得到了快速的发展，不少手性药物及其中间体已经实现了工业化生产。促使手性药物快速发展的另一因素是巨大商业利润的刺激。世界手性药物年销售额在 1996 年达 729 亿美元，平均每年以 20% 以上的幅度增长。到 2000 年世界手性药物年销售额增至 1233 亿美元，达药物年销售总额的 1/3。手性精细化学品的 81.2%供给制药公司。这个产业强烈吸引世界各国的制药公司和相关单位从事开发手性药物，使之成为了一项新兴的高科技产业。

一、不对称合成的概念

前面已经讲过，用非旋光性物质在一般条件下合成旋光性物质时，通常得到的多是外消旋体，但无论在研究或实际应用中，常是需要分别得到左旋体和右旋体，这不仅需要经过比较复杂的拆分手续；而且有用的又往往是一对对映体中的一个，这是很不经济的。若能采用一定的方法，只合成某一有旋光性的异构体或使其得率较高，是非常可取的。这就是手性合成（或不对称合成）所要解决的问题。所谓手性合成是指手性分子或非手性分子中的准手性单位被转化成手性单位，并生成不等量的立体异构体的过程。按这个定义，除去少数特殊例子之外，通过手性合成得到的产物，其整体都应该是手性的和非外消旋的。凡是含有准手性中心的分子，在手性试剂、催化剂或反应环境，以及不对称物理因素（如偏振光）的作用下发生反应时，产生一对对映体中的一种占优势的结果；此外，同时含有手性中心和准手性中心的分子，在与非手性试剂反应时，原分子中手性中心对反应起诱导作用，生成另一个新的手性中心，其结果得到不等量的非对映体；当一个外消旋体与一手性试剂作用时，其中一个对映体的反应速度大于另一个，也属于手性合成。

当手性合成的产物为一对对映体时，评价手性合成优劣的指标，可用对映体过量率（%e. e.）或旋光纯度（%O.P.）来表示：

$$\%\text{e.e.}=\frac{[\text{R}]-[\text{S}]}{[\text{R}]+[\text{S}]}\times 100=\%\text{R}-\%\text{S}$$

式中，[R] 为主要对映体产物的含量（假设它的构型为 R）；[S] 为次要对映体的含量。

$$\%\text{O.P.}=\frac{[\alpha]}{[\alpha]_{\max}}\times 100\%$$

式中，$[\alpha]_{\max}$表示对映体之一的纯品的比旋光度；$[\alpha]$ 表示产物在相同条件下观测到的比旋光度。一般情况下，常假定比旋光度与产物的组成之间成线性正比关系，所以“%O.P.”等于“%e.e.”是正确的，只有少数例外。

在产物为非对映体时，也可以类似地定义非对映体过量百分数（%d.e.）

$$\%\text{d.e.}=\frac{[\text{A}]-[\text{B}]}{[\text{A}]+[\text{B}]}\times 100=\%\text{A}-\%\text{B}$$

式中，[A] 为主要非映体的含量；[B] 为次要非对映体产物的含量。但是，非对映体之间并不存在旋光方向相反而旋光度数绝对值相等的关系。因此，%d. e. 不能与旋光性的测定简单地关联起来，而需用其他办法测定%d.e.。就手性合成而言，自然是%e.e.或% d.e.越高越好，最理想的情况是接近 100%。

二、手性合成的方法

手性合成是近代有机合成中一个很活跃的领域，研究工作一直很有进展。进行手性合成的方法大体可分为四种，即偏振光照射法、生物化学方法、手性溶剂和手性催化剂法、反应物的手性中心诱导法。四种方法都是在手性因素的影响下利用立体选择反应而实现手性合成的，只是手性因素有所不同罢了。前三种手性因素，即物理的、生物的、溶剂和催化剂是反应的手性环境或手性条件，而第四种方法是反应物或试剂（即一种反应物）结构上的手性因素。现分别简介如下。

1. 偏振光照射法

用右旋偏振光照射反应物，则产物的右旋体过量。如：

CH═CHPh
NO_2 NO_2
NO_2
+ Br_2 —右旋圆偏光→
CHBr—CHPh
Br
NO_2 NO_2
NO_2
右旋体过量

由于在反应的全部过程中没有别的旋光性物质参加，所以称为绝对手性合成。关于绝对手性合成的研究，其意义目前并不在于有机化学的手性合成，因为所得产物的%e.e.都很低（小于1%），远不如相对的手性合成，对于绝对手性合成的研究，至少现在还是纯理论性的，可以用来探索自然界中最初可能出现的一些手性合成是怎样发生的。

2. 生物化学方法

生物化学方法就是利用微生物发酵的方法，或自生物体内分离出催化某一反应的酶，使之实现手性合成。这是由于作为生物催化剂的酶本身是有旋光性的物质，分子中含有多个手性中心，所以它们的催化作用常具有很强的专一性，结果使反应的选择性和反应产生的旋光纯度常接近100%。

所谓生物催化手性药物的合成，是指用生物催化的方法来制备手性化合物。通常是利用酶促反应或特定的有机体（细胞、细胞器等）转化技术将化学合成的外消旋体、前体或潜手性化合物转化成单一的光学活性的化合物。

与一般化学制备反应相比，生物催化手性药物合成的优点是反应条件温和、选择性强、副反应少、收率相对较高、光学纯度高、环境污染少、生产成本较低。现有研究表明生物催化手性药物的合成是当今手性药物生产取得突破的关键技术之一。

利用生物法制备手性化合物已有100多年的历史，从最早的乳酸发酵，到甾体的微生物转化、酶法拆分产生L-氨基酸，直到近10年来的手性化合物的生物合成，经历了漫长的发展过程。生物学家和生物化学家在不自觉与自觉中进入了手性化合物生物合成的研究，因为他们掌握丰富的生物学、生物化学和酶学知识，掌握丰富的生物材料，并且经过努力探索，获得了巨大成功，也进一步刺激了相关领域的研究和发展。而生物技术的进步和化学不对称合成的发展与困难，使许多有机化学家开始注意生物学家所取得的成功，并投身于手性化合物和药物生物合成研究。随着手性药物的发展，生物合成与化学合成的融合优势互补，生物学家、生物化学家与有机化学家的合作，促进了新的研究领域酶化学技术。

手性生物合成也可以说是化学的不对称合成的基础，因为化学不对称合成所必需的手性源（如手性催化剂、手性试剂、手性溶剂等）大部分需要用生物合成方法生产，它的发展不仅可以解决化学合成所需的手性材料问题，也可以为医药、农药、香料、功能材料和其他精细化工产品的生产提供急需的各种手性化合物原料，弥补化学合成的不足。还可以解决化学合成易造成环境污染，产生大量无效、甚至对环境和人体有害的对映体的问题，对于保护人类的自然环境和健康具有极为重要的意义。生物合成技术的高效率，可以节约大量的宝贵资源，降低能耗，提高产品性能，具有环境友好特性。因此，生物合成又被称为“绿色合成”。

总之，生物催化手性药物合成技术已取得了巨大的进展。有关生物催化的基本内容将在后面章节中进行系统的介绍，这里将着重介绍生物催化在手性药物合成中的应用。

进入21世纪，手性药物已得到了世界各国制药工业界的越来越多的关注。大家知道，一些药物的异构体具有不同的生理活性，且有些差异很大。为了降低药物的毒副作用，提高药物的使用效率和安全程度，以美国食品药品监督管理局（FDA）为代表的欧美发达国家的药品监管机构更是对消旋药品的上市和使用进行了严格的限制，而大力提倡以手性药物形式即以单一手性异构体上市。这就大大促进了手性技术尤其是生物催化手性药物合成技术的迅猛发展。

近年来，国际上大批手性技术公司的出现，以及一些大的跨国公司对手性技术研究开发的加大投入，促使手性技术得到了进一步发展。如国外已投入使用、我国也已研制成功的酶法生产D-苯甘氨酸和D-对羟苯甘氨酸技术，对世界各国包括我国的β-内酰胺抗生素工业生产的发展起到了有力的促进作用。又如，在国内外已有巨大销售市场的降血脂、降胆固醇的“他汀”类药物中的普伐他汀（pravastatin）就是通过其前体compactin经微生物（实质是羟化酶转化）而得到的。表4-2列出了一些常用的生物手性合成方法及其相应的专利号。

应用酶拆分、酶或微生物催化等重要手性合成技术手段已使不少消旋药物二次开发成为疗效更为独特、确切或减少毒副作用的一些新型手性药物。目前，美国的 Sepracor 公司在这方面取得了一系列令人瞩目的进步。该公司提出了“改良的化学实体”（improved chemical entities）这一新概念，以活性光学异构体而开发上市，这一开发新药的新思路为该公司带来了巨大的利益。如抗深部真菌感染的（2*R*,4*S*)-伊曲康唑、新的减肥药右旋芬氟拉明、非甾体抗炎药（*S*)-酮基布洛芬、抗抑郁药（*S*)-氟西汀等。我国上海地区一家制药厂应用微生物转化法成功研究出一条制备抗生素左氧氟沙星的新工艺，成本较化学合成大为降低。

表 4-2　微生物（或酶）转化法合成手性药物

专利号	主要内容	使用产品
EP689607	R-酮洛芬和 *S*-酮洛芬的制备(酯水解,酶催化水解)	酮洛芬
JP09056296	光学活性 3-甲基-2-苯基丁胺的制取(微生物不对称水解)	布洛芬、酮洛芬
WO9640976	1,4-苯并二噁烷-2-羧酸酯酶法对映体选择性水解	多沙
JP02615780	光学活性羟基环丙烯酮化合物的合成(酶催化水解)	前列腺素类
WO9710355	光学活性酰胺的制备(微生物或酶催化水解)	心血管系统药物
EP657544	3-苯基缩水甘油酸酯的制取(酶催化不对称水解)	地尔硫䓬
JP8131189		
JP7313189	光学活性-α-(羟基苯基)链烷酸的合成(酶催化水解)	糖尿病药物
WO9721663	酶法 D,L-α-氨基酸的拆分	L-α-氨基酸
EP693134	酮洛芬烷基微生物或酶催化水解	酮洛芬
EP675205	不对称醇类的酶法拆分	索他洛尔、硝苯洛尔、依那普利
JP7822889	光学活性 3-羧基吡咯烷二酮的合成	碳酰青霉烯类
EP672166	手性羧酸类化合物微生物或酶催化氧化合成法	布洛芬、萘普生、酮洛芬
JP95079706	立体专一方法合成 2-卤代-3-羧基-苯基丙酸酯	地尔硫䓬
US5391495	酶法或微生物还原法制取含羟基地亚磺酰氨基化合物	索他洛尔

生物催化在手性化合物工业中起重要作用，这是因为，天然的生物催化剂是手性的，而手性是目前制药生产中关键问题。除此之外，糖类和其他许多用于生物催化前体的天然化合物通常都是手性的。大多数对映纯产物的对映构象是直接由前体决定的。生物催化中化合物的立体化学通常是不变的。在大约一半的生物催化过程中，产物的光学活性是由没有光学活性的前体的立体选择性变化决定的。从这个角度来说，外消旋前体的动力学拆分比前手性前体的不对称合成要稍微频繁一些。不对称合成大多数在氧化还原酶和裂解酶的作用下完成，而动力学拆分几乎只在水解酶的作用下完成。大约 1/4 的动力学拆分反应中，水解酶主要是用于合成而非水解。

根据生物催化的反应特点和起始物种类，可将手性物的生物催化分为表 4-3 所列的 5 种。制备一个手性化合物或药物可能有多种生物合成路线和方法，采用哪一种呢？需要进行充分比较，择优使用。在能满足催化生产目的手性化合物要求的前提下，首先选择选择性高、性能优良、容易大规模工业化生产、成本低廉的酶，如图 4-3 所示。酶催化的反应简单，容易控制，操作稳定性好，生产效率高，原材料易得，产物容易分离纯化，整个工艺易于放大，适合工业化应用。另外，手性化工艺易与化学合成衔接，有利于生产总工艺的优化。但实际上由于相关基础研究和积累不够，对于大多数研究者基本还是处于有什么酶用什么酶的状态，因此目前的生物催化研究还难以满足要求。

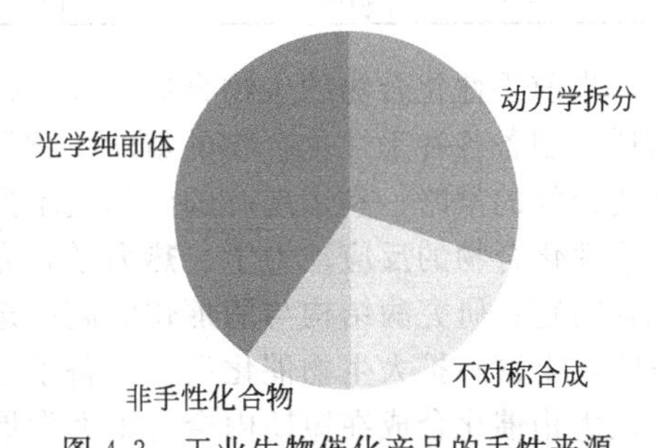

图 4-3　工业生物催化产品的手性来源

表 4-3 利用生物催化剂制备手性化合物的方法

类　别	起　始　物	最大理论产率/%	生物催化剂
对映体拆分	外消旋产物或衍生物	50	水解酶类，氧化还原酶类
不对称合成	潜手性化合物	100	裂解酶类，连接酶类，水解酶类
去外消旋化	外消旋底物	100	水解酶类，氧化还原酶类，裂解酶类
手性集中	光学活性底物	100	裂解酶类，转移酶
立体转化	消旋底物	100	氧化还原酶类，连接酶类

尽管如此，目前在工业上利用生物催化合成方法生产的手性化合物和手性中间体已达到 14 种，如表 4-4 所列。其中利用水解酶进行拆分制备手性化合物的有 6 种，占总数的 43%；有一种是利用醇脱氢酶制备，占总数的 7%；其他产品是利用裂解酶制备的，占总数的 50%。

表 4-4 工业生产的手性药物和手性中间体

产　品	底物	酶	方法	产率/%	年产量/t	公司
L-氨基酸	*N*-氨基-DL-氨基酸	氨基酰化酶	固定化酶	>40	300	田边
L-天冬氨酸	富马酸	天冬氨基酸	固定化细胞	100		田边
L-苯丙氨酸	肉桂酸	苯丙氨酸氨解酶	细胞批式	90	>100	Gen
L-多巴	丙酮酸+儿茶酚+氨	酪氨酸酶	细胞批式		200	Ajino
L-苹果酸	富马酸	富马酸酶	固定化细胞	98	500	田边
L-丙氨酸	L-天冬氨酸	天冬脱羧酶	固定化细胞	100	100	田边
D-苯酐氨酸	苯海因	海因酶	细胞批式	80	3000	
D-*β*-羟基丁酸	异丁酸	烯酰基-CoA 水合酶	细胞批式	>90		Karie
R-苯乙烯基甲醇	苯甲醛+甲醛	丙酮酸脱羧酶	细胞批式	100	4000	Knol
γ-氨基丁酸衍生物	*N*-苯乙酰基 *γ*-氨基丁酸衍生物	青霉素酰化酶	固定化酶	>40	30	
S-萘普森	*RS*-酯	脂肪酶	固定化酶	>40	100	
l-薄荷醇	*dl*-薄荷醇琥珀酸单酯	脂肪酶	固定化细胞	86	1000	
S(−)普萘洛尔		脂肪酶	固定化酶	>40		
S-1,2-戊二醇	消旋体	醇脱氢酶	细胞批式	93		

当前手性化合物的生物合成还处于探索、扩大研究领域和工业应用的速度发展阶段。探索适合制备各种手性化合物的新的生物催化剂和生物催化反应，研究利用生物催化剂合成手性化合物的策略；利用现有的生物技术提高酶的产量，改进酶的性能，研究生物催化反应合成手性化合物的反应动力学、热力学，完善酶催化反应，优化生物合成工艺，解决应用中的工程问题；研究酶结构与酶催化的高度选择性的关系及影响因素，研究提高酶催化选择性的策略，丰富和扩大生物催化反应制备手性化合物的应用范围是今后发展的重点。有理由相信手性生物催化合成在短期内会有重大发展。

苯乙醇胺类药物在合成药物中占有很重要的地位。由于在苯乙醇胺药物中至少存在一个手性碳原子，因此苯乙醇胺类药物至少存在两种光学异构体。大量医学实践证明，在这些光学异构体中往往只有一个光学异构体具有疗效，而其他的则无效或有副作用。例如，沙丁胺醇，其有效异构体为 (*R*)-(−) 沙丁胺醇，药效为外消旋的 80 倍。苯乙醇胺类药物和沙丁胺醇的化学结构式见图 4-4。

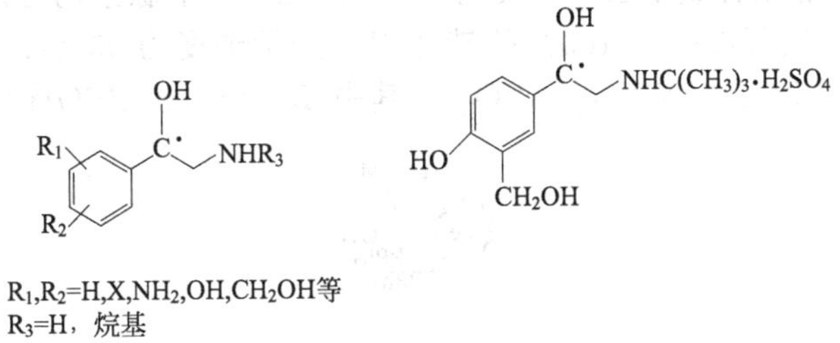

R_1,R_2=H,X,NH_2,OH,CH_2OH等
R_3=H，烷基

(a) 苯乙醇胺类药物　　(b) 沙丁胺醇

图 4-4　苯乙醇胺类药物和沙丁胺醇的化学结构式

以多肽和微生物为催化剂不对称合成苯乙醇胺类药物，是从苯甲醛出发，用多肽催化合成光活性的氰醇，并以该氰醇为底物合成了（*R*)-甲氧丁巴胺。其合成路线如图 4-5 所示。

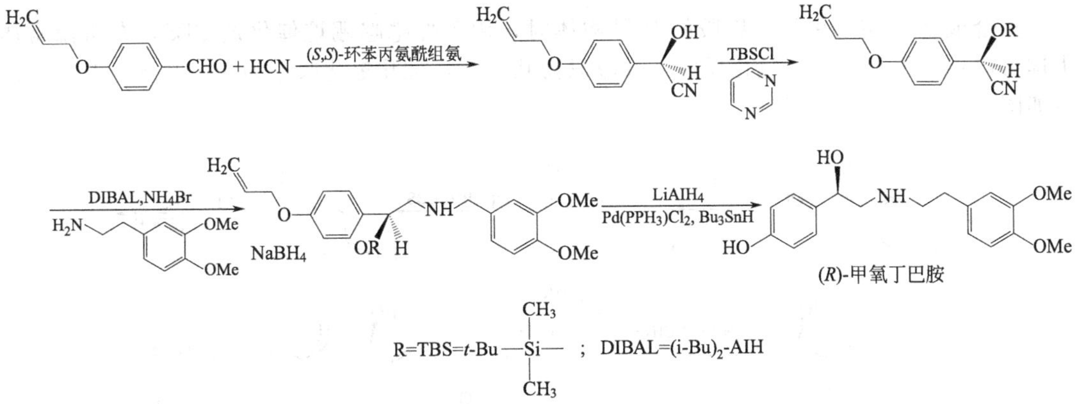

(*R*)-甲氧丁巴胺

R=TBS=*t*-Bu—Si(CH_3)$_2$—；DIBAL=(i-Bu)$_2$-AlH

图 4-5　以多肽为催化剂合成（*R*)-甲氧丁巴胺

用土壤中分离出来的一种真菌 G_{38} 不对称催化还原 α-酮酯，并进一步合成（*R*)-甲氧丁巴胺。其合成路线如图 4-6 所示。

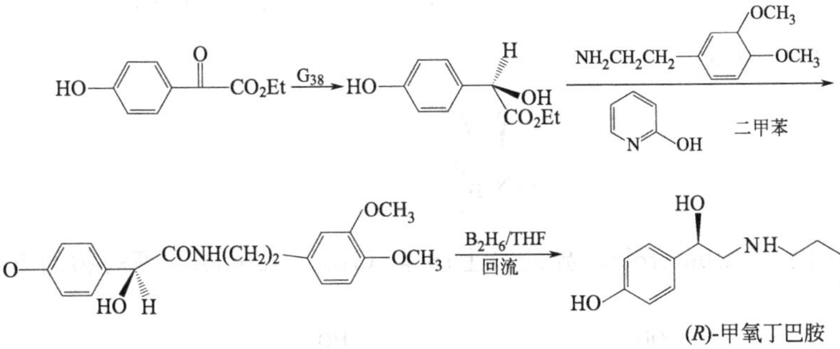

(*R*)-甲氧丁巴胺

图 4-6　以真菌 G_{38} 为催化剂合成（*R*)-甲氧丁巴胺

3. 手性催化剂和手性溶剂存在下的手性合成

当反应物和试剂均为非手性化合物时，而在手性催化剂的作用下或手性溶剂的影响下皆可实现手性合成。手性催化剂依是否具有可溶性则有多相和均相之分。多相手性催化剂主要是用 Pa 或 Raney 镍沉附（附着）在具有手性中心的载体上而制成，以手性载体（光学活性物质）作为手性合成的手性源。最为有效的均相手性催化剂就是用手性膦作配体的过渡金属（钌、铑等）有机络合物，已成功地应用于手性合成中，有的手性膦作配体铑的催化剂，在合成氨基酸的反应中，立体选择性已高达 99%。

利用不对称催化氢化合成苯乙醇胺类药物，如（*R*）-肾上腺素的合成。虽然该反应需要在40℃下反应7天，但可以获得100%的转化率，光学纯度为95%e.e.。其催化剂［Rh′］为［Rh-{(*R*)-(*S*)-BPPFOH}(NBD)］$^{+}ClO_4^-$，其中(*R*)-(*S*)-BPPFOH的结构式为：

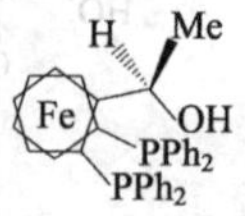

该反应的路线为：

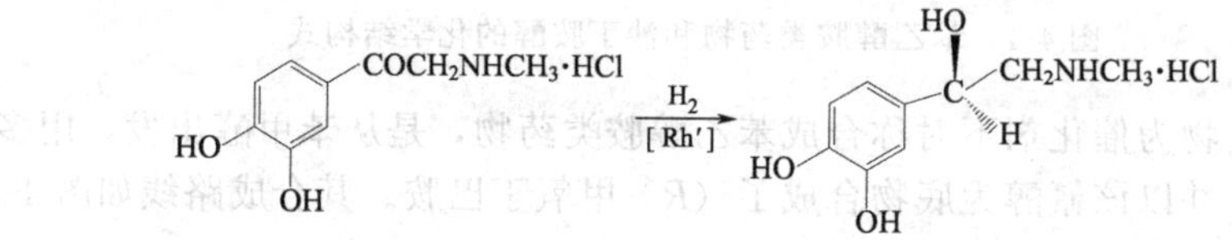

在合成*β*-兴奋剂甲氧丁巴胺的R异构体时，用手性噁唑硼烷催化剂CBS，在常温常压下即可以进行不对称催化氢化反应，反应只需几分钟，催化氢化收率为96% e.e.。其合成路线如图4-7所示。

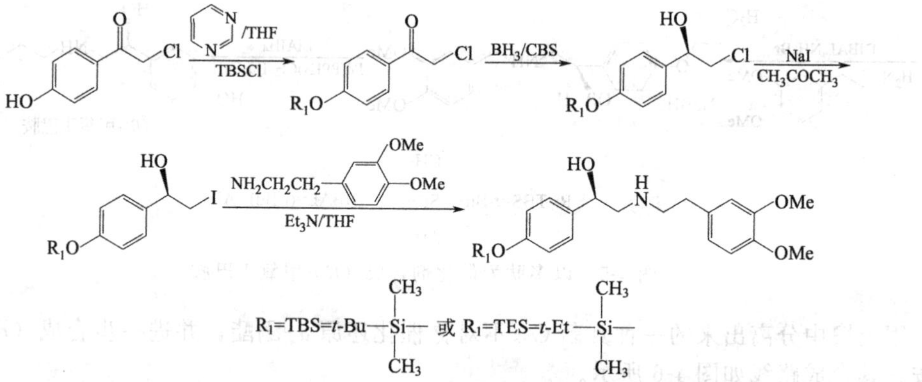

图4-7 以CBS为催化剂合成*β*-兴奋剂甲氧丁巴胺的R异构体

其催化剂CBS的结构为：

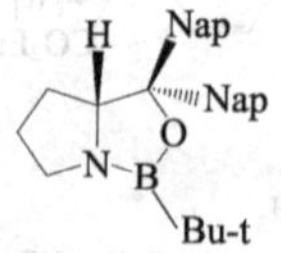

人们在合成舒喘宁（Albuterol）、异丙肾上腺素（Isoproterenol）等药物的S构型的光学异构体：

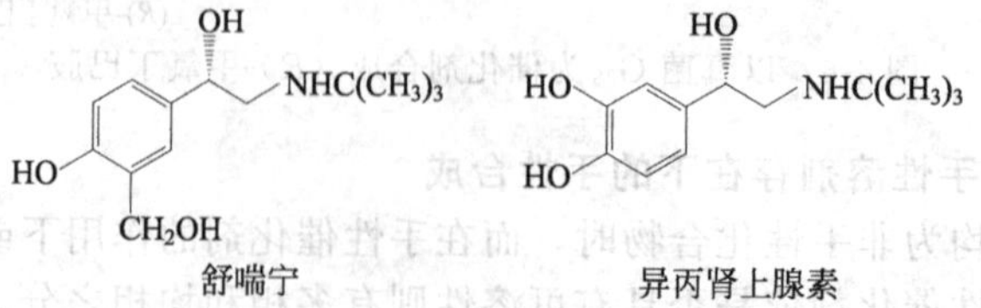

舒喘宁 异丙肾上腺素

其合成通式表示为：

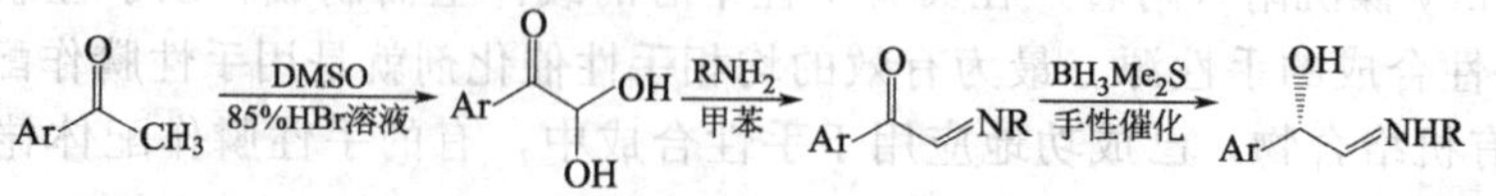

它们所用的催化剂结构为：

H_2B　Me　Ph　Ph　　Ph　Ph　HN　O　B　R

4. 手性源合成

在手性源合成中，所有的合成转变都必须是高度立体选择性的，通过这些反应最终将手性源分子转变成目标手性分子。碳水化合物、有机酸（如酒石酸、乳酸等）、氨基酸、萜类化合物及生物碱是非常有用的手性合成起始原料，并可用于复杂分子的全合成中。如可以L-半胱氨酸作为手性源合成 Biotio（维生素 H）；利用从天然植物中提取的香茅醛为手性源，经近 20 步反应合成了青蒿素。

5. 手性助剂法

手性助剂法利用手性辅助剂和底物作用生成手性中间体，经不对称反应后得到新的反应中间体，回收手性剂后得到目标手性分子。用于控制醇醛缩合产物立体构型的手性噁唑烷酮，就是利用了手性辅助剂来进行不对称合成。以酮类化合物为原料，利用手性助剂——酒石酸酯制备药物（S）-萘普生是工业生产的一个实例。缩酮的取代反应主要生成非对映异构体 RRS，经重排和水解生成（S）-萘普生，如图 4-8 所示。

R,R-酒石二甲酸　Br_2

MeO_2C　CO_2Me　R　R　O　O　CH_3　Br　CH_3O　Br

RRS>>RRR

H_3C　H　COOH　CH_3O

萘普生

图 4-8　利用手性助剂合成萘普生

参考文献

[1] 计志忠. 化学制药工艺学. 北京：化学工业出版社，1980.

[2] 王效山. 制药工艺学. 北京：北京科学技术出版社，2002.

[3] 张毅立，廖建，陈代谟，孙洪涛. 苯乙醇胺类药物的不对称合成. 化学研究与应用，1999，11（5）：480-483.

[4] 裴惠，刘莉. 不对称催化反应与手性药物的合成. 郑州铁路职业技术学院学报，2005，17（1）：60-61

[5] 史清华，王玉玲，宋宏锐. 不对称烷基化反应在药物及生物活性化合物合成中的应用. 中国药物化学杂志，2009，19（6）：463-475.

[6] 徐慰倬，秦斌，陈奕南，宋明，游松. 生物催化在手性药物制备中的应用. 中国药物化学杂志，2009，19（6）：420-428.

[7] 胡继红，刘德蓉. 手性药物的不对称合成. 西昌师范高等专科学校学报，2004，16（2）：117-121.

[8] 黄量，戴立信. 手性药物的化学与生物学. 北京：化学工业出版社，2002.

[9] 安吉斯·李斯，卡斯滕·希尔贝克著. 工业生物转化过程. 欧阳平凯，林章凛译. 北京：化学工业出版社，2008.

第五章 药厂的“三废”防治

第一节 概述

化学制药厂“三废”的特点是种类多、数量少、成分复杂、变动性大、综合利用率低。药厂排泄的污染物大多具有毒性、刺激性和腐蚀性。化学制药规模小，反应步骤多，导致“三废”（废水、废气和废渣）的量小，种类多、成分复杂；间歇排放，缺乏规律；化学耗氧量高，pH 变化大。化学制药的“三废”常含大量有机物，不易生物降解。不同工业部门生产中的废物排放量见表 5-1。

表 5-1 不同工业部门生产中的废物排放量

工 业 部 门	每吨产品排放的废物/t
炼油	0.1
大宗化学品	1～5
精细化工	5～20
制药	25～100

我国环境保护工作的基本方针是全面规划、合理布局、综合利用、化害为利、依靠群众、大家动手、保护环境、造福人民。

“三废”是在药物的生产过程中产生的，所以，防治污染的最好方法就是从源头上，即在药物的生产环节尽量减少污染的产生（最好是不产生污染）、生产工艺的绿色化，其次才是污染后的治理，即污染物的处理。防治污染可采取以下主要措施。

（1）研究、采用无污染或少污染的工艺

① 更换原辅材料。以无毒、低毒的原辅材料代替有毒、剧毒的原辅材料，降低或消除“三废”的毒性；提高“三废”的综合利用价值，使副产物成为使用价值更高的化工产品；减少“三废”的种类和数量，以便减轻处理系统的负担。

② 改进操作方法。改进操作方法有时也可达到减少污染物排除的目的。

③ 调整不合理的配料比。改变配料比可以减少某原料的用量，可以使与该原料有关的排放减少。

④ 采用新技术。有些新技术的应用可以从根本上减少废物的产生，如立体选择性合成可以减少另一立体异构体的生成，从而减少废物排放等。

⑤ 调整化学反应的先后次序。改变反应次序有时也可以减少“三废”。

（2）循环使用与无害化工艺　药物合成反应中，化学反应的进行不可能 100%完全，而且反应物中的一种或几种过量也是十分普遍的现象，此外，还有溶剂问题。一般而言，反应完成，分离出目标产物后，会获得一些反应母液。该母液一般含溶剂、产物与原料（和一些副产物），在生产工艺允许的情况下，回收套用该母液不仅可以减少废液废渣，往往还可以提高收率、减少原料消耗。如果能形成完整的闭路循环，没有排放，则可称为无害化工艺，但应注意杂质的累积。

(3) 回收利用与资源化 真正可以设计成无害化工艺的过程很少，所以“三废”或多或少总是要有的，但是如果能对废物再加利用或开发废物的下游产品，则废物就变成了资源，即所谓废物的资源化。

(4) 加强设备管理 设备因素也是导致污染的重要原因，如回流冷凝器冷却效率低可能导致回流的溶剂挥发，设备腐蚀或密封不严可能导致有毒气体泄漏，这些都能造成大气污染。所以，要加强设备的管理，一方面要使设备符合工艺要求，另一方面要保持设备完好。

第二节 绿色化学

一、绿色化学概念

绿色化学，又称环境无害化学，是利用化学来防止污染的一门科学。其研究目的为：通过利用一系列的原理与方法来降低或除去化学产品设计、制造与应用中有害物质的使用与生产，使所设计的化学产品或过程对环境更加友好。

Trost 于 1991 年提出了“原子经济”（atom economy）的概念。原子经济考察的是一个合成过程中所有反应物转化成最终产物的情况。若所有的反应物全部转化至产物中，则这个合成过程是 100%的原子经济反应。显而易见，原子经济的概念是评价合成过程效率与效益的科学方法。

【例 5-1】 环己酸的制备。环己酸常用于生产医药、塑料添加剂。

(1) 传统工艺——Baeyer-Villiger 反应，以 3-氯过苯甲酸氧化剂，原子经济性为 42%，产生 3-氯苯甲酸废物：

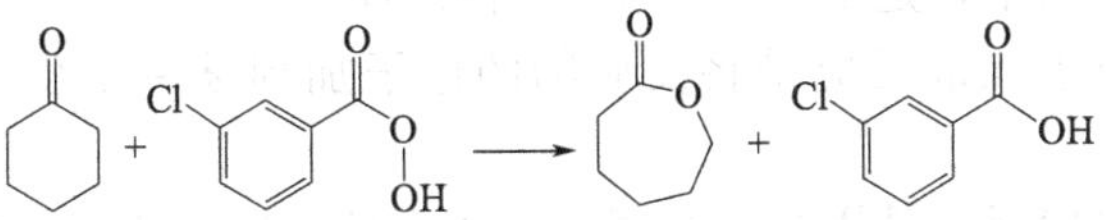

(2) 绿色工艺——用负载锡的 β 沸石作为催化剂，过氧化氢为氧化剂，原子经济性为 86%，副产物只有水：

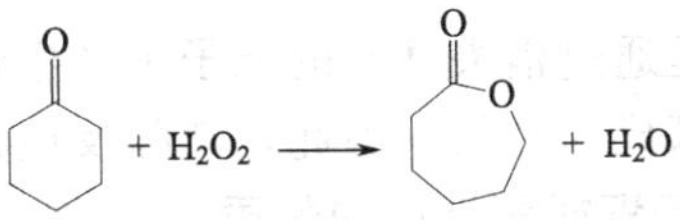

$$+ H_2O_2 \longrightarrow \quad + H_2O$$

【例 5-2】 丙烯环氧化制环氧丙烷。

(1) 传统工艺——氯醇法，原子经济性为 31%：

$$2CH_3{-}CH{=}CH_2 + 2HOCl \longrightarrow CH_3{-}\underset{OH}{CH}{-}\underset{Cl}{CH_2} + CH_3{-}\underset{Cl}{CH}{-}\underset{OH}{CH_2}$$

$$CH_3{-}\underset{OH}{CH}{-}\underset{Cl}{CH_2} + CH_3{-}\underset{Cl}{CH}{-}\underset{OH}{CH_2} + Ca(OH)_2 \longrightarrow 2CH_3{-}\overset{O}{CH{-}CH_2} + CaCl_2 + 2H_2O$$

(2) 绿色工艺——钛硅分子筛催化，原子经济性为 76%：

$$H_2O_2 + CH_3—CH═CH_2 \xrightarrow{TS\text{-}1} CH_3—\overset{O}{CH—CH_2} + H_2O$$

二、绿色化学原理

绿色化学作为一门新的学科，尚有不成熟的地方，但经过近10年的研究与探索，该领域的先驱研究者已总结出了绿色化学的一些理论与原则，为绿色化学的今后研究工作指明了方向。

1. 污染防止优于污染形成后处理

通常在谈到某一化学产品的成本时，人们往往想到的是原料与设备的费用，但在近20年来，化学物质的处理与消除费用变得十分重要。一般来说，一个化学物质的毒性越大，其处理的费用也越大。在美国，许多大的化学公司在环境卫生与安全方面的支出，同其用在研究与开发方面的支出几乎相等。由此可见，废物处理与处置的费用在化学工业中占有重大比例。目前，废物处理方面的费用还在继续增加。避免与降低这些费用的唯一办法是，利用绿色化学的技术来防止或减少废物的使用与产生，从而避免或减少由于废物的工程控制、操作人员保护等所造成的支出。

2. 最大限度地利用资源

对于一个化学反应，若所使用的所有材料均转换至最终目标产物中，则该反应就没有废物或副产物排放。这种反应的效率最高、最节约能源与资源，同时也避免了废物或副产物的分离与处理等过程，是化学反应的理想目标。

在评价一个合成过程的效率方面，长期以来人们一直使用产率。但该方法存在较大的缺陷，即产率没有考虑最终产品以外的其他产品的使用与产生。往往会出现这样的情况，一个合成路线的产率为100%，但却生成了比所需产品更多的废物。因此，用产率来评价一个合成过程的效率与效益是不完全的。为了克服这个缺点，Trost于1991年提出了“原子经济”(Atom Economy)的概念。

不同的化学反应类型具有不同的原子经济潜力，下面简要介绍一些常用反应的原子经济性。

(1) 重整反应　重整，正如其定义一样，是将原子重新组合以形成新的分子。因此，所有的反应物均转化至产物中，是100%的原子经济反应。

(2) 加成反应　由于加成反应是将反应物的原子加到某一基质上，因此是原子经济性反应。

(3) 取代反应　取代反应是用某一基团取代离开的基团。因此，被取代的基团不出现在产物中而成为废物。所以，取代反应不是原子经济性反应，其效益取决于所用的试剂及基质。

(4) 消除反应　消除反应是通过消去基质的原子来产生最终产品。所使用的任何未转化至产品的试剂与被消去的原子都成为废物。因此，消除反应是原子经济性较差的合成方法。

3. 最大限度地使用或产生无毒或毒性小的物质

在进行化学设计时必须考虑危害性，只有两个方法可以降低任何形式危害的危险性，其一为降低暴露性，其二为降低内在危害性。降低暴露性有多种方法，如保护性衣服、工程控制、防毒面具等。那些认为化学设计中不需考虑危害性的人们认为，他们的化学家懂得如何处理有害物质，因而他们应该使用所选择的物质而不必顾虑其危害性。显然，这是一个不合逻辑并不负责任的观点。通过降低暴露性来减小危害性的方法具有很大的缺陷，其一为所有的废物处理均需要较大的费用；其二为暴露控制会有失败的情况。因此，降低暴露性是一个治标的方法，无法从根本上消除危害与危险。相反，危害性是一个化学物质的固有性质，不会变化。因此，在化学设计中应充分考虑危害性，采用各种方法与手段将其降至最小。这不仅从根本上消除或减小危险，而且可以大大降低费用，是最佳的污染防治方法。

4. 设计化学产品时应尽量保持其功效而降低其毒性

绿色化学在这方面的研究通常简称为“设计更安全的化学品”（designing safer chemicals）。任何物质的分子结构同其特性均有内在联系。当这种联系的知识被掌握时，化学家可以在很大程度上从化学品的分子结构预测其特性。当然，在化学领域也开发了许多测定与估算化学品性质的工具。

设计更安全的化学品有几种方法与途径。第一种方法，如果已知某一反应是毒性产生的必要条件，则可以通过改变结构使这个反应不发生，从而避免或降低该化学品的危害性。当然，任何结构的改变必须确保分子的作用与性质不变。

第二种方法适用于毒性机理不明确的情况。在这种情况下，化学结构（如某种功能团的存在）同毒性间的关系一般仍然可以找到。这时可以通过避免、降低或除去同毒性有关的功能团来降低毒性。

第三种途径是降低生物利用率（bioavailability）的方法。该方法的理论基础是，如果一种物质是有毒的，但当它不能到达使毒性发生作用的目标器官时，其毒性作用就无法发生，则该物质被转变成无害物质。由于化学家已长期从事改变分子的物理与化学性质的研究，他们可以容易地控制分子使其难以或不能被吸收。通过降低吸收和生物利用率，毒性可以得到削弱。因此，只要降低分子生物利用率的改性不影响该分子的功能与用途，则该方法是十分有效的。

5. 尽量不用辅助剂而需要使用时应采用无毒物质

（1）辅助剂的一般使用　在化学品的制造、加工与使用中，几乎处处都使用辅助剂。这些物质在使用时用来克服分子或化学品合成与制造中的特殊障碍。许多辅助剂被用得如此广泛，以至于很少有人评估其是否有使用的必要。这种现象广泛存在于溶剂与许多操作中的分离剂方面。通常，这些辅助剂对人类与环境具有一定的负面影响。

（2）辅助剂的影响　溶剂的广泛使用往往会产生一些问题。卤化物溶剂（例如氯甲烷、氯仿、四氯化碳）及苯等芳香化合物长期以来被认为同人类的癌症有关。所有这些物质，由于具有优良的溶解性，被广泛地使用。可是，人类在利用它们这些优点的同时，也对人类健康、环境及居住的生物圈带来了危害。

溶剂对环境造成影响的最著名例子就是最上层臭氧层的破坏。氯氟烃（chlorofluocarbons，CFC）的优点在20世纪得到了广泛的利用，没人怀疑其在各种用途中的有效性，如作为清洗剂、推进剂、塑料泡沫的发泡剂、制冷剂等。同时，氯氟烃对人类及野生动物的直接毒性很小，并具有低的事故隐患，如不易燃烧、不易爆炸等。但是氯氟烃对臭氧层的破坏与所造成的环境影响是众所周知的。

分离操作中所用辅助剂亦对人类健康与环境具有影响。分离剂负面影响的一个例子为材料的浪费。用于将产品从副产品、共产品、杂质或其他相关物质中分离出来的分离剂的用量一般较大，成本较高。同时，分离操作，无论是机械分离还是热分离，均消耗大量的能量。而分离完成后，所用的分离剂将成为废物流的一部分，需要进一步的处理与处置。

一个常用的分离/净化方法为再结晶。该方法要求加入能量及/或物质来改变已溶解组分的溶解度以达到析出分离。这种操作不仅要考虑所加入物质与能量对废物流的影响，还应考虑其固有的危害性。

（3）绿色的辅助剂　辅助剂的使用不仅对人类健康与环境产生危害，而且大量地消耗能源与资源。因此，应尽量减少其使用量。在必须使用时，应选择无害的物质来替代有害的辅助剂。这方面的研究是绿色化学的研究方向之一，下面介绍几种清洁的辅助剂。

① 超临界流体。人们一直在寻找传统的有害溶剂的替代物。较有希望的清洁溶剂之一为超临界流体，如二氧化碳。这种体系不仅对人类健康与环境无害，还有助于加强分离与选择性。

超临界流体一般为二氧化碳等小分子，处在高于其临界温度的近临界区，具有类似液体的密度、较大的扩散性与较小的黏度。同时，操作温度与压力的较小变化可引起其性质的较大变化，如溶质在其中的溶解度。因此，其可作为某些有害溶剂的替代物。

② 水。水作为最无害的物质，也是最无害的溶剂，因此，人们一直在开发利用水代替传统溶剂的方法，如超临界水反应的研究十分活跃。另外，同传统的溶剂相比，使用水作为溶剂不会增加废物流的密度。因此，水是理想的环境无害溶剂。

③ 固定化溶剂。许多溶剂对人类健康与环境的影响主要来自于其挥发性，如各种有机挥发性溶剂。目前正在研究的解决方法之一为固定化溶剂方法。实现固定化的方法有多种，但目标是一致的，即保持一种材料的溶解能力而使其不挥发，并不将其危害性暴露于人类和环境。常用的方法之一为将溶剂分子固定到固体支架上，或直接将溶剂分子建在聚合物的主链上。

④ 无溶剂反应。无溶剂反应是减少辅助剂使用的最佳方法，其不仅在对人类健康与环境污染方面具有巨大优点，而且有利于降低费用，是绿色化学的重要研究方向之一。目前有许多大学与公司在从事这方面的研究，已开发出几种途径来实现无溶剂反应。途径之一为开发原料与试剂同时起溶剂作用的反应。其他的方法如使试剂与原料在熔融态反应，以获得好的混合性及最佳的反应条件。另外，还有在固体表面发生反应的创新工作。所有这些研究的目标都是在过程中避免辅助剂的使用。

6. 能量使用应最小并应考虑其对环境及经济的影响

(1) 化学工业的能量消耗　长期以来，人们已认识到能量的使用与产生对环境有很大的影响。化学及化学转换在将物质转换成能量及将已存在的能量转换成可用的形式上起主要的作用。然而，化学领域需要绿色化，以使这些过程成为可持续过程。目前，工业化国家消耗了大量的能源，特别是美国，其消耗的能源约占世界消耗能源总量的1/4。在工业化国家里，化学工业消耗了很大部分的能量，是耗能最大的工业之一。因此，必须在化学过程的设计中充分考虑能量的节约与最佳利用。

(2) 化学反应中的能量需要　对于一个需要加入外力才能发生的反应，往往需要加入一定的热量用以克服其活化能。这类反应可以通过选择合适的催化剂来降低反应活化能，从而降低反应发生所需的初始热量。若反应是吸热的，则反应开始后需要持续加入热量以使反应进行得完全。相反，若反应是放热的，则需要冷却以移出热量来控制反应。冷却对于反应速度很快的反应是十分必要的。另外，在化工制造中有时也需要降低反应速度以防止反应失控而发生事故。无论加热还是冷却，均需要较大的费用并对环境具有影响。

(3) 分离过程的能量需要　化学工业中耗能最大的是净化与分离过程。净化与分离可通过精馏、萃取、再结晶、超滤等操作实现，但均需要大量的能量来实现产品从杂质中的分离。因此，化学工业节能的一个重要方法是通过优化过程设计，减少分离操作的需要，从而可以大大降低能量需要。化学家在这方面可以起重要的作用。

(4) 微波能与超声能　微波能已被用于加速化学转换，特别是固态反应。同其他的加热方式相比，微波技术具有突出的优点，即不需要使化学反应发生的延长加热。另外，同在溶液中进行的反应不同，固态反应避免了辅助剂的加热，节省了能量。

另外，研究发现超声能对某些类型的转换可以起到催化剂的作用。通过超声技术，反应物质的局部环境得到改善以促进化学转换的发生。这种技术对某一化学反应是否有效，还需要具体研究。

7. 最大限度地使用可更新原料

(1) 可更新原料与枯竭原料　可更新资源的利用一直是科学、工业及环境方面所关心的重要问题。可更新资源与枯竭资源的区别主要在于“时间”上。通常所说的枯竭资源一般指化石燃料（fossil fule），主要是由于其形成需要几百万年时间，这么长的再生时间是人类所无法等待的。假如植物可以较快地转化成石油，化石燃料也可以被认为是可更新资源。只是这种转变很难实现，因此人们通常认为化石燃料在枯竭。事实上，一个真正的枯竭资源是太阳与太阳能。因为太阳能一旦被耗尽，就永远不能再补充。但由于太阳将持续几百万年，人们认为太阳是一个无限的能源，从而将太阳能看作是可持续的能源。

可更新原料一般指各种生物质（bionmass）原料，但其他可在有限时间内再生成的物质也属于可更新资源，如二氧化碳。由于其可容易地从到处可获得的资源制造，因此被认为是一个可更新原料。

（2）资源使用对环境的影响　化石燃料的使用已长期地对人类健康与环境产生负面影响。如煤采掘与石油开采中对操作人员肺的伤害（黑肺）及对生长环境造成的破坏。另外，石油炼制造成了严重的空气污染等。

化工原料多数来自石油炼制，由于石油很少含有氧元素，往往需要氧化反应来获得某些产品。众所周知，氧化反应通常需要重金属作氧化剂，对人类健康与环境造成极大危害。因此，氧化化学被认为是污染最严重的化学。相反，生物质含有一定的氧，用其作原料可以避免或减少氧化步骤，从而降低环境污染。

（3）枯竭原料的使用面临着经济压力　同可更新原料相比，枯竭原料由于其不可更新性，而面对着枯竭的威胁，从而导致使用枯竭资源作原料的工业过程自然面临着经济方面的压力，亦将影响人们的生活。因此，在所有可能的情况下，应尽量使用可更新原料。

（4）生物质原料的利害关系　生物质作为原料在经济与环境方面也不是没有问题的。经济上的问题之一是一个生物质原料在需要时的可获得性。如在自然灾害发生或持续大量需要时，生物质原料可能没有足够的数量以满足要求，从而影响经济发展与效益。另一个问题是，生物质原料的生长需要大量的土地与能量。因此，以生物质资源作为工业生产的原料亦有一定的限制。特别是工业化国家，土地稀少，人口密度大，没有足够的空间提供大量生物质原料生长所需的土地。

8. 尽量避免不必要的衍生步骤

目前，化学合成，特别是有机化学合成的工艺与科学，变得更复杂，其要解决的问题也更具挑战性。因此，已开发出许多分子与化学过程的控制方法来克服相应的障碍。如为了使一个特别转换发生，有时需要进行分子修饰或所需物质衍生物的产生来辅助实现。下面介绍化学合成中的一些衍生现象及其弊端。

（1）保护基团（blocking group）　一个最常用的技术是保护基团方法的使用。保护基团是用来保护一个敏感部分避免发生化学反应，否则会危害其功效。一个典型的例子是通过产生二苄醚来保护醇，以使分子的另一部分发生氧化反应而不影响醇。氧化反应完成后，通过二苄醚的解离可容易地重新生成醇。这种形式的衍生在精细化学品、农药及一些染料的合成中广泛地使用。很显然，在上面的例子中，需要使用苄基氯来生成衍生物质，然而在解保护时其成为废物。苄基氯的毒性很大，需要进行处理。因此，为了克服转换中的障碍而使用的保护基团有时具有很大的危害性。该方法不仅消耗了额外的试剂，而且产生需要处理的废物，应在一切可能的条件下，尽量避免使用保护基团的方法。

（2）暂时改性　通常某些物质需要同其他物质配制或混合以影响其宏观或操作性质。如为了各种加工需要，有时要对黏度、蒸气压、极性及水溶解度等进行暂时的改性以易于加工。同保护基团法一样，当功能完成后，原始物质可以容易地再生成。显然，在原始材料再生成时，所加入的辅助材料成了废物。例如聚合物的加工，为了获得良好的流动性，需要将聚合物溶解于某种溶剂中，而在加工成型后需要通过挥发等方法除去所加入的溶剂，以获得所需的最终聚合物材料。在该过程中，溶剂的使用只是为了加工的需要，其最终成为废物。这不仅消耗资源，也对人类健康与环境有害。

(3) 加入功能团提高反应选择性 在设计一个合成方法时，化学家总是追求高选择性。当一个分子中存在几个反应位置时，必须适当地设计合成方法以使反应发生在所需要的位置。实现这种目标的方法之一是先使这个位置产生一个易于同反应物反应的衍生基团，而该基团又能容易地离开。这样反应就可以优先发生在所要求的位置，提高了反应的选择性。显而易见，这种方法需要消耗试剂来产生衍生物，而该试剂最终成为废物。

综上所述，衍生步骤不仅消耗资源，而且必然产生废物。有时所需的试剂或所产生的废物具有较大的毒性，需要特殊处理。因此，在化学过程中应最大限度地避免衍生步骤，以降低原料的消耗及对人类健康与环境的影响。

9. 催化试剂优于化学计量试剂

只有很少几种化学反应，其所有反应物的原子均转化至产物中，而且不需要加入其他试剂。在这种情况下，化学计量反应具有100%的原子经济性，是环境友好的化学反应。然而多数情况下，化学计量反应具有下列一些问题。

① 部分反应原料不能完全发生反应，因此，即使产率是100%，也有剩余的未反应原料。

② 原料中只有部分是最终产品所需要的。因此，其他的部分成为废物。

③ 为了进行或促进反应，需要加入额外的试剂，而这些试剂在反应完成后需要排放到废物流中。

由于这些原因，催化反应较传统的化学计量反应具有许多突出的优点。

催化剂的作用是促进所需的转换，但本身在反应中不被消耗，也不出现在最终产品中。这种促进作用有几种形式。

(1) 加强选择性 利用催化作用来加强反应的选择性是一个长期以来的重要研究领域。选择性催化可实现反应程度、反应位置及立体结构方面的控制。选择性催化不仅可提高原料的利用率，而且可降低废物的产生，是绿色化学的重要工具与研究方向。

(2) 降低反应活化能 催化反应除了具有材料的利用与废物产生方面的益处，在能量利用方面亦具有巨大的优点。催化剂可以降低反应活化能，这不仅有益于控制，而且可以降低反应发生所需的温度。在大规模化生产中，这种能量降低无论从环境影响方面还是从经济影响方面来看，均是非常重要的。

10. 设计使用后容易降解为无害物质的化学品

化学品在环境中所关心的一个主要问题是所谓的“持久性化学品”（persistent chemicals）或“持久性生物累积器”（persistent bioaccumulators）。这就是说，化学品在被使用后或被释放到环境中后，其在环境中保持原状或被各种植物和动物吸收，并在动植物体内累积与放大。通常，这种累积可对人类和生物体产生危害，包括直接的影响和间接的毒性。

由于以往在化学品的设计中没有或很少考虑其使用后的处理，及其对人类健康和环境可造成的影响，目前许多化学品难以降解，如有机氯农药、塑料等。由于其在环境中不易消失，成为主要的化学污染源之一。为此，目前许多研究人员致力于研究开发非持久性化学物质，特别是可生物降解物质，来代替持久性化学物质。

11. 分析方法应能实现在线监测并在有害物质形成前加以控制

过程分析化学研究在绿色化学中的重要性是基于“人们无法控制其不能测定的性质”这个事实。为了能在某一过程的操作中进行及时调节，必须开发精确而又可靠的传感器、监视器及分析技术来评估过程中有害物质的产生。如果开发出这些方法，并能检测出微量有害物质的存在，那么可以通过调节过程参数来降低或消除这些有害物质的产生。若传感器同过程控制系统相连，则可实现有害物质生成的自动控制，而使有害物质的生成量降至最低。

过程分析化学的另一个应用例子是监测化学反应的进行程度。在许多情况下，化学过程需要连续加入试剂直到反应完成。如果开发出实时在线的监测方法来测定反应的进行程度，则可避免额外试剂的浪费，同时亦可减少废物的产生与影响。

12. 化工过程物质的选择与使用应使化学事故的隐患最小

化学与化学工业中事故防止的重要性是众所周知的。在化学品及化学过程的设计中应充分考虑由毒性、易燃性、易爆性带来的危害。绿色化学的目标是消除或减少所有的危害而不仅仅是污染与毒性。

减少废物的产生以防止污染是一个有效的污染防止方法，但该方法存在着导致事故隐患增加的可能性。在某些情况下，将过程的溶剂循环使用可以防止污染及向环境中的释放，但这也可能增加化学事故或火灾的隐患。一个过程必须有效地处理好污染防止与事故防止之间的平衡。

更安全的化学设计的方法正在研究开发中。方法之一为利用固体或低挥发性物质代替同多数化学事故相关的挥发性液体或气体。

另外，可利用及时处理技术对有害物质进行快速处理。通过这种技术，化工公司可消除长期大量储存有害物质的需要，从而大大降低了事故的隐患。

三、绿色化学的研究领域

目前，化学品或化学过程对人类与环境的影响已开始在设计阶段加以考虑，因此开发出多种方法与技术。由于化学品及转换类型的多种多样，绿色化学的解决方法也是多样的，但这些方法可被大致归为几类。

在替代的合成设计中，人们考虑的不是基本分子而是用来生成这种分子的合成途径。通过修改合成方法，人们可以制造出相同的最终产品，却可减少或消除有毒的原料、副产品和废物并降低能耗。化学合成的两个要素为原料与反应条件，改变两者或其中之一，可得到替代的（改进的）化学合成方法。

下面分别介绍绿色化学的一些重要研究领域、研究方法及其应用例子。

1. 原料的选择

一个化学反应类型或合成路径的特性在很大程度上是由初始原料的选择决定的。一旦选定初始原料，许多后续方案即已确定，成为这个初始决定的必然结果。一个产品初始原料的选择也决定了工人处理这种物质时、生产部门制造时及运输者运输时所面对的危害性。因此，原料的选择十分重要，不仅对合成途径的功效具有巨大的影响，也对该过程对人类健康及环境的影响起重要作用。

由此可见，初始原料的选择是绿色化学所应考虑的重要因素，寻找替代的、环境无害的原料也是绿色化学的主要研究方向之一。

目前，绝大多数化学制药是用石油作原料合成的。石油炼制消耗大量的能量，而由于石油质量的降低，能量消耗在持续增加。同时，石油炼制中往往需要加氧，而氧化过程是所有化学合成中污染最严重的过程，因此，十分有必要开发石油的替代原料，以减少其在化学合成中的使用。

生物质（biomass）是理想的石油品替代原料。生物质包括农作物、植物及其他任何通过光合作用生成的物质。由于其含有较多的氧元素，在产品制造中可以避免或减少氧化步骤的污染。同时，用生物质作原料的合成过程较以石油作原料的过程的危害性小得多。

废弃生物质转化动物饲料、工业化学品及燃料的技术，所使用的废弃生物质包括城市固体废物、水污泥、粪肥及农作物残渣，这些废物的处置往往消耗大量的费用。因此，将其转化成有用的物质，不仅减少了环境污染，而且节约了废物处理费用，具有重大的意义。为了使废弃生物质易于消化，利用氧化钙对其进行处理。经氧化钙处理的农作物残渣，如稻草、蔗渣等，可以用作反刍动物的饲料。另外，氧化钙处理的生物质可以被转换成各种化学品。方法是将其加入一个大的厌氧发酵器，生物质在其中被转化成挥发性脂肪酸盐，如乙酸钙、丙酸盐及丁酸盐等。这些盐被浓缩并可通过三种途径被进一步转化成化学品或燃料，第一种途径为将这些挥发性脂肪酸盐酸化，从而产生乙酸、丙酸与丁酸；第二种途径为将其热转化成酮类，如丙酮、丁酮和二乙基甲酮；第三种途径为酮类被氢化而转化成相应的醇，如异丙醇、异丁醇、异戊醇。这一系列技术对人类健康与环境保护具有巨大的益处。

2. 试剂的选择

为了将已选择的原料转换成目标分子，合成化学家需要设计合成过程及选择实现该合成过程的试剂。众所周知，实现一个变换的试剂可以是多种多样的。因此，应确定试剂的一些选择标准。绿色化学在选择试剂时，不仅要求高的反应效率与经济效益，而且要充分考虑试剂的危害性及该试剂的使用对整个合成过程的影响，例如与其使用相关的其他有害物质的使用与产生等。绿色化学在试剂选择方面所应考虑的一些因素与准则如下。

(1) 试剂的危害性　在选择试剂时应首先考虑试剂本身的危害性，进行试剂的比较，选择出实现同一变换的最无害试剂。

如前所述，实现同一变换可能存在几种可供选择的试剂。当然，不同试剂的效率不同，成本亦有差别。绿色化学在选择试剂时，应在考虑传统的标准的同时，充分考虑其对人类健康与环境的危害性，选择整体最佳的试剂。

(2) 废物的产生　在试剂选择时，还应考虑该试剂的使用同整个过程废物产生的关系。不仅要考虑废物的数量，还应考虑其危害性的严重程度，因为不同物质具有不同种类的危害。一个最佳的试剂应使整个过程产生的废物最少，危害性最小。

(3) 产品选择性　一些产品具有异构体形式，为了使原料更多地转化成所需要的最终产品，需要使用选择性高的试剂。当然，高的产品选择性并不总是意味着高的产率。一个合成过程只有同时具有较高的选择性及高的转化率，才能产生较少的废物。使用高选择性的试剂可以大量减少化学加工过程中分离、净化等操作的费用及对环境的影响。

(4) 反应效率　高反应效率一直是合成设计的目标，其对环境具有正面的影响。高的反应效率意味着低的废物排放，具有重要的意义。传统上，人们用产率来描述一个变换的效率，但这种方法是不全面的。一个产率为100%的反应却可能产生大量的废物。因此，应采用原子经济性来评估一个反应的效率，一个100%原子经济的反应表示所有反应物的原子均转换至最终产物中，是一个零排放的反应。

(5) 试剂的数量　一个反应所需试剂的数量也是一个重要的考虑因素。原则上，催化试剂优于化学计量试剂。如果一个试剂在变换中不被消耗，则整个反应需要更少的原料。

在选择试剂时需要综合考虑平衡上述各因素，以取得整体上的最佳，即试剂的最佳利用及对环境的最小影响。

试剂选择方面的研究是绿色化学的重要研究方向之一，也是一个十分活跃的研究领域。下面介绍绿色试剂方面的几个例子。

(1) 光化学法替代 Friedel-Crafts 酰化反应　Friedel-Crafts 酰化反应在工业上用来合成许多重要的化学品，如一些药品。在多数情况下，组分之一为酰基氯或酐，这些化合物具有腐蚀性和空气敏感性，酰基氯接触水时将产生 HCl 气体。另外，作为反应催化剂的 Lewis 酸也具有腐蚀性并与水反应。同时，Friedel-Crafts 酰化反应的典型溶剂一般包括各种芳香烃、CS_2、氯甲烷等，这些物质均有安全处理与处置问题。可见，Friedel-Crafts 酰化反应是一个危害性较大的反应。因此，寻找其环境友好的替代反应将能大大降低环境污染与危害性。

目前所使用的典型 Friedel-Crafts 酰化反应及可替代的光化学反应为：

Lewis酸 RCOCl　　RCHO 可见光

传统反应　　替代反应

光化学反应不需要使用 Lewis 酸，而且所使用的试剂具有很好的空气与水稳定性。另外，所使用的原料苯醌原则上可用 Frost 等开发的生物质原料制造。Kraus 等研究了苯醌和萘醌的光化学反应。研究结果表明苯醌和萘醌的光化学反应是很普通的，是一个环境友好的酰化替代反应。

(2) 利用二甲基碳酸酯选择性甲基化　传统的甲基化反应使用卤代甲烷或硫酸二甲酯。这些化合物的毒性及对环境的影响，使这些合成几乎无法应用。活性亚甲基化合物的甲基化通常发生难以控制的多甲基化反应。

Tundo 等开发了一个利用二甲基碳酸酯将活化亚甲基化合物选择性甲基化的方法。在碳酸钾作催化剂，180～220℃时，通过使芳基乙腈与二甲基碳酸酯再反应，可高选择性(＞99%)地制造 2-芳基丙腈。在这些过程中不产生无机盐。其反应式为：

K_2CO_3　$+ CH_3OH + CO_2$

3. 溶剂的选择

化学工业中大量地使用溶剂，主要作为反应、分离等的媒介。同时，溶剂亦大量用作清洗剂。在释放至环境或需要处理的化学物质中，溶剂占了很大的比例。因此，减少溶剂的使用、改进传统的溶剂、采用环境无害的替代溶剂及开发无溶剂反应是绿色化学的重要研究领域。

在进行溶剂的选择时，首先应考虑的一个问题是合成过程是否需要溶剂。如果溶剂是必需的，或可以改善合成反应，则需要从一系列物质中选择一个最佳的溶剂。那么在溶剂选择时应考虑哪些因素呢？首先要考虑的一个重要因素是溶剂本身的危害性。由于溶剂在合成过程中被大量地使用，因此其危害性及安全性是溶剂选择的一个必须考虑的因素，包括毒性、易燃、易爆性等。其次在溶剂选择时应充分考虑其对人类健康及环境的影响，如某些溶剂具有强的挥发性，易暴露于人类与环境。

下面介绍一些绿色溶剂与反应条件的实例。

(1) 传统溶剂的改进——使用更安全的传统溶剂

① 甲苯作为更安全溶剂替代苯。众所周知，苯可引起人类的血中毒及白血病。苯在肝中发生一系列的氧化反应而产生几种强亲电的代谢物。甲苯较苯的毒性小得多，苯环上的甲基更易于氧化生成苯甲酸，而不是更具毒性的代谢物。同时，甲苯与苯具有相似的溶解性。因此，甲苯通常可用来替代苯作为更安全的溶剂。

② 正己烷的更安全替代物。正己烷被用作工业溶剂，然而过度地接触正己烷会引起人类的神经中毒。正己烷引起的神经中毒的临床表现为知觉麻木、四肢失去感觉及乏力等。正己烷的更安全替代物之一为 2,5-二甲基己烷。从正己烷神经中毒的机理及 2,5-二甲基己烷的代谢物数据来看，后者似乎是不引起神经中毒的，因此可成为正己烷的替代物。但 2,5-二甲基己烷的沸点较正己烷高近 40℃，这也许会限制其作为正己烷替代物的应用。

(2) 超临界流体

① 利用二氧化碳的非对称催化。利用二氧化碳替代有机溶剂已在化学工业及相关领域成为降低废物的重要工具。这种无毒、不燃烧、可再生而且廉价的化合物已作为溶剂在咖啡因除去、蛇麻子萃取、精油制造、废物萃取与循环及许多分析过程中使用。将之扩展至化学制造，即利用二氧化碳作为反应媒介，是一个很有潜力的污染防止方法。在超临界二氧化碳反应的众多研究中，由美国 Los Alamos 国家实验室开发的一类反应已表现出很多的希望。该研究室发现非对称还原，特别是加氢和氢转移反应，可在超临界二氧化碳中进行，而其选择性同在传统溶剂中相似或更优。

在二氧化碳中能成功地进行非对称催化还原的部分原因是由于二氧化碳固有的一些特性，如可调的溶剂强度、高的扩散性及容易分离等。另外，二氧化碳作为反应溶剂的一个重要限制——盐的不溶性，可通过使用亲油的阴离子加以克服。这些发现表明二氧化碳可成为一个环境上无害的、经济上可行的许多特殊化学品的合成溶剂，如药品、农产品中提炼出的化学品等。

② 超临界二氧化碳中的自由基溴化。Tanko 等给出了用超临界二氧化碳替代传统溶剂的一个例子。他们的工作表明自由基溴化可在超临界二氧化碳中进行，而不牺牲选择性与产率。例如，他们研究了用溴和 *N*-溴丁二酰亚胺进行的甲苯自由基溴化。当使用溴作溴化剂时，可生成一个由苄基溴（>70%）和 4-溴甲苯的混合物。而使用 *N*-溴丁二酰亚胺时，则可得到纯的苄基溴。

4. 产品的选择与设计更安全的化学品

化学合成通常是为了得到某一目标分子，而其最终目的一般为制造具备所需功能的化学品。制药工业长期以来研究如何设计更安全化学品的课题，即使某一分子最大地发挥作用，而将其毒副作用降至最低或完全消除。目前，更安全化学品的设计与选择已是整个化学领域的重要研究方向。

设计更安全化学品包括一个分子结构分析的过程，以确定该分子中同所需性能相关及同毒性和其他危害性相关的部分。获得了这个信息后就可能通过设计，使该分子的危害性降至最低而保留其功效。设计更安全化学品可通过以下一些方法与策略实现。

(1) 确定危害性的作用机理　若已知化学品危害性的作用机理，则人们可以更好地设计对人类健康与环境更安全的化学品。因为如果知道了一个化学品在人体内或环境中导致毒性或其他危害性的途径，而又可以防止该途径中任何一个步骤的发生，则该化学品的毒性作用就被避免，从而消除了该毒性的影响。

(2) 结构-活性相关性　许多化学品的危害性作用机理是未知的。在这种情况下，可利用结构-活性相关性信息来设计更安全的化学品。例如，如果一个物质的甲基取代类似物具有很大的毒性，而毒性随着取代基由甲基到乙基再到丙基等而变小，那么设计更安全化学品的过程，可考虑增加取代基的长度。虽然甲基取代物的毒性及随着取代基增大而毒性减小的作用机理不清楚，只要化学结构同其危害性可以经验地关联，则这种结构-活性相关性信息可成为设计更安全化学品的有力工具。

(3) 消除毒性功能团　如果一个化学品的危害性作用机理未知，或其结构-活性相关性无法确定，则在设计更安全化学品时，可假设某些化学反应功能团在人体内或环境中发生类似的反应。在这种情况下，如果一个具有毒性的功能团同所需要的功能没有关系，则可以将其除去以消除或减小毒性。相反，若该功能团同化学品的功效有关，则可通过将其转换成危害性小的形式以使整体危害性降至最低。

(4) 降低生物利用率　设计更安全化学品的另一个途径为降低其生物利用率。如果某一物质由于结构重新设计而无法到达其产生危害的环境，则其事实上已被转化成无害物质。降低生物利用率可通过调节其亲水性/亲油性关系实现。因为亲水性/亲油性通常控制一种物质通过生物膜（如皮肤、肺、胃肠道等）的能力。该原理也适合于设计对环境更安全的化学品，如不引起臭氧层破坏的化学品。一种物质若要引起臭氧层破坏，其必须能达到一定的高度，并在该高度具有足以引起破坏生命的时间。目前正在设计臭氧层破坏物质的替代物，使其与被替代物具有相同的性质，但无法到达危害的目标，即高空臭氧层。

(5) 提高可降解性　化学品设计通常追求耐用性，将化学品设计得尽量持久耐用。这导致了废物、持久性物质及生物积累物质的大量存在。同时，亦占用了一定量的土地及毒性废物放置空间。

现在人们需要将化学品设计得在使用后不残留于环境，而能降解成无毒、不持久存在的小分子物质。因此，设计更安全化学品不仅要考虑该化学品在制造与使用时的危害性，还应考虑其使用后处置所带来的危害性，即要进行一个化学品整个生命周期的全面考虑。

5. 催化剂与合成转换的选择

催化剂在化学，特别是在制药工业中，具有非常重要的作用。在过去的几十年里，催化剂方面的研究成果为制药工业带来了巨大的进步与效益。催化剂不仅可以提高效率，而且同时对防止环境污染具有积极的意义。通过使用高效新型催化剂，可以减少试剂的需要量，从而减少废物的产生。另外，通过改进和选择新催化剂可使合成过程在更加环境友好的条件下进行。因此，催化剂的选择、改进及新型高效催化剂的开发，是绿色化学的重要研究方向。

不同的化学反应类型具有不同的极限原子经济性，因此其废物排放的降低也具有不同的潜力。例如，加成反应可将所有原料转化成最终产物，因此其具有 100%的原子经济性潜力。相反，消去反应必定产生副产品或废物，因此其原子经济性较低，无法达到 100%的原子经济性。所以，在开发与设计合成过程或改进合成过程时，应优先选择极限原子经济性高的反应类型。同时，在评价一个反应过程时，不仅要考虑原料与试剂的危害性，还要充分考虑反应生成的所有物质的危害性。

下面介绍一个绿色催化与合成的例子——水溶剂中镧系化合物催化的有机合成。

镧系元素具有独特的物理与化学性质。镧系化合物作为试剂在有机合成中的使用发展得很快，几乎已应用于有机合成的各个方面，如氧化、还原及 C—C 键生成反应等。

三价镧系化合物可起 Lewis 酸的作用。同一般的 Lewis 酸不同的是，一些三价镧系化合物在水溶液中稳定。因此其可用在某些一般 Lewis 酸无法使用的有机变换，另外，镧系化合物具有无毒或弱毒性，因而该类化合物是很有希望的环境无害催化剂。

$Ln(OTf)_3$ 在水介质中具有独特的溶解性与稳定性，因此可在水溶液中用作 Lewis 酸催化剂。最近，Chen 等发现 $Ln(OTf)_3$ 可作为吲哚类同醛类与酮类反应生成双吲哚基烷类的耐水性 Lewis 酸催化剂，并具有很高的产率：

$$\text{indole} + PhCHO \xrightarrow[EtOH/H_2O]{Ln(OTf)_3} (\text{indol-3-yl})_2CHPh$$

另外，芳香醛类的这种反应产率也很高，酮类反应虽然较慢，但也可获得中等到很高的产率。相反，利用氯化铝的丙酮与吲哚衍生物的 Lewis 酸催化反应生成几种不需要的产物。镧系化合物在有机合成的催化方面具有很大的优点，可成为环境友好的催化剂。

6. 过程分析化学

过程分析化学在化学合成的控制方面具有重要的作用。若能对化学过程的反应情况实现在线分析，并能根据分析的结果进行适时的反应条件控制，则可以防止或减少废物的产生。例如，一个化学合成中，某一有害物质的生成量一般很少，但当温度和压力升高时。其生成量将大幅度增加。这时，可利用过程分析化学的技术，对化学反应中该物质的浓度不断进行分析。当浓度过高时，则及时调节反应条件，以减少该物质的生成。目前，过程分析化学方面的研究很多，该技术尤其适合于生物合成过程。生物合成反应一般很复杂，而产品的价格往往较高。因此，使用过程分析化学技术是一个有效地降低成本的方法。

7. 过程的可持续性分析

有效能分析是过程分析的有力工具，其不仅可以定量地表示某一化工过程的能量利用效率，还可以指明过程中能量浪费最严重的位置，从而为过程的改进与优化设计提供理论指导。但有效能分析只能评估一个过程对能源的有效利用情况，不能描述其对资源的利用情况及对环境的污染情况，因此是一个片面的分析评价方法，不能满足绿色化学的需要。目前，研究人员正在开发一个可以全面分析与评估某一过程或产品的能源利用情况、资源利用情况和环境污染情况的新分析方法——可持续性分析。该方法是绿色化学的有力工具，是一个十分重要又富有成果的绿色化学新研究领域。

第三节 废水的处理

一、基本概念

1. 水质指标

生化需氧量（biochemical oxygen demand）是指在一定条件下微生物分解水中有机物时所需的氧量。常用 5 天生化需氧量（BOD_5）表示，即在 20℃下培养 5 天，1L 水中溶解氧的减少量，单位 mg/L。生物氧化的过程一般可分为两个阶段。第一个阶段是微生物使有机物转化成无机的 CO_2、H_2O 和氨；第二阶段是硝化微生物使氨化合物氧化为亚硝酸盐和硝酸盐。因为氨已是无机物，它的进一步氧化对环境卫生的影响较小。所以废水的生化需氧量通常指第一阶段有机物生物氧化所需的氧量。当温度为 20℃时，一般的有机物（生活污水）需 20 天左右时间才能基本完成第一阶段的氧化分解过程。目前，都采用以 5 天作为测生化需氧量的标准时间，符号 BOD_5，根据试验，一般有机物的 BOD_5 约为第一阶段生化需氧量的 70%。BOD 越高，表示水中有机物越多，也即表示水体被污染的程度越高。

化学需氧量（chemical oxygen demand）是指在一定条件下用强氧化剂（$K_2Cr_2O_7$ 或 $KMnO_4$）使污染物氧化所消耗的氧量，单位 mg/L。

COD 与 BOD 之差，表示未能被微生物降解的污染物含量。

2. 清污分流

清污分流是指将清水（包括雨水、生活用水、冷却水等）与污水（药物生产过程中排泄的废水）分别经过各自的管道进行排泄或储留，以利于清水的套用和污水的处理。此外，还必须把含有特殊成分，比如重金属的废水单独分开，以便单独处理。

3. 废水的分级处理

一级处理主要是预处理，用机械方法或简单化学方法使废水中悬浮物、泥沙、油类或胶态物质沉淀下来，以及调整废水的酸度。

二级处理主要是指生化处理法，适用于处理各种有机污染的废水。生化法包括好氧法和厌氧法。经生化法处理后，废水中可被微生物分解的有机物一般可去除 90%左右，固体悬浮物可去除 90%～95%。二级处理能大大改善水质，处理后的污水一般能达到排放的要求。

三级处理又称深度处理，有特殊要求时才使用。

二、废水的由来及污染控制指标

制药工业废水的来源一般是反应的母液、分离（结晶、干燥等）过程产生的废液、精制产品产生的废液、设备的清洗液、因事故排放的料液等。污染物按其对人体健康的影响程度，可分为第一类污染物和第二类污染物。

（1）第一类污染物 指能在环境或生物体内积蓄，对人体健康产生长远不良影响者。按国家规定，此类污染物有9种，即总汞、烷基汞、总镉、总铬、六价铬、总砷、总铅、总镍、苯并芘。含有这类有害污染物的污水，不分行业和污染排放方式，也不分收纳水体的功能差别，一律在车间出口达标。

（2）第二类污染物 这里是指长远影响小于第一类的污染物。pH值、化学需氧量COD、生化需氧量BOD、色度、悬浮物、石油类、挥发性酚类、氰化物、硫化物、氟化物、硝基苯类、苯胺类等共20项。

三、废水处理的基本方法

废水的处理和利用方法，可归纳为物理法、化学法、物理化学法和生化法。物理法有沉降、气浮、过滤、蒸发和浓缩等。化学法有凝聚、中和、氧化还原等。物理化学法有吸附、离子交换、电渗析和反渗透等。生化法有好氧处理法、厌氧处理法、污水灌溉、生物滤池法。

1. 含悬浮物或胶体的废水

除去悬浮物或胶体是废水的常规预处理程序。这类废水可用沉降、过滤或气浮等方法处理。相对密度<1的疏水性悬浮物的分离可采用气浮法，也可采用加热或加盐法。极小的悬浮物或胶体，可用凝胶法或吸附法处理。

2. 含酸或碱废水

对于含高浓度酸或碱的废水，应首先考虑回收利用。对于浓度在1.0%以下，没有直接利用价值的酸或碱，应中和后排放。中和时尽量使用废酸或废碱。含有机物的废水需进一步处理。

3. 含有机物废水

含高浓度有机物的废水应首先考虑综合利用，主要方法有萃取和蒸馏等。处理含有机物的废水的方法主要有焚烧法和生化法，前者主要适用于浓度较高的废水，COD的去除率可达99.5%以上，而后者则适用于浓度较低的废水，具有处理效率高、运转费用低等优点。此外，沉淀、萃取和吸附等也较常用。

4. 含无机物废水

含无机物的废水的处理方法主要是稀释法、浓缩结晶法和化学法等。稀释法主要用于不含毒物而又无法综合利用的无机盐溶液；浓缩结晶法适用于浓度较高的无机盐废水的处理。化学法主要用于毒性较大的含氰化物、氟化物和重金属的处理，如氢氧化钙可用于含氟化铵的废水；硫化物用于汞和镉的沉淀处理，氢氧化物可用于其他重金属的沉淀处理。

四、废水的生化法处理

1. 原理

废水的生化处理实际上是利用自然界水体的自净化原理。有机物被细菌吸收（胶体和固体等不溶物被细胞分泌的外酶分解为可溶物再吸收），在其体内经氧化、还原和分解等生物转化，变为组成细胞的物质而（部分地）被细菌利用，另一部分则变成无害物质而排出，从而达到净化废水的目的。

2. 影响微生物生长的环境因素

（1）温度 适合微生物生长的温度范围一般为−5～85℃，在20～40℃时多数微生物可很好地生长，这个范围也是废水的生化法处理的推荐温度。

（2）酸度 微生物一般在pH 6.5～7.5的环境中生长，但微生物的代谢常常导致酸度的变化，故生化法废水处理要不断调节 pH。

（3）营养物质 微生物生长所需碳源主要由废水中的有机物提供，而氮、磷、硫和镁、钙和铁等微量元素富含于生活污水中，当工业废水中缺乏上述元素时，可用生活污水调节。

（4）有害物质 一些重金属（铜、锌和镉等）以及硫化物等具细胞毒性，能抑制细菌的生长，甚至杀死微生物，要注意控制这些毒物的含量在允许范围之内。

3. 活性污泥法

活性污泥法又称曝气法，是利用含有大量需氧微生物的活性污泥，在强力通气条件下使污水净化的生物化学法，它在国内外污水处理技术中占据首要地位。标准活性污泥法的容积负荷是 0.6～1.2kg $BOD_5/(m^3 \cdot d)$[指每天每单位曝气池体积可处理的有机物质量（以 BOD 表示）]。

（1）活性污泥的性质和生物相 活性污泥是一种绒絮状小泥粒，它是由需氧菌为主体的微生物群、有机和无机胶体、悬浮物等组成的一种肉眼可见的细粒。在含粪便的污水中不断通入空气，经过一段时间后就会产生褐色絮状胶团，这种带有大量微生物的胶团就是活性污泥。活性污泥的生物相十分复杂，除大量细菌以外，尚有原生动物、霉菌、酵母菌、单细胞藻类等微生物，还可见后生动物如轮虫、线虫等，其中主要为细菌与原生动物。

（2）活性污泥法的生物学过程 污水中需氧微生物对有机物的分解作用如图 5-1 所示。

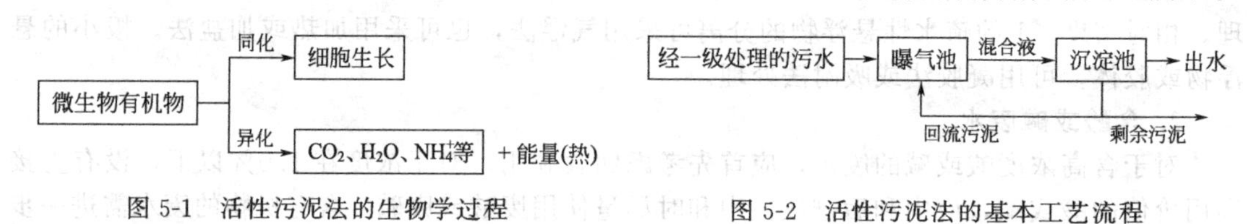

图 5-1 活性污泥法的生物学过程

图 5-2 活性污泥法的基本工艺流程

（3）活性污泥法的基本工艺流程 活性污泥法的基本工艺流程如图 5-2 所示。

4. 生物滤池法

生物滤池法主要依靠生物膜的作用，对有机物进行吸附，氧化分解。废水自布水器自上而下地喷洒到滤料上，流经整个滤料层，最后自底部流出。废水通过滤池时，滤料表面吸收废水中的胶体和细小悬浮物质，使微生物很快繁殖。如此就形成了生物膜。生物膜具有相当大的表面积，而且还具有很强的氧化能力，能够大量吸附和分解废水中的各种状态的有机物。过剩的生物膜会不断从滤料表面剥落下来，随废水流出池外。此法具有处理能力大、运转费用低、操作简便的优点，适用于各种水质、水量的变化，但它的处理效果较差。

生物滤池主要有三种：池式滤池、塔式滤池和生物转盘。

活性污泥与生物滤池各有优缺点，在曝气池前加一个生物滤池，这样往往能够得到较高的去除率，也克服了曝气池不易适应负荷变化的缺点。

5. 厌氧处理法

厌氧处理法是凭借厌氧菌的作用处理废水的方法。在好氧处理过程中，有机物被氧化成为简单的无机物；其中碳转化为二氧化碳、氢被氧化为水、氮转化为氨气、磷转化成磷酸盐、硫转化成硫酸盐，而厌氧氧化则不同，它首先借助产酸细菌将废水中的有机物分解成有机酸、醇、CO_2、NH_3、H_2S 以及其他一些硫化物；然后由甲烷细菌将有机酸、醇进一步分解成甲烷、二氧化碳气体排出，其中甲烷占 50%～60%，可以收集利用。

废水的厌氧处理主要用于高浓度有机废水的前处理。厌氧法的优点表现为产生的沼气可用于发电或作为能源。沼气中的主要成分是甲烷，含量在 50%～75%之间，是一种很好的燃料。以日排 COD_{10}t 的工厂为例，若 COD 去除率为 80%，甲烷产量为理论的 80%时，则可日产甲烷 2240m^3，其热值相当于 3.85t 原煤，可发电 5400kW·h。还有一个优点为对营养物的需求量少。好氧方法 BOD∶N∶P＝100∶5∶1，而厌氧方法为（350～500）∶5∶1，相比而言对 N、P 的需求要小得多，因此厌氧处理时可以不添加或少添加营养盐，并且其产生的污泥量少、运行费用低、繁殖慢、不需要曝气。

基于这些优点，厌氧处理在食品、制药工业中得到了广泛的应用。但厌氧处理也存在缺点：出水的有机物浓度高于好氧处理；发酵分解有机物不完全；对温度变化较为敏感；工业中需要设置进水的控温装置，温度控制在 37℃。厌氧微生物对有毒物质较为敏感，但经过毒物驯化处理的厌氧菌对毒物的耐受力常常会极大地提高。初次启动过程缓慢，处理时间长；好氧处理体系的活性污泥或生物膜通常只需要 7 天就可以培育成功，而厌氧处理体系的活性污泥或生物膜一般需要 8～12 周才可以培育成功。此外，处理过程中产生臭气和有色物质；臭气主要是 SRB（硫酸盐还原菌）形成的具有臭味的硫化氢气体以及硫醇、氨气、有机酸等的臭气。同时硫化氢还会与水中的铁离子等金属离子反应形成黑色的硫化物沉淀，使处理后的废水颜色较深，需要添加后处理设施，进一步脱色脱臭。

（1）厌氧活性污泥的性质和组成 厌氧活性污泥是由兼性厌氧菌和专性厌氧菌与废水中的有机杂质形成的污泥颗粒。其呈灰色至黑色，有生物吸附作用、生物降解作用和絮凝作用，有一定的沉降性能；颗粒厌氧活性污泥的直径在 0.5mm 以上。微生物的组成主要有六种，由外到内有水解细菌、发酵细菌、氢细菌和乙酸菌、甲烷菌、硫酸盐还原菌、厌氧原生动物。其中产甲烷丝菌是厌氧活性污泥的中心骨架。

（2）厌氧活性污泥净化废水的作用机理 复杂污染物的厌氧降解过程可以分为四个阶段：水解阶段、发酵阶段（又称酸化阶段）、产乙酸阶段、产甲烷阶段。

① 水解阶段：在细菌胞外酶的作用下大分子的有机物水解为小分子的有机物。

② 发酵阶段：梭状芽孢杆菌、拟杆菌等酸化细菌吸收并转化为更为简单的化合物分泌到细胞外，产物有挥发性脂肪酸、醇类、乳酸、二氧化碳、氢气、氨等。

③ 产乙酸阶段：上一阶段的产物被进一步转化为乙酸、氢气、碳酸以及新的细胞物质，这一阶段的主导细菌是乙酸菌。同时水中有硫酸盐时，还会有硫酸盐还原菌参与产乙酸过程。

④ 产甲烷阶段：乙酸、氢气、碳酸、甲酸和甲醇等被甲烷菌利用转化为甲烷以及甲烷菌细胞物质。经过这些阶段，大分子的有机物就被转化为甲烷、二氧化碳、氢气、硫化氢等小分子物质和少量的厌氧污泥。其工艺流程如图 5-3 所示。

（3）厌氧活性污泥处理的工艺流程 其工艺流程如图 5-4 所示。

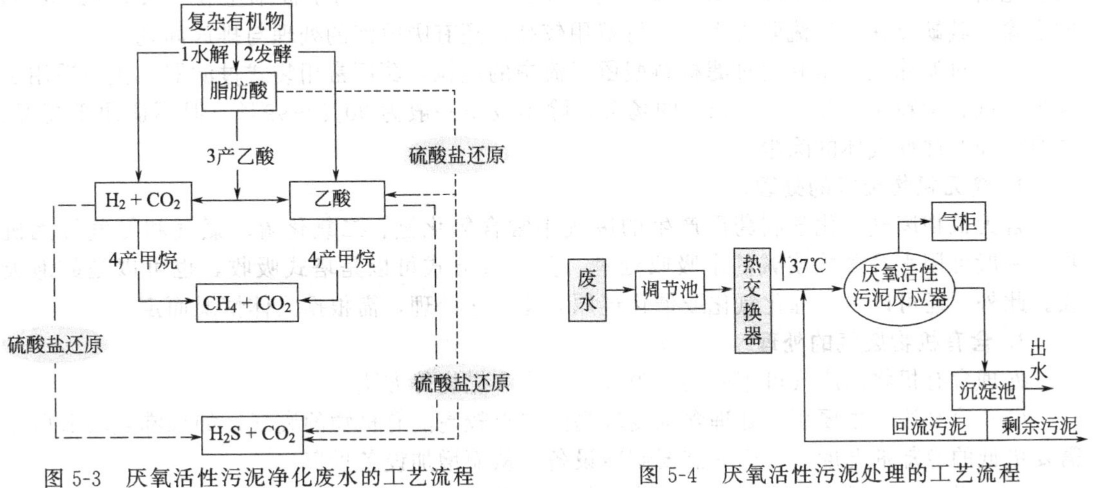

图 5-3 厌氧活性污泥净化废水的工艺流程

图 5-4 厌氧活性污泥处理的工艺流程

6. 废水灌溉

有些药厂的废水具有相当的肥效，能用于灌溉。同时由于土壤的自净作用（过滤、吸附、生物氧化和离子交换）使废水得到净化。

对不符合废水灌溉水质标准的污水，应进行预处理调整 pH，去除废水中的酚、氰、汞、铬等有害有毒物质。

五、污泥的处理

好氧法处理废水会产生大量的剩余污泥，其中含有许多微生物和未分解的有机物甚至重金属等毒物，因此必须处理。预处理的方法有脱水干化和厌气消化两种。

(1) 脱水干化　目的在于降低污泥的含水量，常用方法有沉淀浓缩、污泥干化、机械脱水、加蒸干化，使污泥体积缩小、便于运送或其他处置。

(2) 厌气消化　剩余污泥含有大量胶体物质，脱水较困难，其中 N、P、K 也都处于有机物状态，用作肥料不易被植物吸收，用厌气消化处理后的污泥称为熟污泥，可作为农肥，或脱水后焚化或填土。

第四节　废气和废渣的处理

一、废气的处理

制药厂产生的废气主要有含悬浮物（粉尘）废气、含无机物废气和含有机物废气，其处理方法也不尽相同。

1. 含悬浮物废气的处理

含悬浮物废气，这类废气主要产生于粉碎、干燥及燃烧等过程中。其处理方法一般为机械除尘、洗涤除尘和过滤除尘等。

(1) 机械除尘　是利用机械力（重力、惯性力或离心力）将悬浮物从气流中分出的方法。具有设备简单、运行费用低等优点，适用于粉尘粒度较大（$>5\sim10\mu m$）或密度较大的场合，但细小的低密度粒子不易除去，常用于一级除尘。

(2) 洗涤除尘　一般是用水洗涤含尘废气，使尘粒与水接触而捕集。常见装置为喷雾塔和填充塔等。其优点在于除尘效率高，可达 80%～99%，可用于极细尘粒（$0.1\sim100\mu m$）的去除。其缺点在于气流阻力大、运行费用较高，还有吸收液的处理与排放问题。

(3) 过滤除尘　是利用过滤材料截留气流中的尘粒，药厂常用袋式过滤器。主要适用于含尘量低、尘粒小（$0.1\sim20\mu m$）的场合，除尘效率一般为 90%～99%。但不适用于高温、高湿或强腐蚀性气体的除尘。

2. 含无机物废气的处理

含无机物废气，化学制药厂产生的废气中常含氯化氢、二氧化硫、氯气和氨气等无机物。一般可用水及含酸或碱的水吸收处理，其吸收方式可以是塔式吸收，也可以是鼓泡吸收。此外，还可以采用催化氧化或催化还原等化学法处理，需根据具体情况而定。

3. 含有机物废气的处理

处理含有机物的废气可用冷凝、吸收、吸附和燃烧等方法。

(1) 冷凝法　主要用于处理含浓度较高的沸点较高的有机物的废气，如果沸点较低可能需要更低的冷却剂温度，这样就需要制冷设备，从而增加设备投资。

(2) 吸收法　适当的溶剂可以吸收废气中的有机物，此法适用于有机物浓度较低或沸点较低的废气。如胺类可用乙二醛水溶液吸收、吡啶可用稀硫酸吸收等。大量吸收剂的循环将消耗较多动力，而且也存在吸收后再处理的压力。

（3）吸附法 将废气通过吸附剂，其中的有机物被吸附，再经加热、解析和冷凝等过程可回收有机物。主要用于稀薄气体的净化。常用的吸附剂有活性炭和氧化铝等，如活性炭可吸附醇、羧酸、苯和硫醇等。吸附法净化效果好，工艺成熟，但不适用于高浓度气体和含胶状物的气体。

（4）燃烧法 若废气中有机物浓度较高，又没有利用价值，可以考虑采用燃烧法，此法简便易行，若能利用燃烧热，就更为完美。

二、废渣的处理

化学制药厂产生的废渣主要有反应废渣、蒸馏残渣、失活催化剂等。废渣的处理原则是首先考虑回收利用（套用），然后考虑资源化，进行深加工，再进行无害化处理。废渣的常见处理方法有以下几种。

（1）综合利用 利用废渣开发下游产品，使之得到利用。

（2）焚烧 焚烧既能大大减小废渣的体积，消除其中的有害物质，又能回收热量。

（3）填埋法 埋入土中，通过微生物自然降解，但容易污染水源（包括地下水）。

参考文献

[1] 仲崇力. 绿色化学导论. 北京：化学工业出版社，2000.

[2] 李金城，张学洪. 厌氧-好氧法处理中药废水研究. 云南环境科学，2000，19（S1）：175-176.

[3] 秦麟源. 废水生物处理. 上海：同济大学出版社，1989.

[4] 翁稣颖. 环境微生物学. 北京：科学出版社，1985.

第六章 托品酰胺的生产工艺原理

托品酰胺（tropicamid）是一种抗胆碱药物，又称托品卡胺、托吡卡胺；化学名称为*N*-乙基-*N*-(γ-吡啶甲基）托品酰胺[*N*-ethyl-*N*-(γ-picolyl)tropomide、*N*-ethyl-*X*-(hydnxyl-methyl)-*N*-(*e*-pyridinymethyl) bengeneacetamide]，其化学结构式为：

本品为白色结晶性粉末，味苦；溶于乙醇、氯仿、丙酮；微溶于水；不溶于石油醚。本品水溶液（1∶500)pH为6.5～8.0，熔点为96～100℃。

托品酰胺是由托品酸和*N*-乙基-*N*-(γ-吡啶甲基）胺缩合制得的。托品酰胺结构类型药物为副交感神经抑制药，在眼科领域中为眼底检查和诊断用药，有散瞳作用和睫状肌麻醉作用。其作用快，时间短，为眼科散瞳的首选药。1955年由Roche公司首先合成，分别收载于《美国药典》、《英国药典》和《日本药局方》中。在临床上除单独使用外，多以复方制剂使用。日本参天制药株式会社采用0.5%托品酰胺和0.5%盐酸去甲肾上腺素的复方制剂。它与阿托品的结构相似，因而具有阿托品相似的药理特点而应用于临床。根据国外临床报道，托品酰胺点眼后10min开始散瞳，15～20min瞳孔径达最大值，可持续1.5h，5～8h可复原。它比其他散瞳剂具有散瞳迅速、恢复期短等优点。副作用主要表现为口干、便秘、排尿困难、心率加快等不良反应，还能引起高眼压。青光眼患者禁用。

第一节 合成路线及其选择

从托品酰胺的结果来看，它可视为由乙酰托品酰氯（侧链）和4-乙胺甲基吡啶（主环）两部分组成。目前已有的合成方法很多，下面介绍主环的两种合成方法，一是从异烟酸合成4-乙胺甲基吡啶；二是以皮考林为原料，先制成其氮氧化合物，然后经重排、水解等步骤，最终得到4-乙胺甲基吡啶。

一、以异烟酸为原料的合成路线

以异烟酸为原料合成托品酰胺，主环4-乙胺甲基吡啶的合成，经历酯化、还原、成盐、氯化、胺化五步反应。除还原收率较低（为20%左右)，其他步骤收率都比较高。其合成路线如图6-1所示。

二、以皮考林为原料的合成路线

以皮考林为原料，先制成其氮氧化物，然后经重排、水解等步骤，最终制得托品酰胺，如图6-2。在4-皮考林氮氧化物的制备中，加入4-皮考林、冰醋酸、过氧化氢，85～90℃保温12h。反应液经浓缩、析晶、干燥产物，收率可达75%。4-醋酸基皮考林的制备，采用醋酐小心加入，反应液于135～140℃保温5h后经精制得产物，产物4-醋酸基皮考林的收率可达64.5%。4-吡啶甲醇盐酸盐的制备，采用加入盐酸水解，反应液保持沸腾3h后，经浓缩，析出结晶，产物收率为59%。后面的反应步骤，与以异烟酸为原料的合成路线相同。

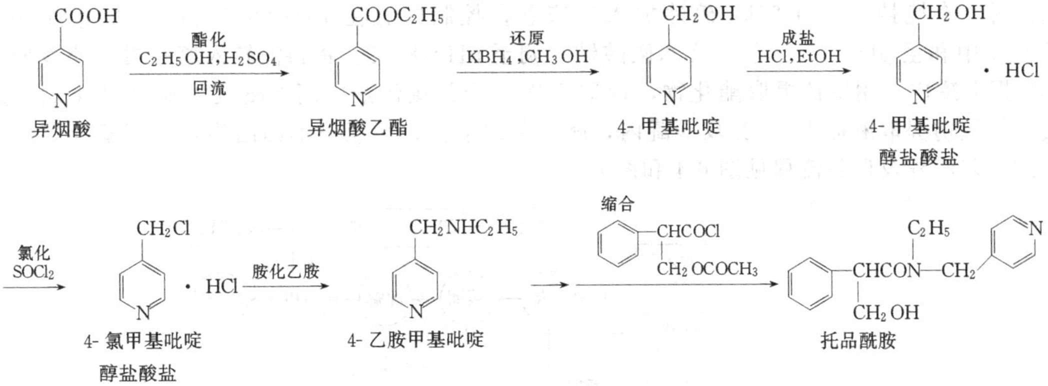

图6-1 以异烟酸为原料合成托品酰胺的合成路线

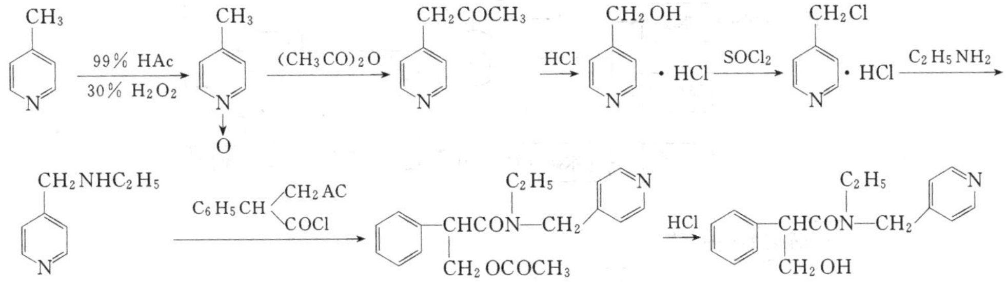

图6-2 以皮考林为原料合成托品酰胺的合成路线

三、乙酰托品酰氯（侧链）的合成路线

侧链乙酰托品酰氯的合成途径是以托品酸为原料，经过酰化和氯化反应获得，如图6-3所示。

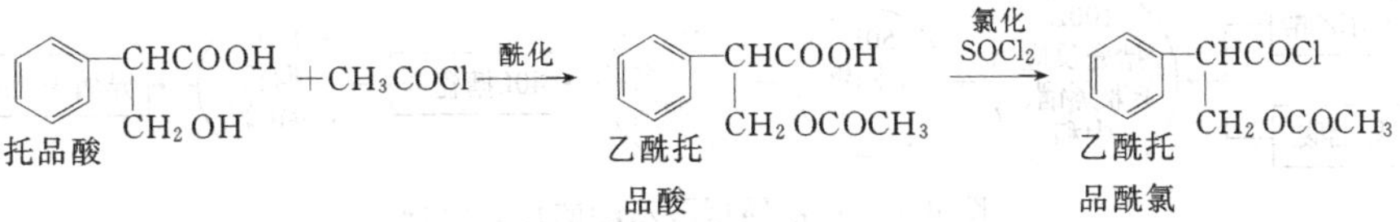

图6-3 乙酰托品酰氯（侧链）的合成路线

第二节 托品酰胺的生产工艺原理及其过程

一、异烟酸乙酯的制备

（1）工艺原理 以异烟酸制备异烟酸乙酯的工艺原理为：

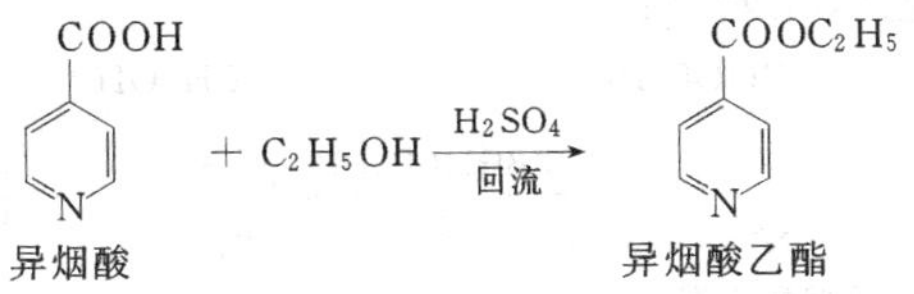

一般酯化是在酸催化下通过双分子反应历程进行的，是一个可逆过程，原料与最终产物间存在动态平衡，酸的催化作用加速了平衡的达到。

(2) 工艺过程 在100L反应釜中，加入无水乙醇和异烟酸，开动搅拌，外层夹套开冷盐水节门，冷却，温度降至10℃以下，滴加浓硫酸，滴加温度在25℃以下，滴加时间大约1h。滴加完毕，逐渐升温，改为蒸汽加热，至回流4h。回流温度大约为84～85℃。减压蒸出乙醇，在搅拌下，将25kg碎冰加入反应釜，控制内温在10～20℃之间，先滴加20% NaOH中和至pH<6。再加入无水碳酸钠，调至pH=8～9。将料液转入离心机，滤液抽入50L提取罐内，用氯仿提取酯化物，提取3次，合并氯仿液，用2kg无水硫酸钠干燥、过夜。将氯仿提取液抽入100L反应罐内，减压蒸出氯仿，至氯仿不馏出为止。制备异烟酸乙酯的工艺流程及设备流程见图6-4和图6-5。

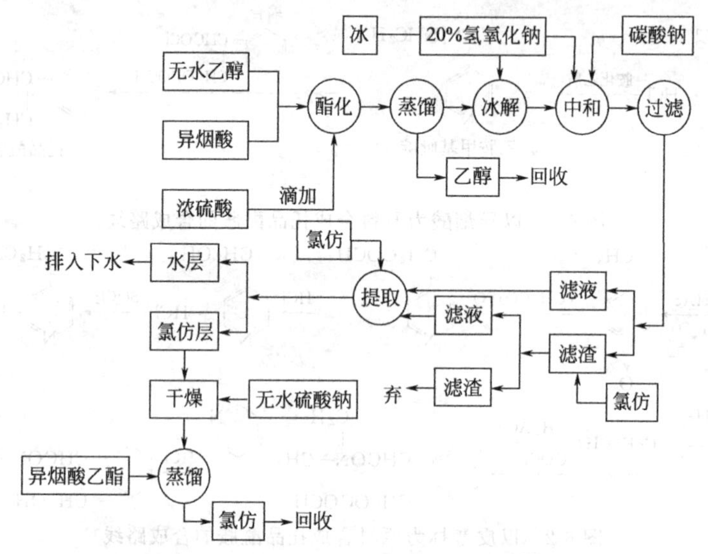

图6-4 制备异烟酸乙酯的工艺流程

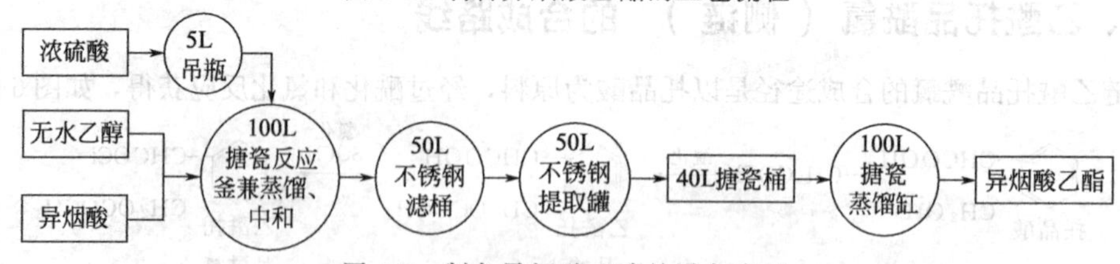

图6-5 制备异烟酸乙酯的设备流程

关于中和的工艺操作应注意：

① 在搅拌下，将25kg碎冰加入反应釜，将残留液稀释。

② 控制内温在10～20℃之间，切勿过高或过低，否则影响收率。

③ 调节pH值时，必须充分搅拌，先滴加20% NaOH中和至pH<6。再加入无水碳酸钠，调至pH=8～9，碱性不可过强，否则产物容易分解。

二、4-甲基吡啶醇盐酸盐的制备

(1) 工艺原理 其工艺原理如下：

$$\underset{\text{异烟酸乙酯}}{4\text{-}COOC_2H_5\text{-吡啶}} \xrightarrow[54^\circ C]{KBH_4, CH_3OH} 4\text{-}CH_2OH\text{-吡啶} \xrightarrow[C_2H_5OH]{HCl} \underset{\text{4-甲基吡啶醇盐酸盐}}{4\text{-}CH_2OH\text{-吡啶} \cdot HCl}$$

利用复氢化合物还原剂这类亲核试剂，还原酮、酯的羧基为羟基。常用的有四氢铝锂、四氢硼锂、四氢硼钠、四氢硼钾。不同的复氢金属盐，具有不同的特性，这类还原剂的还原能力，以四氢铝锂最大，可被还原的功能键范围也比较广泛。其次是四氢硼锂，四氢硼钠、四氢硼钾则较小，可被还原的功能基范围也较窄。但是还原能力小的还原剂，往往选择性较好。

这类还原反应需在无水条件下进行，并且不能使用含有羟基或巯基的物质作溶剂，一般常用的溶剂有无水乙醚或四氢呋喃等醚类（四氢铝锂在无水乙醚中的溶解度为20%～30%，四氢呋喃中为17%）。

四氢硼钠、四氢硼钾与上述锂盐不同，在常温下，遇水、醇类都比较稳定。但它们不溶于乙醚，能溶于水、甲醇、乙醇而不分解。由于四氢硼钠比其钾盐更具有吸湿性，易于潮解，故工业上多采用钾盐。

（2）工艺过程　在50L搪瓷反应釜内，加入甲醇和异烟酸酯，开动搅拌，夹套冷盐水冷却至10℃以下，分次加入硼酸化钾。在10℃以下加完，大约分7～8次加完（滴加温度不要太低）。升温至20℃，保温40min，再升至50℃保温1.5h，然后降温至20℃。加水3.4L，室温反应2h，放料，过滤。减压蒸甲醇：将滤液抽入50L反应釜内，减压蒸出甲醇至无馏出液，蒸出甲醇弃去，加入氯仿50kg、浸泡过夜（氯仿尽量泡过固体，氯仿用量较大，次回放料时，釜壁就无结晶）。将浸泡液放料过滤，釜壁结晶加10L氯仿，加热回流20min放出，滤渣再用10L氯仿洗涤，合并所有氯仿液，用1kg无水硫酸钠干燥过夜。先常压蒸出氯仿，后减压蒸馏，控制液温70℃以下，至不出氯仿为止。成盐过程：将釜内残留液放出，得淡黄色油状物，加无水乙醇溶解［比例为1∶0.5(质量浓度)］，然后滴加30%以上的盐酸乙醇，外用冷水冷却，充分搅拌，加至pH=2～3，放入冰库冷却。过滤上述盐酸盐，抽滤干后，于室温下晾干。

制备4-甲基吡啶醇盐酸盐的工艺流程及设备流程见图6-6和图6-7。

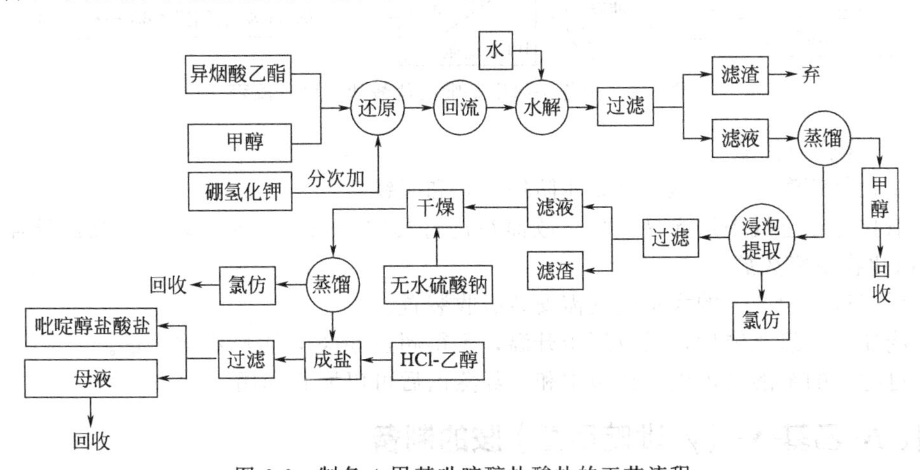

图6-6　制备4-甲基吡啶醇盐酸盐的工艺流程

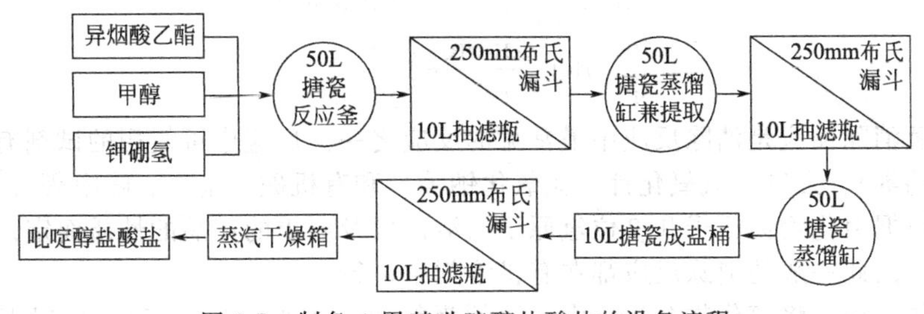

图6-7　制备4-甲基吡啶醇盐酸盐的设备流程

三、4-氯甲基吡啶盐酸盐的制备

(1) 工艺原理 其工艺原理为醇羟基的卤素置换反应：

$$\text{(4-}CH_2OH\text{-吡啶)}\cdot HCl \xrightarrow{SOCl_2} \text{(4-}CH_2Cl\text{-吡啶)}\cdot HCl$$

醇羟基的卤素置换反应，常用的卤化剂有氢卤酸、含磷卤化物和含硫卤化物等。氯化亚砜是常用的良好试剂，因为反应中生成的氯化氢和二氧化硫均为气体，易挥发除去而无残留物。所得产品，可经直接蒸馏纯化。

(2) 工艺过程 在50L搪瓷反应釜内，投入4-甲基吡啶醇盐酸盐、苯。外层夹套开冷盐水节门，当温度降为15℃开始滴加氯化亚砜，温度始终控制在15℃以下，滴定后，关冷盐水，温度自然升温，内温在40～60℃，回流3h，冷却至30℃以下，放入预冷的25L苯中，搅拌，析出结晶，放冷库过夜。过滤，用少量苯洗涤滤饼，然后将滤饼倒入真空干燥皿内，抽真空干燥。其工艺流程和设备流程见图6-8和图6-9。

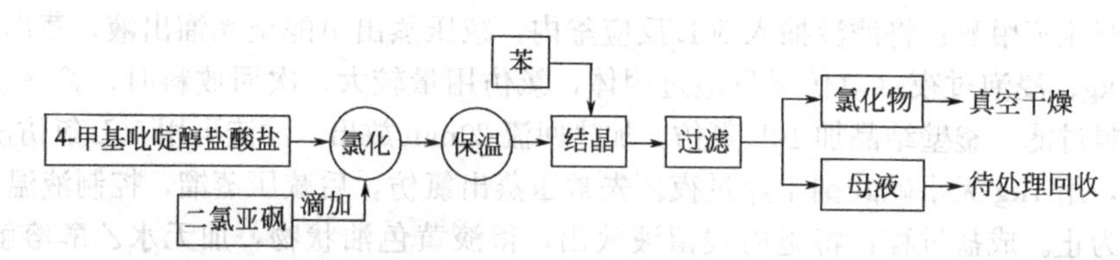

图6-8 制备4-氯甲基吡啶盐酸盐的工艺流程

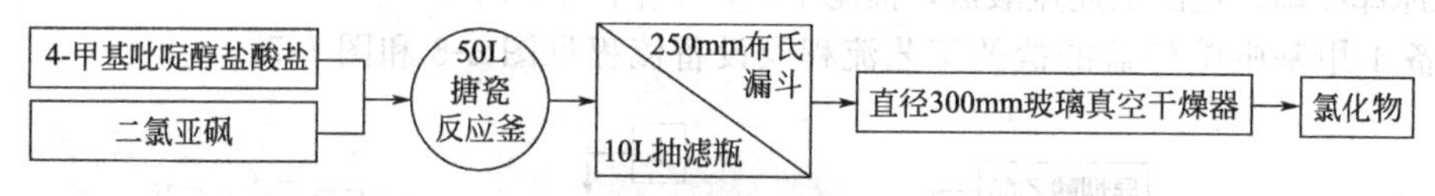

图6-9 制备4-氯甲基吡啶盐酸盐的设备流程

其工艺操作应注意：

① 氯化物刺激皮肤，操作时要用防护手套和眼镜。

② 氯化物在空气中遇光易氧化，故而在进行真空干燥操作时，真空干燥皿外需用黑布避光。氯化物不宜久放。

③ 反应过程中产生的大量废气需安装吸收装置。

④ 滴加完二氯亚砜后，反应逐步升温，不得超过60℃，否则影响质量。

⑤ 过滤后的苯溶液可以用稀碱中和，经蒸馏后可以回收套用。

四、*N*-乙基-*N*-（γ-吡啶甲基）胺的制备

(1) 工艺原理 其工艺原理为脱卤化氢消除反应：

$$\text{(4-}CH_2Cl\text{-吡啶)}\cdot HCl \xrightarrow{C_2H_5NH_2} \text{(4-}CH_2NHC_2H_5\text{-吡啶)}$$

脱卤化氢消除反应是消除反应中最常见的反应之一。反应中可使用的试剂有弱碱（碳酸钾、氢氧化钙等）、强碱（氢氧化钾、氢氧化钠等）和有机碱（吡啶、喹啉等）。这些碱性试剂的选择可根据卤化物卤原子和β位氢原子的活性以及要求的产品的性质而定。大多数卤化物不溶于水，因此一般的消除反应都在有机溶剂中进行。

(2) 工艺过程 将氯化物溶解水中（比例为氯化物：水＝1：0.7），可以温热溶解，置

于滴加瓶内。将 60～65℃的工业乙胺加入 50L 的搪瓷反应釜内，搅拌。反应釜夹套用盐水冷却，在 25℃以下滴加氯化物水溶液。滴加完毕，徐徐加热到 55～60℃，保温 1h，然后冷却。在冷却下，分批加入固体氢氧化钾，保持内温 25～30℃，不断搅拌（注意：应使氢氧化钾溶于水），加入氢氧化钾的量约占总量的 2/3，料液应成浆状。将料液放入搪瓷桶内分批加入另外剩余 1/3 的氢氧化钾。过滤（抽滤）固体用少量苯洗涤，分出油层，合并苯液。用约 0.5～1kg 的氢氧化钾干燥，过夜。次日苯提取液常压蒸馏，后减压蒸馏，冷却放料，产品为棕红色液体。其工艺流程及设备流程见图 6-10 和图 6-11。

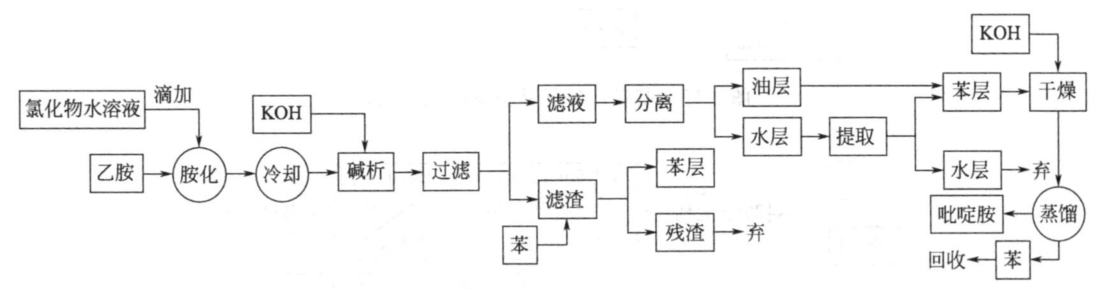

图 6-10　制备 N-乙基-N-(γ-吡啶甲基) 胺的工艺流程

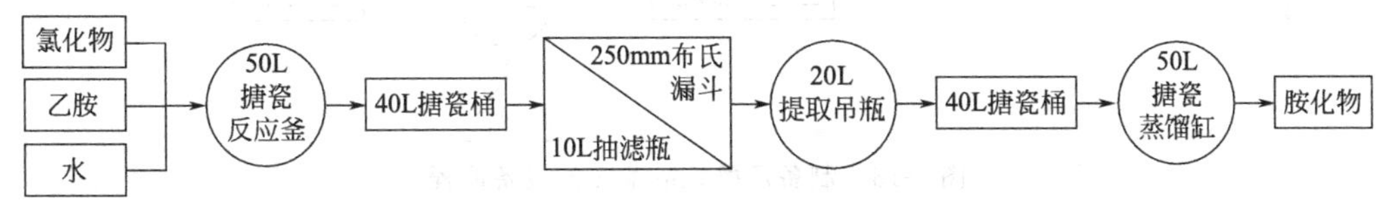

图 6-11　制备 N-乙基-N-(γ-吡啶甲基) 胺的设备流程

其工艺过程应注意：

① 加氢氧化钾有放热现象，可以在外部用水冷却片刻。但是在吸水时不要温度过低，以保证吸水完全，也易于过滤更好分出油层，否则影响收率。

② 氢氧化钾存放时注意不要受潮，用后马上封好。

③ 胺化物要放在冷处，并尽快用于缩合。

④ 本步中间体胺化物质量控制在含量为 90%以上。

五、乙酰托品酰氯的制备

(1) 工艺原理　其工艺原理为酰氯与醇生成酯：

$$C_6H_5-\underset{\displaystyle CH_2OH}{\underset{|}{C}H}COOH + CH_3COCl \longrightarrow C_6H_5-\underset{\displaystyle CH_2OCOCH_3}{\underset{|}{C}H}COOH \xrightarrow{SOCl_2} C_6H_5-\underset{\displaystyle CH_2OCOCH_3}{\underset{|}{C}H}COCl$$

酰氯与醇作用生成酯是一个不可逆的反应。酰氯的酰化能力强，可以用于某些难以酰化的醇和酚羟基的酰化反应，以及制备一些立体位阻较大的酯。酰氯的活性与结构有关，乙酰氯最活泼，反应激烈，而碳原子数越多的脂肪酰氯以及芳香酰氯的活性则越低。

(2) 工艺过程　先将反应釜中加入 1.5L 氯乙酰，夹套用冷水冷却，加入托品酸，再加剩余的氯乙酰。反应 10min，开搅拌反应 30min。缓慢加热，至小回流，保温 1h，温度大约在 50～62℃之间。减压蒸馏，温度在 50℃以下，至蒸不出为止，抽至恒重。但最好不要蒸得太干，以防固化，以后不好搅拌。加入二氯亚砜，加热，60℃保温 1h，70℃保温 1h，减压蒸馏，抽干。产物为黄绿色透明液体。其工艺流程及设备流程图见图 6-12 和图 6-13。

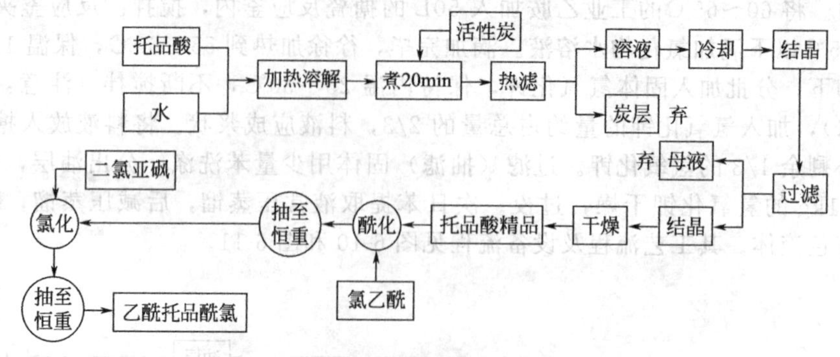

图 6-12 制备乙酰托品酰氯的工艺流程

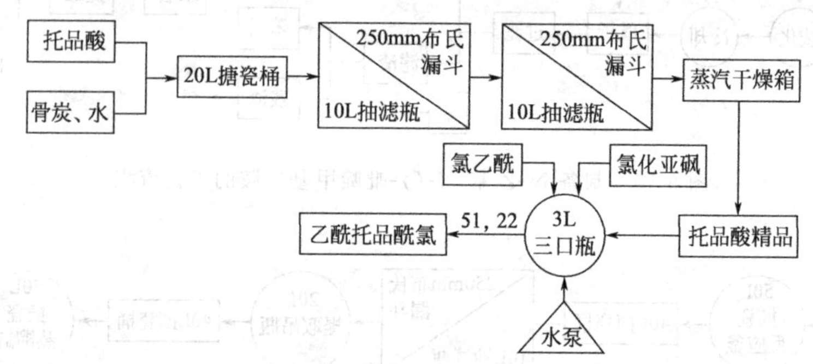

图 6-13 制备乙酰托品酰氯的设备流程

其工艺操作应注意：

① 恒重时内温不得超过 60℃，温度过高影响质量。

② 反应时放出盐酸和二氧化硫气体，应考虑吸收装置。

六、托品酰胺的制备

(1) 工艺原理 其工艺原理如下：

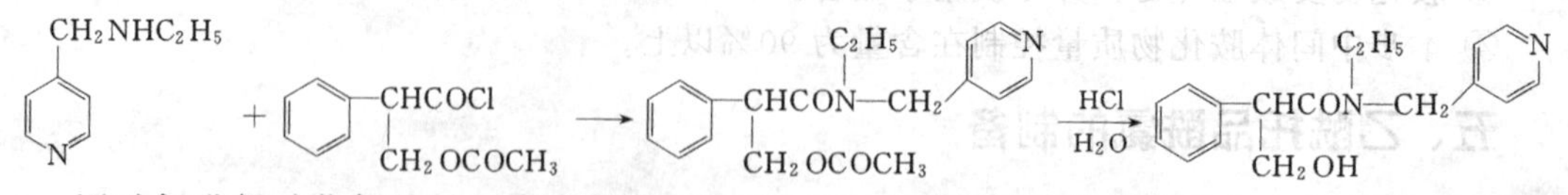

用酰氯进行酰化氨基过程中有氯化氢产生。后者可与胺类化合物成盐，降低氨基的亲核活性，因此反应中常加入碱性物质以中和生成的氯化氢使氨基保持游离状态，以提高酰化收率。常用的碱性物质有 NaOH、NaOAC、Na_2CO_3，以及三乙胺和吡啶等有机叔胺，反应多在室温下进行。采用的溶剂有水、氯仿、醋酸、苯、甲苯、乙醚、二氯乙烷和吡啶等。吡啶既可作为溶剂又可中和氯化氢，还可与酰氯形成络合物而增强酰化能力。所以原工艺就选吡啶作为中和物质进行此缩合反应。

(2) 工艺过程

① 以吡啶作为反应溶剂的生产工艺。将吡啶胺、吡啶、氯仿（投料比的 1/2）置于 50L 搪瓷反应缸内，夹套用冷盐水冷却，搅拌，15℃以下滴加乙酰托品酰氯，滴完后，缓慢加热内温 23℃，反应 1h。加入另一半量的氯仿和 3mol/L 盐酸于 50～55℃反应 1h，冷却至 15℃，加氨水至 pH 9，搅拌均匀，冷至室温，放料。料液转移至分离提取缸内，分出氯仿层，水层。水层用氯仿提取 9 次，合并所有氯仿液，用 1～2kg 无水 Na_2SO_4 干燥过夜。将氯仿液置于 50L 反应缸内，减压蒸出氯仿，内温不得超过 70℃，蒸至料液黏稠。倒入研钵

内，加入少量乙酸乙酯，研磨出结晶。过滤结晶，少量乙酸乙酯洗涤，室温干燥（或 40℃以下）即为托品酰胺粗品。置于 50～60℃干燥箱内烘干。

其工艺操作应注意：

a. 因乙酰托品酰氯容易水解，反应釜滴加瓶要干燥；

b. 蒸氯仿的液温不得超过 70℃，高温则托品酰胺易分解，而影响回收率；

c. 粗品干燥温度不得超过 70℃；

d. 必须研磨出结晶，否则结晶成为硬块，不好过滤；

e. 滴加乙酰托品酰胺氯的速度不宜过快，绝不能超过 15℃。

此工艺中反应溶剂用吡啶，不仅增强反应的酰化能力，同时它既作反应溶剂又可中和氯化氢；缺点是生产强度较大。

② 以碳酸钾为溶剂的生产工艺。投料比（质量比）如下。

吡啶胺∶乙酰托品酰氯∶氯仿＝1∶2∶9.5；吡啶胺∶3mol/L HCl＝1∶5.9；

吡啶胺∶碳酸钾＝1∶0.68；吡啶胺∶氨水＝1∶(4～5)；

碳酸钾∶水＝1∶(6.5～7.0)；吡啶胺∶氯仿(提取)＝1∶17

将吡啶胺、无水 K_2CO_3、氯仿（投料量的 1/2）置于 100L 反应罐内，夹套用冷盐水冷却、搅拌。15℃以下滴加乙酰托品酰氯，滴完后徐徐加热，内温 23℃，反应 1h。加入水，室温搅拌 20min，使无机盐溶解、放料、料液转入分液罐内，分出氯仿层，水层弃去。氯仿液重新抽入反应罐内，加入另一半量的氯仿和 3mol/L 盐酸于 50～55℃，反应 1h，冷却至 15℃加氨水调至 pH 9，搅拌均匀，冷至室温。料液转至分离提取罐内，分出氯仿层，水层用氯仿提取 7～8 次，合并所有氯仿液，用 1～2kg 无水 Na_2SO_4 干燥过液。将氯仿液置于 100L 反应罐内，减压蒸出氯仿，内温不得超过 70℃，蒸至料液黏稠。倒入研钵内，加入乙酸乙酯，研磨出结晶。过滤结晶，少量乙酸乙酯洗涤，室温干燥（或 40℃以下）即为托品酰胺粗品。

其工艺操作应注意：

a. 因乙酰托品酰氯容易水解，反应釜滴加瓶要干燥；

b. 蒸氯仿的液温不得超过 70℃，高温则托品酰胺易分解而影响收率；

c. 必须研磨出结晶，否则自然结晶形成硬块，不好过滤；

d. 滴加乙酰托品酰氯的速度不宜过快，液温绝对不超过 15℃。

用 K_2CO_3 不仅实际产率提高而且减小了劳动强度和污染，适应了工业化大生产。

用 K_2CO_3 不仅实际产率提高而且减小了劳动强度和污染，适应了工业化大生产。制备托品酰胺的工艺流程如图 6-14 所示，设备流程如图 6-15 所示。

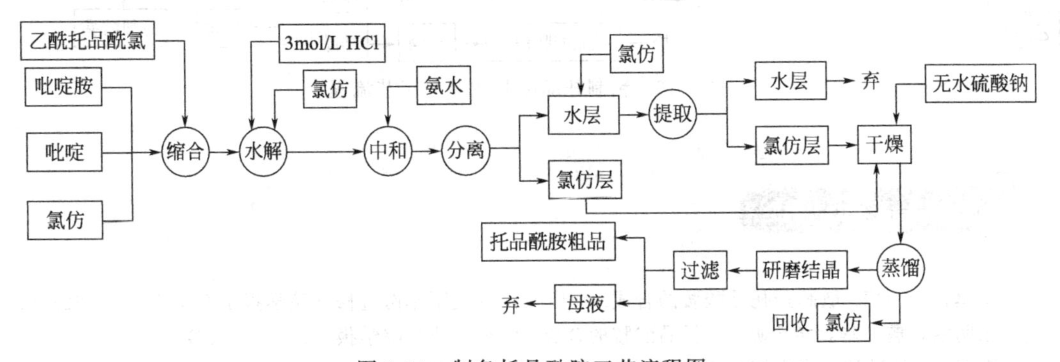

图 6-14　制备托品酰胺工艺流程图

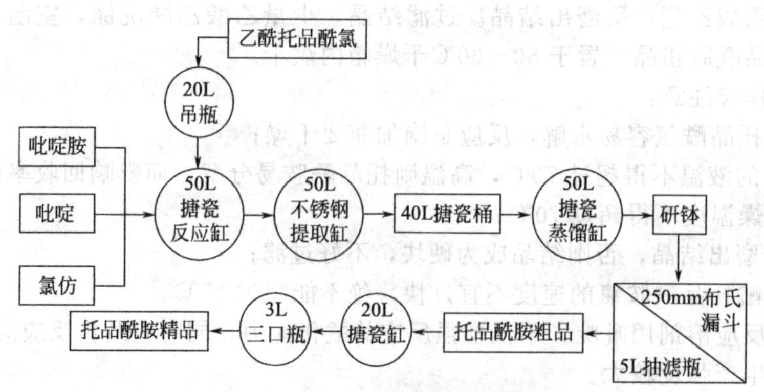

图 6-15 制备托品酰胺设备流程图

七、精制成品工艺

(1) 第一次精制 将粗品投入 20L 搪瓷反应釜中，加混合溶剂，粗品和溶剂比例为 1∶1.5(质量浓度)，混合溶剂配比（乙酸乙酯∶丙酮体积比为 1∶3），开动搅拌，缓慢加热至溶解，稍冷却，放入 10L 搪瓷桶内结晶（加粗品量的 0.1 倍的炭脱色）。结晶用布氏漏斗过滤，结晶用少量乙酸乙酯洗涤，抽干。固体放在红外灯下干燥（40℃以下），产品呈微黄色，松散。母液待回收。

(2) 过滤杂质 将第一次精制后的托品酰胺全部溶于无水乙醇内，托品酰胺和无水乙醇比例约为 1∶(3.5～3.8) (g/ml)，冷却至室温后，用 G4 细菌漏斗过滤，滤液必须澄清、透明。减压蒸出乙醇，残留液有时有固体析出。

(3) 第二次精制 蒸出乙醇后，残留液加入混合溶剂（乙酸乙酯∶丙酮＝1∶3，体积比），托品酰胺与溶剂比例仍是 1∶1.5(g/ml)。微热溶解后，室温冷却，析出结晶。母液待回收，成品用少量的乙酸乙酯洗涤，抽干，红外灯下干燥，即得精品，颜色呈白色，松散。

(4) 回收母液 分别将第一次、第二次精制后的母液，减压蒸出部分溶剂，冷却蒸馏液，待析出结晶，用布氏漏斗过滤，得固体粗品，按上述方法精制。

由上，精制托品酰胺成品的工艺流程如图 6-16 所示。

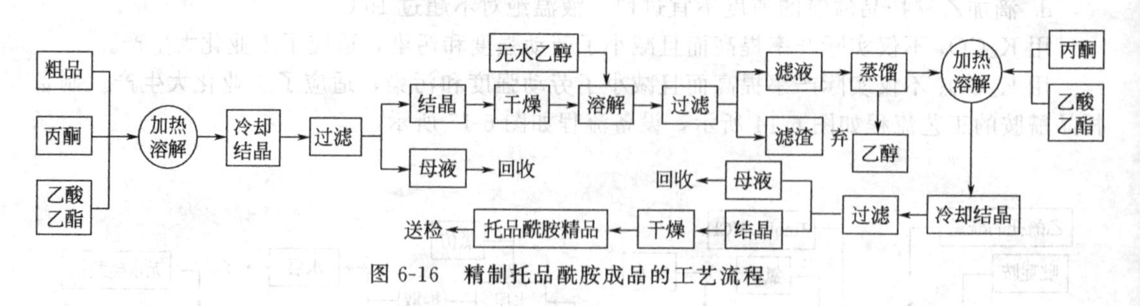

图 6-16 精制托品酰胺成品的工艺流程

参考文献

[1] 李镇，周国燎. 散瞳药托品酸胺的合成. 中国人民解放军军医进修学院学报 1984，5 (2)：228-229.

[2] 张明强，詹外华，黄金城等. 托品酸胺的合成. 广东医药学院学报，1987，3 (2)：98.

[3] 霍清. 托品酰胺合成中缩合反应研究. 北京联合大学学报，1998，12 (2)：57-60.

第七章 头孢类抗生素粉针的生产工艺及车间设计

第一节 概述

一、抗生素的发展

在很早以前，中国就开始了利用“霉”治疗疾病的历史。早期人们对“霉”并不了解，只知用麦曲可以治疗消化系统疾病。近年的研究证明，“霉”可能就是繁殖在酸败的麦上的高温菌——“红米霉”。数世纪前，欧洲、南美等地也曾应用发霉的面包、玉蜀黍等来治疗溃疡、肠道感染、化脓疮伤等疾病。所以用“霉”治疗疾病很早就有，只是那时不知有所谓的微生物代谢物和抗生物质而已。

19世纪后期，随着疾病的细菌理论被逐步接纳，人们希望能通过药物杀死致病菌，科学家开始了抗生素的探索历程。1871年，英国外科医生李斯特（Joseph Lister）发现一种奇怪的现象，被霉菌污染的尿液里的细菌不能生长。19世纪90年代，德国医生Rudolf Emmerich和Oscar Low首次发现了一种有效的治疗药物，一种来自于微生物的绿脓菌酶。这是在医院里使用的第一种抗生素，但是让人遗憾的是这种抗生素抗菌效力有限，对多数感染治疗无效。

1908年，磺胺作为偶氮染料的中间体被合成出来。1932年，德国化学家多马克（Gerhard Domagk）合成了红色偶氮化合物百浪多息（prontodil）——第一个磺胺药。为了证实百浪多息的杀菌效果，多马克做了一项对比试验：给一群健康的小鼠注射溶血性链球菌，然后将这些小鼠分成两组，其中一组注射百浪多息，另一组什么都不注射。不一会儿，没有注射百浪多息的那组小鼠全部死去，而注射百浪多息的那组小鼠有的还存活，有的即使死去但生存时间延长了许多。这一划时代的发现于1935年发表以后轰动了全世界的医药界。不久，法国科学家阐明了百浪多息的抑菌作用机制——在动物体内经过代谢而生成的磺胺所致。由于发明了磺胺药，多马克于1939年被授予诺贝尔生理学或医学奖。由于当时德国正处在法西斯统治之下，他没能亲自接受这个奖项。直到第二次世界大战结束后，他才赶到瑞典斯德哥尔摩正式领取诺贝尔奖。为了扩大磺胺抗菌谱和增强其抗菌活性，欧美各国科学家对其结构进行了多方面的改造，合成了数以千计的磺胺化合物，从中筛选出30多种疗效好而毒性较低的磺胺药。

1928年弗莱明（Alexander Fleming）在英国伦敦圣玛丽医院任职时，无意中发现在一个被污染的培养皿中，培养的葡萄球菌的生长竟被一种青绿色的霉菌（青霉菌，学名penicillium）所抑制。弗莱明据此推测，青霉菌的分泌物应该具有抑制细菌生长的功效。由于这种抑菌物质由青霉菌分泌，因此弗莱明将其命名为青霉素（penicillin）。1929年，弗莱明将观察到的现象发表在《英国试验病理学期刊》，但当时并没人理会这个医学史上的重大发现。直到1938年才引起澳洲病理学家弗洛里（Howard Florey）和牛津大学生化学家钱恩（Ernst Boris Chain）的注意。弗洛里小组首先进行了一系列动物药物吸收和毒性试验，然后用感染了大剂量链球菌的小鼠做了一系列的试验。结果显示，没有注射青霉素的小鼠18h后死亡，而注射了青霉素的小鼠都存活了下来。试验结果证明，他们得到的青霉素稀释3000万倍仍然有效。青霉素抗菌作用比当时最厉害的磺胺类药物还大9倍，比弗莱明当初提纯的青霉素粉末有效率高1000倍，而且没有明显毒性。试验证实青霉素能够治疗细菌感染，这个试验终于让青霉素的发现不致被埋没。1940年，青霉素开始进入临床试验阶段。在首次临床试验中，虽然青霉素的用量很少，但疗效却非常惊人。人们也不再怀疑青霉素强大的抗菌功效，感染性疾病的治疗得以发生巨大的变革。此后，一系列临床试验证实了青霉素对链球菌、白喉杆菌等多种细菌感染均有疗效。青霉素的发现正值第二次世界大战期间，防止战伤感染的药品是十分重要的战略物资，青霉素的大规模生产迫在眉睫。在工艺研究方面，他们在甜瓜上发现了可供大量提取青霉素的霉菌，用玉米粉调制出了相应的培养液，冷冻干燥法提取出青霉素晶体，使得工业化生产得以实现。1942年，弗洛里和钱恩发明了普鲁卡因青霉素的生产过程，终于把青霉素提取出来制成了制服细菌感染的特效药品。1943年青霉素完成了商业化生产并正式进入临床治疗。正是由于有了青霉素才挽救了成千上万士兵的生命。青霉素是第一个作为治疗药物应用于临床的抗生素。1945年，弗莱明、弗洛里和钱恩因为发现青霉素及其治疗感染性疾病的功效分享了诺贝尔生理学或医学奖的殊荣。

1943年，美国微生物学家瓦克斯曼（Selman Waksman）从土壤细菌中发现了链霉素。这是一种新型抗菌素，被称为氨基糖苷类。当时，虽然青霉素对感染产生了不可思议的治疗作用，但肺结核仍然无法治疗，医生对此束手无策。链霉素的问世让肺结核不再可怕。虽然在服用链霉素过程中会产生严重的不良反应，但是链霉素最重要的意义是它改变了肺结核的预后。采用链霉素是肺结核治疗史上的重大改革。因此瓦克斯曼也获得了1952年的诺贝尔生理学或医学奖。由于已经有了青霉素的生产经验和设备，链霉素很快就被大量生产，迅速成为风靡一时的重要抗生素，同时也极大鼓舞了科学家研究抗生素的信心。在短短的一二十年里，相继发现了金霉素（1947年）、氯霉素（1948年）、土霉素（1950年）、制霉菌素（1950年）、红霉素（1952年）、卡那霉素（1958年）等重要抗生素。

1955年Lloyd Conover申请了四环素的专利。在美国，四环素变成了处方药里抗菌谱最广的抗生素。1957年制霉菌素获得专利，主要用于治疗霉菌感染。进入20世纪60年代后，人们从微生物中寻找新的抗生素的速度明显放慢，取而代之的是半合成抗生素的出现。1958年6-氨基青霉烷酸成功合成，开辟了由寻找抗生素到生产合成抗生素的转变。随后Beecham公司开发了氨必西林（ampicillin，氨苄青霉素，1961年上市）和阿莫西林（amoxicillin，1964年上市），它们的口服吸收能力大大提高。随后，头孢菌素一代、二代、三代也相继出现。抗生素从发现到发展，创造了人类医药历史上的一个神话，挽救了无数生命，成为人类同细菌作斗争的利器。

近年来，临床上多重耐药革兰阳性菌感染的形势越来越严重。20世纪50年代发现的糖肽类抗生素万古霉素被用于治疗耐甲氧西林金黄色葡萄球菌（methicillin-resistant Staphylococcus aureus，MRSA）和耐甲氧西林表皮葡萄球菌（methicillin-resistant Staphylococcus epidermidis，MRSE）等多重耐药革兰阳性菌株感染的首选药物，曾一度被誉为人类对付顽固型耐药菌株的最后一道防线。万古霉素是一种复杂的糖肽类抗菌素，1956年从土壤样本中新发现的放线菌——东方诺卡菌样本中分离出来。20世纪50年代后期，对青霉素耐药的金黄色葡萄球菌的发生率逐渐升高，万古霉素的作用逐渐受到重视。60年代早期，由于万古霉素的不良反应多，甲氧西林和头孢菌素取代了万古霉素的“王者”地位。近15年来，由于耐药菌株的出现，万古霉素重新受到重视，但也由于万古霉素的广泛应用，相应的耐药菌株也不断增加，严重威胁了此种抗生素的临床应用前景。

所谓“是药三分毒”，抗生素给人类带来健康的同时也给人类带来了许多负面问题。研究表明，每种抗生素对人体均有不同程度的伤害。正如每种药品的说明书中都会列出一系列的不良反应一样。链霉素、卡那霉素可引起眩晕、耳鸣、耳聋；庆大霉素、卡那霉素、万古霉素可损害肾脏；红霉素、林可霉素、强力霉素可引起厌食、恶心、呕吐、腹痛、腹泻等胃肠道反应；氯霉素可引起白细胞减少甚至再生障碍性贫血。同时，链霉素、氯霉素、红霉素、先锋霉素会抑制免疫功能，削弱机体抵抗力。不少抗生素还可引起皮疹。但这些不良反应多半可以通过控制药量、加强监测等措施进行控制，真正开始威胁人类健康的是抗生素滥用产生的耐药性。

1945年弗莱明在诺贝尔获奖演讲中就预言了抗生素耐药性的问题。他说：“在不久的将来，青霉素就将在世界普及。缺乏药品知识的患者很容易会减少剂量，不足以杀灭体内所有的细菌，从而使细菌产生耐药性。”这种情况不幸被弗莱明言中。细菌的耐药性现在已经成为全球关注的问题。最为重要的是一旦耐药菌散播开来，医院就是一个最好的培养基。细菌耐药性由最初造成院内感染到现在的社区感染，问题已经逐层升级。曾经一度被认为奇迹的抗生素不再神奇，风光不再。无数耐药菌株的出现让人们束手无策，好像又回到了那个对感染无能为力的年代。细菌不断改变自己的基因结构，科学家无止境地寻找新的抗生素战胜细菌。在人类医疗发展和抗生素滥用之间找到一个平衡点，才能更有利于抗生素功效的发挥。

二、抗生素的分类

抗生素指由细菌、霉菌或其他微生物在生活过程中所产生的具有抗病原体或其他活性的一类物质。自1940年以来，青霉素应用于临床，现抗生素的种类已达几千种。在临床上常用的亦有几百种。其主要是从微生物的培养液中提取的或者用合成、半合成方法制造的。其分类有以下几种：

① β-内酰胺类，包括青霉素类和头孢菌素类等，它们的分子结构中含有β-内酰胺环。近年来又有较大发展，如硫霉素类、单内酰环类、β-内酰酶抑制剂、甲氧青霉素类等。

② 氨基糖苷类，包括链霉素、庆大霉素、卡那霉素、妥布霉素、丁胺卡那霉素、新霉素、核糖霉素、小诺霉素、阿斯霉素等。

③ 四环素类，包括四环素、土霉素、金霉素及强力霉素等。

④ 氯霉素类，包括氯霉素、甲砜霉素等。

⑤ 大环内酯类，临床常用的有红霉素、白霉素、无味红霉素、乙酰螺旋霉素、麦迪霉素、交沙霉素等。

⑥ 作用于G+细菌的其他抗生素，如林可霉素、氯林可霉素、万古霉素、杆菌肽等。

⑦ 作用于G菌的其他抗生素，如多黏菌素、磷霉素、卷霉素、环丝氨酸、利福平等。

⑧ 抗真菌抗生素，如灰黄霉素。

⑨ 抗肿瘤抗生素，如丝裂霉素、放线菌素D、博莱霉素、阿霉素等。

⑩ 具有免疫抑制作用的抗生素，如环孢霉素。

三、抗生素的应用

在临床上，基本每一个科室、每一个专业的医生都在使用抗生素，它的使用率非常高，对于感染，包括病毒感染，细菌的感染，寄生虫的感染，支原体、衣原体等微生物感染，都需要使用抗生素。人们平常的很多疾病也确实属于感染性疾病，如普通的感冒、上呼吸道的感染、泌尿道的感染、皮肤的感染，但引起它们的感染原是不同的，上呼吸道80%～90%是病毒感染，而泌尿道常是细菌感染。如果是病毒感染就要用抗病毒的抗生素去治疗，如果是细菌感染就要用抗细菌的抗生素去治疗。在我国抗生素的使用是非常广泛的，其中肯定有很多不合理之处，这就需要进行严格的、科学的指导管理。在欧美的发达国家抗生素的使用量大致占到所有药品的10%。而我国的医院最低是占到30%，基层医院可能高达50%。抗生素滥用是我国不可回避的问题。

第二节 头孢吡肟原料生产工艺原理及其过程

一、概述

头孢吡肟（cefepime，或 maxipime），药物别名：马斯平、头孢匹美；化学名：1-{[(6*R*,7*R*)-7-[2-(2-氨基-4-噻唑基)-乙醛酰氨基]-2-羧基-8-氧-5-硫杂-1-氮杂二环［4.2.0］辛-2-烯-3-基］甲基}-1-甲基吡咯鎓内盐。72(*Z*)-(*O*-甲氧肟基)，盐酸，一水化合物。分子式 $C_{19}H_{25}ClN_6O_5S_2 \cdot HCl \cdot H_2O$，分子量 571.5，呈白色或微黄色粉末，易溶于水。

本品用于治疗成人和2月龄至16岁儿童上述敏感细菌引起的中重度感染，包括下呼吸道感染（肺炎和支气管炎）、单纯性下尿路感染和复杂性尿路感染（包括肾盂肾炎）、非复杂性皮肤和皮肤软组织感染、复杂性腹腔内感染（包括腹膜炎和胆道感染）、妇产科感染、败血症，以及中性粒细胞减少伴发热患者的经验治疗。也可用于儿童细菌性脑脊髓膜炎。本品为第四代半合成头孢菌素，抗菌谱与抗菌活性与第三代头孢菌素相似，但抗菌谱有了进一步扩大。对革兰阳性菌，及阴性菌包括肠杆菌属、铜绿假单胞菌、嗜血杆菌属、奈瑟淋球菌属、葡萄球菌及链球菌（除肠球菌外）都有较强抗菌活性。其对β-内酰胺酶稳定，临床主要用于各种严重感染如呼吸道感染、泌尿系统感染、胆道感染、败血症等。

头孢菌素C生产菌是意大利人 Brotzu 于1945年从意大利的 Sardinia 海岸污水泥土壤中分离得到，至1955年由英国人 Newton 从该菌的培养液中分离出抗生素。1962年进一步分离出头孢菌素N、头孢菌素P和头孢菌素C三种都具有活性的物质，同年证实确定了头孢菌素的化学结构。其母核与青霉素相似，也具有β-内酰胺环，故属于β-内酰胺类抗生素，其抗菌活性低。在此基础上，人们对头孢菌素C进行了多种结构的修饰，使得对β-内酰胺酶的稳定性和抗菌活性大大提高。头孢吡肟其结构式为：

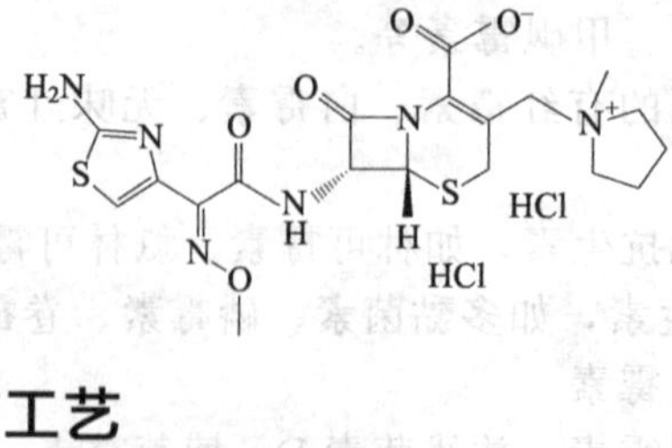

H_2N … HCl … HCl

二、头孢吡肟的生产工艺

在半合成青霉素的启发下，以7-ACA（7-氨基头孢烷酸）、7-ADCA（7-氨基-3-脱乙酰氧基头孢烷酸）、7-ACCA（C3-氯代头孢烯酸）、7-ANCA（7-氨基-8-氧代-5-硫杂-1-氮杂双环［4.2.0］辛-2-烯-2-甲酸）、7-AVCA（7-氨基-3-乙烯基-8-氧代-5-硫杂-1-氮杂双环［4.2.0］辛-2-烯-2-羧酸）及GCLE（7-苯乙酰胺-3-氯甲基头孢烷酸对甲氧苄酯）等中间体原料制备技术逐步成熟，大大促进了头孢类抗生素的进一步发展。以这些中间体为起始原料合成出几十种头孢类产品。下面叙述以 7-ACA 为起始原料合成头孢吡肟的生产过程。

1. 7-MPCA 二水盐酸盐的制备

（1）工艺原理　7-MPCA 二水盐酸盐的制备工艺原理如图 7-1 所示。

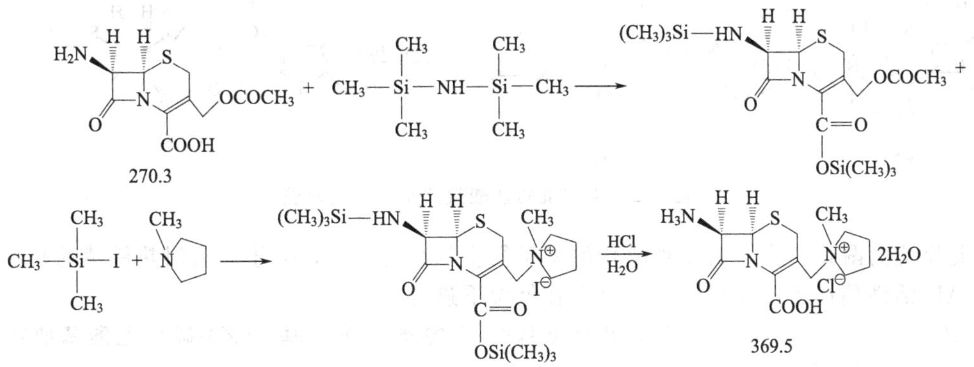

图 7-1　7-MPCA 二水盐酸盐的制备工艺原理

7-MPCA 二水盐酸盐是合成头孢吡肟的中间体。当以 7-ACA（7-氨基头孢烷酸）为起始原料合成时，首先对到 7-ACA 的 2 位羧基和 7 位氨基基团用六甲基二硅胺烷进行保护的条件下，在 3 位上侧链上碘化并被 *N*-甲基吡咯烷取代生成甲基吡咯烷内盐。第三步反应是硅烷保护基的水解，使得 2 位羧基和 7 位氨基还原。

（2）工艺过程　于反应罐 R101 中加入 70kg 7-ACA、55.3kg(76L) 六甲基二硅胺烷、二氯甲烷、三甲基氯硅烷，将搅拌转速控制在 90r/min，反应罐温度达 45℃时回流 10h，用湿 pH 试纸检测氨气 pH 应不大于 9。

将硅烷化液，压入 R102 反应罐中，并用二氯甲烷冲洗 R101，然后再将其压入 R102 中。将 R102 中料液降温，然后加入 *N*,*N*-二乙基苯胺，控制温度，搅拌 15min（转速 90r/min）。加入 71.75kg(50L) 三甲基碘硅烷，搅拌 20min 后（转速 90r/min），升温，保温反应 4h，当 7-ACA 残留小于 1.0g/L 时，反应结束，将料液降温到 0～5℃后压至 R103 反应罐中。加入四氢呋喃，搅拌 15min。

将 R103 反应罐的料液降温，加入 373.4kg(394L) 的 *N*,*N*-二甲基甲酰胺和 *N*,*O*-双-(三甲基硅烷基) 乙酰胺的混合液，保温搅拌。

向 R103 反应罐中滴加 36.4kg(38.5L)*N*,*N*-二甲基甲酰胺、25.8kg(32L)*N*-甲基吡咯烷液，滴加过程中保持温度 20℃（滴加时间约 30min），加完后保温搅拌 1h。当碘代物小于 2%时反应结束。

将 R103 反应罐的料液压入 R104 反应罐中。向 R104 反应罐中滴加异丙醇和亚硫酸混合液，加完后，搅拌 15min。

加入 630L 二氯甲烷，30min 内匀速加入浓盐酸和纯化水的混合液，温度控制在 20℃，在此温度下搅拌 15min，静置 20min。

分层萃取，下层有机相用水萃取，加入 $Na_2S_2O_5$，保温搅拌 20min，过滤至 R106 反应罐中，用 35L 水洗涤滤饼。

加入丙酮，滴加三乙胺，滴加时间约为 1h，检查是否浑浊，如不浑浊，适量滴加三乙胺，出现浑浊后，停止滴加三乙胺。养晶 60min，保持温度在 15～18℃。继续滴加三乙胺，调 pH=2.8～3.0，加完后搅拌 45min，于 60～90min 内滴加丙酮，加完后控制温度在 15～18℃，搅拌 60min，离心，用 140L 丙酮洗涤滤饼两次。46℃真空干燥 4h，水分 13%～

15%。得黄白色7-MPCA 59.5kg左右。

2. 头孢吡肟盐酸盐的制备

（1）工艺原理 头孢吡肟盐酸盐的制备工艺原理如图7-2所示。

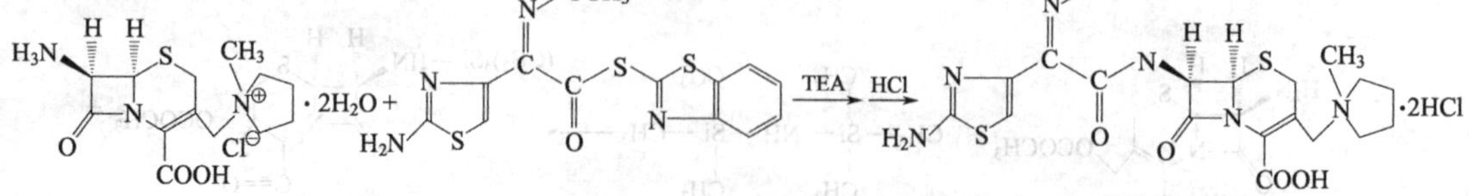

图7-2 头孢吡肟盐酸盐的制备工艺原理

此反应为酰化反应，由于被酰化的氨基衍生物结构复杂，分子中有对热敏感的基团，故选用AE-活性酯作为酰化剂，反应可以在低温下进行。

AE-活性酯，化学名称为2-甲氧亚氨基-2-(2-氨基-4-噻唑基)-(*Z*)-硫代乙酸苯肼噻唑酯[*S*-2-Benzothiazolyl 2-amino-alpha-(methoxyimino)-4-thiazolethiolacetate]。分子式$Cl_3H_1OS_3N_4O_2$，分子量350，相对密度为1.63，熔点126～130℃，淡黄色结晶粉末。它是生产头孢三嗪、头孢噻肟钠等药品的主要原料。其结构式为：

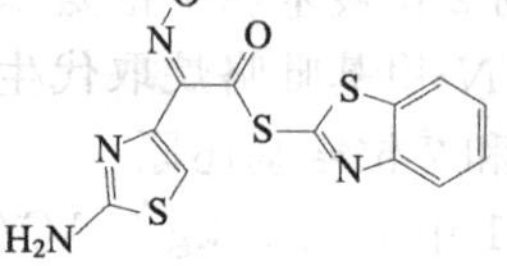

三乙胺（TEA）化学命名为*N*,*N*-二乙基乙胺（triethylamine），是具有强烈氨臭的淡黄色透明液体，在空气中微发烟。微溶于水，可溶于乙醇、乙醚。水溶液呈弱碱性。易燃，易爆，有毒，具强刺激性。在此反应中，三乙胺的作用是使氨基保持游离状态，以提高酰化收率。

（2）工艺过程 于R201反应罐中加入水、异丙醇、亚硫酸、DMF，降温到0～5℃，加入7-MPCA 60kg，搅拌速度100r/min。在滴加三乙胺、固体完全溶解后，溶液变澄清，然后加入AE-活性酯69.7kg，缓慢加入DMF，保持温度0～5℃搅拌45min后升温9～10℃，反应2.5h（1h后应变澄清），检测7-MPCA无残留时反应结束，向溶液中加入二氯甲烷，温度保持在10℃以下，搅拌30min后静置20min后分层萃取。将水相压入R202反应罐中加入8.7kg活性炭10～15℃保温搅拌30min。过滤并压入R203罐。有机相加入122L纯化水搅拌30min，静置20min后分层将水相过滤并压入R203罐。

将料液转入反应罐R204中，加入焦亚硫酸钠0.52kg，于30～45min内缓慢滴加浓盐酸，调节溶液pH=0.8～1.0，然后搅拌30min，复测pH=0.8～1.0。升温至15～20℃，先加入丙酮，搅拌1h，有大量的白色固体出现。然后于60min内继续滴加丙酮，保温15～20℃，搅拌2h。离心，用418L丙酮洗涤3次，于38～40℃真空干燥，干燥5h，得产品约70～73kg。

三、头孢吡肟盐酸盐的包装

1. 准备工作

检查设备及管道是否正常，是否有跑冒滴漏。检查所用物料是否合格。要检查岗位上是否有上批的遗留物品。对交接班时交接的问题进行处理。

2. 操作过程

混粉操作，按生产指令领取合格的头孢吡肟盐酸盐。将领取的头孢吡肟盐酸盐加入

M202中，密闭加料口，开启双锥混合设备，旋转45min。打开加料口，出料，请验，质量部取样。称重，计算收率，如果损失低于0.5%或高于1.5%，应查明原因。

3. 包装操作

按包装指令领取合格的头孢吡肟盐酸盐、纸桶、塑料袋、铝箔袋、干燥剂、标签、铅封。核对标签与物料是否相符。将标签贴在铝箔袋的中部，装入干净的纸桶中。向铝箔袋内装入一干净的塑料袋。用电子秤称量，按“去皮”键，将相应的头孢吡肟盐酸盐按20kg/桶精确称量。用封口机对塑料袋封口（要求先赶尽塑料袋内的空气），封口机的加热时间调到45，冷却时间调到15（倒着数），用力按下封口机直到红灯灭。盖上桶盖，进行铅封（要求铅封豆的位置在纸桶的连接缝处）。在纸桶上贴上标签（要求标签与纸桶的连接缝相对，标签的上边缘与纸桶上边缘的距离为12cm）。称重，如果损失低于0.05%或高于0.2%，应查明原因。

四、工艺流程

1. 制备7-MPCA的工艺流程

制备7-MPCA的工艺流程见图7-3。

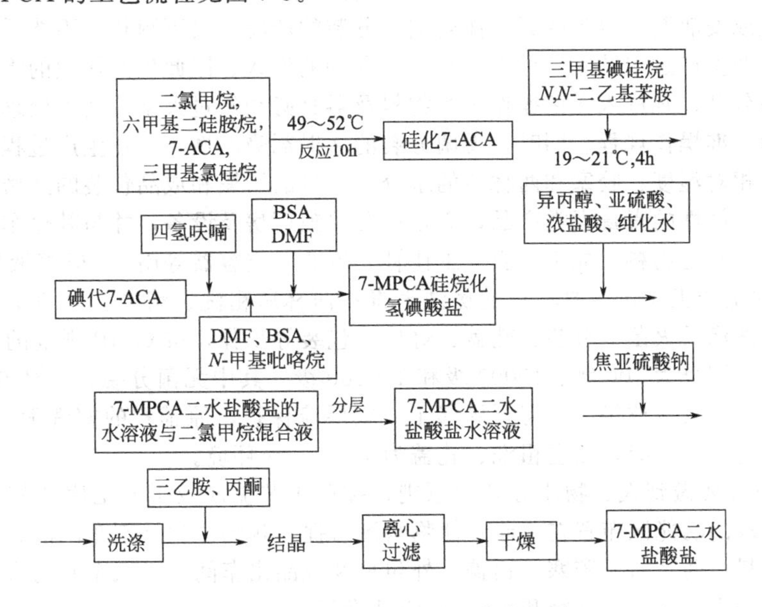

图7-3　制备7-MPCA的工艺流程图

2. 制备头孢吡肟盐酸盐的工艺流程

制备头孢吡肟盐酸盐的工艺流程见图7-4。

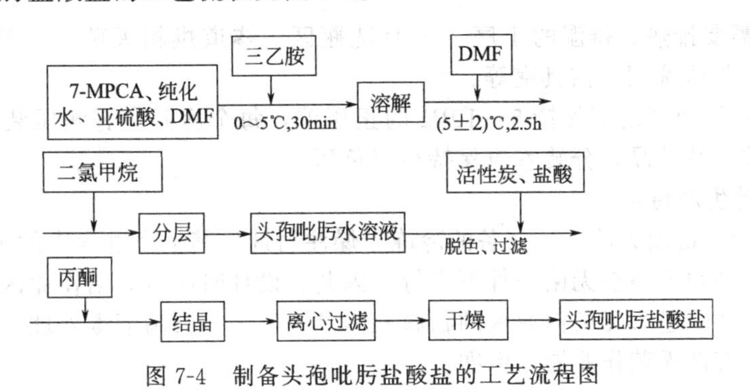

图7-4　制备头孢吡肟盐酸盐的工艺流程图

第三节 头孢类抗生素粉针的生产车间设计

一、头孢类粉针的生产工艺简介

无菌分装粉针和冻干粉针均属于非最终灭菌的无菌药品，对其生产环境及各项操作有严格要求。产品不仅要符合各项理化标准，同时必须符合无菌要求，生产过程必须严格控制。大部分头孢类产品暴露在环境中时，对温度和湿度较敏感，进行此两类产品的车间设计时，必须先了解其理化特性、生产工艺及环境控制要求，有针对性地进行车间设计。头孢类为高致敏性的产品，必须设置单独厂房，并与其他车间或设施保持安全距离。

二、无菌分装粉针和冻干粉针的生产特点与设计要求

1. 无菌分装粉针生产特点与设计要点

① 无菌分装粉针是指在无菌条件下，将符合要求的药粉在无菌条件下直接分装于洁净灭菌的西林瓶或安瓿瓶中得到的无菌注射剂。分装的药粉一般不耐热，不能采用终端灭菌的药物。必须强调生产过程的无菌操作，并防止异物的混入。因此生产作业的无菌操作与非无菌操作应严格分开，凡进入无菌操作区的物料及器具必须经过灭菌、消毒处理，人员必须遵循无菌作业的标准操作规程。同时，无菌分装的注射剂吸湿性强，在生产过程中应特别注意无菌分装室的相对湿度、胶塞和西林瓶的水分、工具的干燥和成品包装的严密性。

若分装高致敏性的青霉素类产品，必须设置单独厂房及设备，并与其他车间或设施保持安全距离，出车间的物料、如工作服、工作鞋、废瓶、空容器等用1%碱溶液处理。

② 粉针的生产工序包括原辅料的擦洗消毒；西林瓶粗洗、精洗、灭菌干燥；胶塞处理及灭菌、铝盖洗涤及灭菌、分装、轧盖、灯检、包装等步骤，按GMP规范的规定其生产区域空气洁净度级别分为100级、10000级和100000级。其中无菌分装、西林瓶出隧道烘箱、胶塞干燥灭菌柜及其存放等工序需要局部100级层流保护，原辅料的擦洗消毒、瓶塞精洗、瓶塞干燥灭菌为10000级，瓶塞粗洗、轧盖为100000级环境。

③ 车间设计要做到人、物流分开的原则，按照工艺流向及生产工序的相关性，有机地将不同洁净要求的功能区布置在一起，使物料流短捷、顺畅。粉针剂车间的物流基本上有以下几种：原辅料、西林瓶、胶塞、铝盖、外包材及成品出车间。进入车间的人员必须经过不同程度的更衣分别进入10000级和100000级洁净区。

④ 车间设置净化空调和舒适性空调系统能有效控制温湿度，并能确保室内的温湿度要求，若无特殊工艺要求，控制区温度为18～26℃，相对湿度为45%～60%。各工序需安装紫外线灯。

⑤ 车间内需要排热、排湿的工序一般有洗瓶区、隧道烘箱灭菌间、胶塞铝盖清洗间、胶塞灭菌间、工具清洗间、洁具室等。

⑥ 级别不同洁净区之间保持5～10Pa的正压差，每个房间应有测压装置，如果生产青霉素及其他高致敏性药品，分装室应保持相对负压。

2. 冻干粉针生产特点

① 冻干粉针是指用无菌工艺制备的冷冻干燥注射剂。其生产过程中的无菌过滤、灌装、冻干、压塞操作必须严格在无菌条件下进行。因此，设计时应将无菌作业区和非无菌作业区严格分开，同时要求进入无菌作业区的物料及器具应经严格灭菌消毒处理，进入无菌作业区的人员必须严格遵循无菌作业操作标准。

② 冻干粉针的生产工序包括洗瓶机干燥灭菌、胶塞处理及灭菌、铝盖洗涤及灭菌、分装加压塞、冻干、轧盖、包装等步骤，按GMP规范的规定其生产区域空气洁净度级别分为100级、10000级和100000级。其中料液的无菌分装加压塞、冻干、净瓶塞存放为100级或10000级环境下的局部100级即为无菌作业区，配料、瓶塞精洗、瓶塞干燥灭菌为10000级，瓶塞粗洗、轧盖为100000级环境。

③ 车间设计力求布局合理，遵循人、物流分开的原则，不交叉反流。进入车间的人员必须经过不同程度的净化程序分别进入100级、10000级和100000级洁净区，进入100级区的人员必须穿戴无菌工作服，洗涤灭菌后的无菌工作服在100级层流保护下整理。无菌作业区的气压要高于其他区域，应尽量把无菌工作区布置在车间的中心区域，这样有利于气压从较高的房间流向较低的房间。

④ 辅助用房的布置要合理，清洁工具间、容器具清洗间宜设在无菌作业区外，非无菌工艺作业的岗位不能布置在无菌作业区内。物料或其他物品进入无菌作业区时，应设置供物料、物品消毒或灭菌用的灭菌室或灭菌设备。洗涤后的容器具应经过消毒或灭菌处理方能进入无菌作业区。

⑤ 车间设置净化空调和舒适性空调系统能有效控制温湿度，并能确保室内的温湿度要求。若无特殊工艺要求。控制区温度为18～26℃，相对湿度为45%～60%。各工序需安装紫外线灯。

⑥ 若有活菌培养如生物疫苗制品冻干车间，则要求将洁净区严格区分为活菌区与死菌区，并控制活菌区的空气排放及带有活菌的污水处理。

⑦ 按照GMP规范的要求布置纯水及注射用水的管道。

3. 无菌分装粉针和冻干粉针生产车间设计的一般步骤

① 确定产品。

② 确定生产规模。

③ 进行物料衡算。

④ 设备选型：根据生产品种、规模和企业的经济状况。

⑤ 工艺流程、设备流程及车间平面设计。

参考文献

[1] 陈新谦，金有豫，汤光. 新编药物学. 第15版. 北京：人民卫生出版社，2004.
[2] 朱宝泉. 新编药物合成手册. 北京：化学工业出版社，2003.
[3] 张洪斌，杜志刚. 制药工程课程设计. 北京：化学工业出版社，2007.
[4] 唐燕辉. 药物制剂生产设备及车间工艺设计. 北京：化学工业出版社，2005.
[5] 王志祥. 制药工程学. 北京：化学工业出版社，2003.
[6] 朱宏吉，张明贤. 制药设备与工程设计. 北京：化学工业出版社，2004.
[7] 朱盛山. 药物制剂工程. 北京：化学工业出版社，2002.
[8] 郑穹，段建利. 制药工程基础. 北京：武汉大学出版社，2007.
[9] 国家食品药品监督管理局药品认证管理中心. 欧盟药品GMP指南. 北京：中国医药科技出版社，2008.
[10] 梁毅. GMP教程. 北京：中国医药科技出版社，2003.
[11] 蒋婉，屈毅. 美国FDA的cGMP现场检查. 北京：中国医药科技出版社，2007.
[12] 崔福德. 药剂学. 北京：中国医药科技出版社，2002.

下篇

生物制药工艺学

第八章　生物制药工艺学概述

第九章　多肽、蛋白类药物

第十章　酶类药物

第十一章　脂类药物

第十二章　银杏叶提取物的提取生产工艺

第十三章　葛根素颗粒剂的生产工艺及车间设计

第十四章　脂肪酶酯化儿茶素的生产工艺原理

第十五章　L-乳酸发酵车间的工艺设计

第八章 生物制药工艺学概述

第一节 生物药物概述

一、生物药物的概念

生物药物（biopharmaceuticals）是指运用生物学、医学、生物化学等的研究成果，利用生物体、生物组织、体液或其代谢产物（初级代谢产物和次级代谢产物），综合应用化学、生物技术、分离纯化工程和药学等学科的原理与方法加工、制成的一类用于预防、治疗和诊断疾病的物质。

生物药物包括从动物、植物、海洋生物、微生物等生物原料制取的各种天然生物活性物质及其人工合成或半合成的天然物质类似物。

抗生素、生化药物、生物制品等均属生物药物的范畴。抗生素是来源于微生物、利用发酵工程生产的一类主要用于治疗感染性疾病的药物。生化药物是从生物体分离纯化所得的一类结构上十分接近于人体内的正常生理活性物质，具有调节人体生理功能，达到预防和治疗疾病目的的物质。生物技术的应用使得生化药物的数量日渐增多，目前把利用现代生物技术生产的此类药物称为生物技术药物或基因工程药物。生物制品是直接使用病原生物体及其代谢产物或以基因工程、细胞工程等技术制成的，主要用于人类感染性疾病的预防、诊断和治疗的制品，包括各种疫苗、抗毒素、抗血清、单克隆抗体等。

生物药物的特点表现为：生物药物的有效成分在生物材料中浓度都很低，杂质的含量相对比较高。它们分子大，组成、结构复杂，而且具有严格的空间构象，以维持其特定的生理功能。对热、酸、碱、重金属及 pH 变化和各种理化因素都较敏感。

二、生物药物的性质

1. 药理学特性

新陈代谢是生命的基本特征之一，生物体的组成物质在体内进行的代谢过程都是相互联系、相互制约的。疾病的产生主要是机体受到内外环境改变的影响，使起调控作用的酶、激素、核酸及蛋白质等生物活性物质自身或环境发生障碍，而导致的代谢失常。如酶催化或抑制作用的失控，导致产物过多积累而造成中毒或底物大量消耗而得不到补偿。正常机体在生命活动中之所以能战胜疾病、保持健康状态，就在于生物体内部具有调节、控制和战胜各种疾病的物质基础和生理功能。所以利用结构与人体内的生理活性物质十分接近或相同的物质作为药物，在药理学上对机体就具有更高的生化机制合理性和特异疗效性。此类药物在临床上表现出以下特点。

① 治疗的针对性强、疗效高　在机体代谢发生障碍时应用与人体内的生理活性物质十

分接近或类同的生物活性物质作为药物来补充、调整、增强、抑制、替换或纠正代谢失调，势必机制合理，结果有效，显示出针对性强、疗效高、用量小的特点。如细胞色素 c 为呼吸链的重要组成，用它治疗因组织缺氧引起的一系列疾病效果显著。

② 营养价值高、毒副作用小　氨基酸、蛋白质、糖及核酸等均是人体维持正常代谢的原料，因而生物药物进入体内后易为机体吸收利用并直接参与人体的正常代谢与调节。

③ 免疫性副作用常有发生　生物药物是由生物原料制得的。因为生物进化的不同，甚至相同物种不同个体之间的活性物质结构都有较大差异，尤以大分子蛋白质更为突出。这种差异的存在，导致在应用生物药物时常会表现出免疫反应、过敏反应等副作用。

2. 原料的生物学特性

① 原料中有效成分含量低，杂质多　如胰岛中胰岛素含量仅为0.002%，因此生产工艺复杂，收率低。

② 原料的多样性　生物材料可来源于人、动物、植物、微生物及海洋生物等天然的生物组织、体液和分泌物，也可来源于人工构建的工程细菌、工程细胞及人工免疫的动、植物。因而其生产方法、制备工艺也呈现出多样性和复杂性。要求从事生物药物研究、生产的技术人员要有宽广的知识结构。

③ 原料的易腐败性　生物药物的原料及产品均为高营养物质，极易腐败、染苗，易被微生物代谢所分解或被自身的代谢酶所破坏，造成有效物质活性丧失，并产生热原或致敏物质。

因此，对原料的保存、加工有一定的要求，尤其对温度、时间和无菌操作等有严格要求。

3. 生产制备的特殊性

生物药物多是以其严格的空间构象维持其生理活性，所以生物药物对热、酸、碱、重金属及 pH 变化等各种理化因素都较敏感，甚至机械搅拌、压片机冲头的压力、金属器械、空气、日光等对生物活性都会产生影响。为确保生物药物的有效药理作用，从原料处理、制造工艺过程、制剂、储存、运输和使用等各个环节都要严加控制。为此，生产中对温度、pH、溶解氧浓度、CO_2 浓度、生产设备等生产条件及生产管理，根据产品的特点均有严格的要求，并对制品的有效期、储存条件和使用方法均须做出明确规定。

4. 检验的特殊性

生物药物的功能与其结构有着严格的对应关系，因此生物药物不仅有理化检验指标，更要有生物活性检验指标和安全性检验指标等。

5. 剂型要求的特殊性

生物药物易于被人体胃肠道环境变性、酶解，给药途径可直接影响其疗效的发挥，因而对剂型大都有特殊要求。如对胰岛素依赖型的糖尿病，需将胰岛素制成缓释型、控释型等剂型才能达到更好的疗效。

三、生物药物的分类

1. 一般分类

生物药物可按照其来源、药物的化学本质和化学特性、生理功能及临床用途等不同方法进行分类。由于生物药物的原料、结构多样，功能广泛，因此任何一种分类方法都会有不完善之处，一般可分为生化药物、微生物类药物、基因工程药物和生物制品。

（1）生化药物

① 氨基酸类药物及其衍生物；

② 多肽和蛋白质类药物；

③ 酶类药物；

④ 核酸及其降解物和衍生物；

⑤ 多糖类药物；

⑥ 脂类药物；

⑦ 维生素与辅酶。

（2）微生物类药物

① 抗生素；

② 酶抑制剂；

③ 免疫调节剂。

（3）基因工程药物　包括重组多肽与蛋白类激素、溶栓类药物、细胞因子、重组疫苗、单克隆抗体等。

（4）生物制品

① 以人体或动物的组织为原料制备的药物，如人血液制品、人胎盘制品和人尿制品、人胰岛素和牛、猪胰岛素、生长素等；

② 现代生物技术生产的具有预防、治疗、诊断作用的药品，包括各种疫苗、抗血清、抗毒素、免疫制剂等。

2. 按原料来源进行分类

此外生物药物还有一些其他分类方法，如按原料来源分类。此分类法，有利于对同类原料药物的制备方法、原料的综合利用等进行研究。

（1）人体组织来源的生物药物　以人体组织为原料制备的药物疗效好，无毒副作用，但受来源限制无法批量生产。现投产的主要品种仅限于人血液制品、人胎盘制品和人尿制品。生物技术的应用解决了因原料限制而无法生产的药物，保障了临床用药需求（如基因工程生产的人生长素）。

（2）动物组织来源的生物药物　该类药物来源丰富，价格低廉，可以批量生产，缓解了人体组织原料来源不足的情况。但由于动物和人存在着较大的种属差异，有些药物的疗效低于人源的同类药物，严重者对人体无效。如人胰岛素和牛、猪胰岛素有不同的生物活性，人生长素对侏儒症有效而动物生长素对治疗侏儒症无效且会引起抗原反应。此类药物的生产多经提取、纯化制备而成。生物技术在研究开发、生产此类药物中，发挥着重大作用。

（3）微生物来源的生物药物　来源于微生物的药物在种类、品种、用途等方面都为最多，包括各种初级代谢产物、次级代谢产物及工程菌生产的各种人体内活性物质，其产品有氨基酸、蛋白质、酶、糖、抗生素、核酸、维生素、疫苗等。其中以抗生素生产最为典型。

（4）植物来源的生物药物　该类药物为具有生理活性的天然有机化合物，按其在植物体的功能也有初级代谢产物和次级代谢产物之分。其中次级代谢产物又是中草药的主要有效成分。据不完全统计，全世界大约有 40％的药物来源于植物，我国有详细记载的中草药就近 5000 种，该类药物的资源十分丰富。随着生命科学技术的发展，以及转基因植物生产药物技术的进一步成熟，该类药物将会有更大的发展。

（5）海洋生物来源的生物药物　海洋生物来源的药物，又称海洋药物。海洋生物的种类繁多，是丰富的药物资源宝库。从中分离的天然化合物其结构多与陆地天然物质不同，许多物质具有抗菌、抗病毒、抗肿瘤、抗凝血等生理活性。海洋药物是目前各国重资开发的领域。

第二节 生物制药工艺学

一、生物制药工艺学的研究内容

生物制药是利用生物体或生物过程在人为设定的条件下生产各种生物药物的技术，研究的主要内容包括各种生物药物的原料来源及其生物学特性、各种活性物质的结构与性质、结构与疗效间的相互关系、制备原理、生产工艺及其质量控制等，现代生物技术是现代生物药物生产的主要技术平台。生物制药是一门既古老又年轻、既有悠久历史又有崭新内容的科学技术，飞速发展的现代生物技术不断地为她注入着新鲜血液。生物药物的制备技术正在发生着巨大的变革，抗生素、生化药物和生物制品以及中草药的概念也在发生着变化，其用药理论和制备技术在现代生物技术的介导下也在逐渐发生融合（如抗生素的功能已不再局限于杀菌抑菌、胰岛素的生产不再依靠以动物脏器为原料、乙肝疫苗的生产不再需要用人血等），现代生物技术已成为生物制药技术的共同发展方向。基因工程的应用、蛋白质工程的发展，不但改造了生物制药旧领域，还开创了许多新领域。如人生长素的生产因有了基因工程，不再受原料来源的限制，可为临床提供有效的保障；利用蛋白质工程修饰改造的人胰岛素具有了更稳定的性质，提高了疗效；利用植物可生产抗体；利用酵母细胞生产核酸疫苗等。

生物制药工艺学是一门从事各种生物药物研究、生产和制剂的综合性应用技术学科。其内容包括生化制药工艺、微生物制药工艺、生物技术制药工艺、制品及相关的生物医药产品的生产工艺等。

现代生物制药工艺学研究的重点是各类生物药物的原料来源及其生物学特性、活性物质的结构、性质、制备原理、生产工艺和质量控制。

生化制药工艺包含的技术内容主要涉及生化药物的来源、结构、性质、制备原理、生产工艺、操作技术和质量控制等方面，并且随着现代生物化学、微生物学、分子生物学、细胞生物学和临床医学的发展，尤其现代生物技术、分子修饰和化学工程等先进技术的应用，促进了生化药物技术的发展。

微生物制药工艺研究的主要内容包括微生物的菌种的选育、发酵工艺、发酵产物的提炼及质量控制等问题。重组 DNA 技术在微生物菌种改良中起到越来越重要的作用。同时微生物不仅可以生产小分子药物，而且以微生物为操作对象，更容易进行基因工程改造，生产多肽蛋白类药物。微生物已经成为现代生物药物表达产生的主要宿主之一。

生物技术制药是利用现代生物技术生产多肽、蛋白质、酶和疫苗、单克隆抗体等，生物技术药物新品种、新工艺的开发及产品的质量控制是生物技术制药研究的重要内容。

总而言之，现代生物制药工艺学是一门生命科学与工程技术理论和实践紧密结合的崭新的综合性制药工程学科。其具体任务是讨论：生物药物来源及其原料药物生产的主要途径和工艺过程；生物药物的一般提取、分离、纯化、制造原理和方法；各类生物药物的结构、性质、用途及其工艺和质量控制。

二、生物制药研究的发展趋势

生物技术是全球发展最快的技术之一，现代生物技术制药始于 20 世纪 80 年代初，特别是 PCR（聚合酶链反应）技术的发明，使现代生物技术的发展突飞猛进。90 年代随着人类基因组计划及重要农作物和微生物基因组计划的实施和信息技术的渗入，相继发展了基因组学、生物信息学、组合化学、生物芯片技术以及一系列的自动化分析测试和药物筛选技术和装备。目前生物技术最活跃的应用领域是生物医药行业，生物技术在药物、基因治疗等方面获得了广泛应用。产业化建设迅速发展，众多生物技术医药产品进入了广泛的大规模产业化的时期。生物技术药物的市场占有品种明显增加，主要有疫苗、单克隆抗体、细胞因子、激素、抗血栓因子、基因治疗剂与反义药物等。生物制药（多指重组药物）被投资者作为成长性最高的产业之一。生物技术在未来医药工业经济中占有重要地位。生物技术药物的研制将会得到更迅速的发展，预计发展比较迅速的有以下几个方面。

1. 与疾病相关基因的发现，将促进并加快新型生物药物的开发[1]

每个新基因的发现都具有商业开发的潜力，都可能产生作为人类疾病检测、治疗和预防的新药。预计在完成人类基因组全部测序计划之时，会发现更多的与疾病有关的新基因，开发出更多新的医疗用途的新型药物。2004年进入临床试验的364种生物技术药物中，有175种用于肿瘤，39种用于感染性疾病，28种用于神经脊髓疾病，26种用于心脏病，22种用于呼吸道疾病，11种用于遗传疾病，9种用于血液病，7种用于糖尿病及其并发症，5种用于不育症，3种用于眼病，3种用于生长障碍，2种用于骨质疏松症，2种用于避孕，其他还有用于肥胖、急慢性肝肾衰竭、休克等。以核酸为基础的基因药物品种快速增加，正在进行临床试验的反义药物已超过30种。由此可以看出，现代生物药物的快速发展，将对人类健康做出更大贡献。因此，目前国外一些公司已把现代生物药物作为重要开发领域。

2. 新型疫苗的研制

无论在过去还是现在，疫苗在大量疾病的防治中起着其他药物无法替代的重要作用，但随着人类疾病谱的改变和发展，目前仍有许多难治之症（如肥胖症、肿瘤、艾滋病等）的预防和治疗，需要进行更深入的研究。正在研究开发的品种以疫苗最多，达98种，其中61种用于肿瘤，6种用于呼吸道疾病，4种用于HIV，其他还有用于治疗感染性疾病。正在临床研究的单抗有59种，其中31种用于肿瘤，其他用于器官移植、呼吸道疾病、皮肤病、神经紊乱和自身免疫性疾病。基因治疗是第三大类发展品种。我国继SARS疫苗成功通过临床之后，又研制成功并已投入临床的甲型H1N1流感疫苗，为预防甲型H1N1流感的传播发挥了有效的作用。21世纪，新生物技术的不断涌现，生物技术专利的有效利用将大大促进和缩短生物制品的研制进程。

3. 基因工程活性肽的生产

用基因工程技术制备的具有生物活性的多肽称为基因工程活性肽。基因工程应用的发展，一方面使这些活性肽的生产成为可能，另一方面又发现了更多新的活性肽，如仅神经肽一类就已发现50多种，作用于心血管的活性肽和生长因子也发现了10多种。在人体内存在的维持正常生理调控机制和对疾病的防御机制中，可能存在着极其丰富的活性肽等物质，但人们了解得却很少。人体中可能还有90%以上的活性多肽尚待发现，因此发展基因工程活性肽药物的前景是十分光明的。

4. 蛋白质工程药物的开发

通过蛋白质工程可以改善重组蛋白产品的稳定性，提高产品的活性，延长产品在体内的半衰期，提高生物利用度，降低产品的免疫原性等。如天然胰岛素制剂在储存中易形成二聚体和六聚体，延缓了胰岛素从注射部位进入血液的速度，从而延缓了降糖作用，也增加了抗原性。这是胰岛素B23-B28，氨基酸残基结构所致，改变这些残基则可降低聚合作用。

5. 新的高效表达系统的研究与应用

迄今为止，已上市的生物技术药物（DNA重组产品）多数是在*E. coli*表达系统生产的（34种）；其次是CHO细胞（14种）、幼仓鼠细胞（2种）及酿酒酵母（11种）。正在进一步改进的重组表达系统有真菌、昆虫细胞和转基因植物和动物。转基因动物作为新的表达体系，因其能更便宜地生产高活性的复杂产品，而令人关注。已进入临床试验的有α-抗胰蛋白酶、α-葡萄糖苷酶和抗凝血酶等。还有20种产品正在用转基因羊或牛进行早期开发。实现用转基因动物生产生物药物，用于医疗已经指日可待。

---

[1] 引自：齐香君. 现代生物制药工艺学. 北京：化学工业出版社，2004。

6. 生物药物新剂型的研究

生物药物多数易受胃酸及消化酶的降解破坏，其生物半衰期普遍较短，需频繁注射给药，给患者造成痛苦，使患者用药的依从性降低，且其生物利用度也较低。另外多数多肽与蛋白质类药物不易被亲脂性膜摄取，很难通过生物屏障。因此生物药物的新剂型发展得十分迅速。主要的发展方向是研究开发方便合理的给药途径和新剂型，主要有：①埋植型缓释注射剂，尤其是纳米粒给药系统具有独特的药物保护作用和控释特性，如采用界面缩囊技术制备胰岛素纳米粒不仅包封率高，还能很好地保护药物，其降糖作用可持续 24h；②非注射剂型，如吸入、直肠、鼻腔、经口和透皮给药等。

7. 生物技术对传统中药的改造，创制新型生物药物

应用生物技术，从传统中药中寻找天然活性成分，为实现中药现代化提供技术手段。我国在发掘中医中药，创制具有中国特色的生物药物方面已取得可喜的成果，如人工麝香、天花粉蛋白的成功开发。改变现存的传统药材的有效成分，使现存植物变为“转基因药材”。比如已使脑啡肽、表皮生长因子、促红细胞生成素、生长激素、人血清蛋白、血红蛋白和干扰素等的外源基因在转基因植物中得到表达；在人参、紫草、丹参等 40 余种传统药材中，已建立起用发根农杆菌（*Agrolacterium rhizogenes*）感染的新的具有良好特性的毛状根培养系统，并用于一些根部药材有效成分的研究、生产。利用微生物工程技术也培养成功了多种菌类中草药，如冬虫夏草、灵芝等，使一些名贵的中草药可以发酵的方法生产出来。利用分子工程技术将抗体和毒素（如天花粉蛋白、蓖麻毒蛋白、相思豆蛋白等）相偶联，构成的导向药物（免疫毒素）是一类很有希望的抗癌药物。应用生物分离工程技术从斑蝥、全蝎、地龙、蜈蚣等动物类中药分离纯化活性生化物质，再进一步应用重组 DNA 技术进行克隆表达生产也是实现中药现代化的一条重要途径。

8. 医药产业的其他方面将不断被改造和发展

生物技术的应用使医疗技术得到了更大的发展，基因治疗已成为生命科学中的热点。其研究对象已从原先的遗传病扩展到肿瘤、感染性疾病和心血管疾病等。基因治疗的思路也正在不断开拓，不仅是正常基因的添加和替换，还可以对体内基因进行正调节或负调节，甚至导入体内原本不存在的基因。此外，对基因缺陷所导致的遗传病、免疫缺陷或肿瘤的潜伏期病人，可在家系调查、明确基因诊断的基础上，进行预防性基因治疗。因此可以说基因治疗是一个新的预防和治疗手段，对于严重危害人类健康的疾病的治疗具有潜在的应用价值和应用前景。蛋白质组学研究成果的应用，将揭示机体的生理病理过程。可使疾病的早期诊断技术日新月异（如肿瘤相关标志蛋白，可用作肿瘤诊断和治疗药物的作用靶标）。研究不同个体、不同生理、不同病理状态下，药物代谢酶谱的变化，有利于发展和执行个性化给药途径。

以现代生物技术为依托，开发制药技术的新领域。在抗生素和氨基酸等药物生产中，利用代谢工程技术、原生质体融合技术、分子工程的定向进化技术，选育优良的药物生产新菌种。将固定化技术和生物转化相结合，研究大规模半合成抗生素的现代生产技术，发展氨基酸、维生素和甾体激素生产工艺，提升发酵水平，实现发酵生产的自动化、信息化控制，应用新型分离纯化技术，促进发酵制药的效益增长。

生物技术的应用，有可能彻底改变传统中药材和人类生物药物的生产加工，使之更适合新时代的要求。如果利用转血红蛋白基因的烟草植物大量生产人造血浆成为现实，将会彻底改变现行的供血状况。转基因动物的开发和应用，也将促进医药事业的进一步发展。21 世纪，与人类生存密切相关的医药生物技术的发展，必将为保障人类健康做出更大的贡献。

[1] 齐香君. 现代生物制药工艺学. 北京：化学工业出版社，2004.
[2] 吴晓英. 生物制药工艺学. 北京：化学工业出版社，2009.
[3] 文淑美. 全球生物药物产业发展态势. 中国生物工程杂志，2006，26 (1)：92-96.
[4] 马勇，杜德斌，周天瑜等. 全球生物制药业的研发特点与我国制药研发的应对思考. 2008. 中国科技论坛，2008，11：47-51.

第九章 多肽、蛋白类药物

多肽、蛋白质是一类重要的生物大分子，在生物体内占有特殊地位。目前生物医学在人体内已经发现的具有生物活性的多肽、蛋白质有1000多种，已经开发上市的治疗性多肽、蛋白质类药物有40多种，还有720多种药物正处于1～3期临床试验阶段，其中200多种药物进入FDA的最后批准阶段。这些多肽、蛋白质类药物在神经、内分泌、生殖、消化、免疫等系统中发挥着不可或缺的生理调节作用。如神经紧张肽（NT）能降低血压，对肠和子宫有收缩作用；细胞生长因子对靶细胞的增殖、运动、收缩、分化和组织的改造起调节作用等。

鉴于多肽、蛋白类物质生物活性高，它们在人类的生长发育、细胞分化、大脑活动、肿瘤病变、免疫防御、生殖控制、抗衰防老及分子进化方面均有极其特殊的功能，因此人们渴望着将生物活性多肽、蛋白质应用到医疗、保健、检测等多个领域中去，为人类造福。

第一节 多肽、蛋白类药物概述

从生物的角度看，多肽和蛋白质没有本质的区别，它们均是由20种基本的L-氨基酸按一定顺序通过肽键连接而成的高分子化合物。即一个L-氨基酸的羧基与另一个L-氨基酸的氨基脱水生成肽键，从而连接在一起构成二肽，依此类推，通过肽键连接成三肽、四肽等。一种肽含有的氨基酸数目少于10个称为寡肽，超过10个称为多肽，氨基酸数目为50多个以上的多肽称为蛋白质。多肽和蛋白质并没有严格的界限，两者连接方式相似，其主要区别在于相对分子质量大小和结构的不同，因此在提取分离上既有相似之处，又有不同。

由不同种类氨基酸通过肽键按一定的顺序连接而成的肽链，称为蛋白质的一级结构。在一级结构的基础上，肽链进一步盘旋和折叠形成特定有序的空间结构，包括二级结构、三级结构和四级结构。多肽和蛋白质至少应有三级结构，但有些蛋白质仅有三级结构还不具备生物学活性，还要有多个具有相同或不同三级结构的多肽链，即亚基通过共价键聚合形成四级结构，才具有生物学活性。

有些只要有完整的蛋白质部分即具有生物学活性，这些蛋白质称为单纯蛋白。而有些蛋白质除具有完整的蛋白质部分外，还必须含有非蛋白质部分才有活性，这类蛋白质称为结合蛋白质，其非蛋白质部分称为辅基。对于结合蛋白质的提取、分离、应同时考虑辅基对蛋白质活性的影响。

一、多肽类药物

现已知生物体内含有和分泌很多激素、活性多肽，仅脑中就存在近40种，而人们还不断地分离、发现、纯化新的活性多肽物质。多肽在生物体内的浓度很低，但生理活性很强，在调节生理功能时起着非常重要的作用。

多肽是生物体内重要的活性成分，其生理功能表现在以下几个方面：①多肽是体现信息的使者，以引起各种各样的生理活性和生化反应的调节；②多肽生物活性高，1×10^{-7}mol/L就可发挥活性，如胆囊收缩素在$1/10^{7}$就可以发挥作用；③分子小，结构易于改造，相对于蛋白质而言较易人工化学合成，如人工合成胰岛素就是一种51肽；④许多活性多肽都是由无活性的蛋白质前体经酶加工剪切转化而来，它们中间许多都有共同的来源、相似的结构。研究活性多肽的结构与功能的关系以及活性多肽之间的结构异同与活性的关系，可以为新药的设计和研制提供基础材料。

多肽类药物主要有多肽类激素、多肽类细胞生长调节因子和含有多肽成分的组织制剂。

(1) 多肽类激素 依据多肽类激素药物的作用机制和存在的部位可将其分为：

① 垂体多肽激素，如促皮质素（ACTH）、促黑激素（MSH）、脂肪水解激素（LPH）、催产素（OT）、加压素（AVP）等。

② 下丘脑多肽激素，如促甲状腺素释放激素（TRH）、生长激素释放抑制因子（GRIF）、促性腺激素释放激素（LHRH）等。

③ 甲状腺激素，如甲状旁腺激素（PTH）、降钙素（CT）等。

④ 胰岛多肽激素，如胰高血糖素、胰解痉多肽。

⑤ 肠胃道多肽激素，如胃泌素、胆囊收缩素-促胰激素（CCK-PZ）、肠泌素、肠血管活性肽（VIP）、抑胃肽（GIP）、缓激肽、P物质等。

⑥ 胸腺多肽激素，如胸腺肽、胸腺血清因子等。

(2) 多肽类细胞生长调节因子 多肽类细胞生长调节因子有表皮生长因子（EGF）、转移因子（TF）、心钠素（ANP）等。

(3) 含有多肽成分的组织制剂 这是一类临床确有疗效，但有效成分还不十分清楚的制剂，主要有骨宁、眼生素、血活素、氨肽素、妇血宁、蜂毒、蛇毒、胚胎素、助应素、神经营养素、胚胎提取物、花粉提取物、脾水解物、肝水解物、心脏激素等。对这类物质，若能从多肽或细胞调节因子的角度研究它们的物质基础和作用机制，有可能发现新的活性成分。

二、蛋白质类药物

蛋白质类药物包括蛋白质激素、血浆蛋白质、蛋白质类细胞生长调节因子、黏蛋白、胶原蛋白、碱性蛋白质、蛋白酶抑制剂及植物凝集素等，其作用方式从对机体各系统和细胞生长的调节，扩展到被动免疫、替代疗法和抗凝血等。

(1) 蛋白质激素 蛋白质激素主要为垂体蛋白质激素和促性腺激素。

垂体蛋白质激素包括生长素（GH）、催乳激素（PRL）、促甲状腺素（TSH）、促黄体生成激素（LH）、促卵泡激素（FSH）等。其中生长素有严格的种属特性，动物生长素对人体无效。

促性腺激素主要有人绒毛膜促性腺激素（HCG）、绝经尿促性腺激素（HMG）、血清促性腺激素（SGH）等。

其他蛋白质激素主要有胰岛素、胰抗脂肝素、松弛素、尿抑胃素等。

(2) 血浆蛋白质 血浆蛋白质有白蛋白、纤维蛋白溶酶原、血浆纤维结合蛋白（FN）、免疫丙种球蛋白、抗淋巴细胞免疫球蛋白、Veil's病免疫球蛋白、抗-D免疫球蛋白、抗-HBs免疫球蛋白、抗血友病球蛋白、纤维蛋白原、抗凝血酶Ⅲ、凝血因子Ⅷ、凝血因子Ⅸ。

(3) 蛋白质细胞生长调节因子 蛋白质类细胞生长调节因子有干扰素（IFN）α、干扰素β、干扰素γ、白细胞介素（IL）1～7、神经生长因子（NGF）、肝细胞生长因子（HGF）、血小板衍生生长因子（PDGF）、肿瘤坏死因子（TNF）、集落刺激因子（CSF）、组织纤溶酶原激活因子（t-PA）、促红细胞生成素（EPO）、骨发生蛋白（BMP）。

（4）黏蛋白　黏蛋白有胃膜素、硫酸糖肽、内皮因子、血性物质A和血性物质B等。

（5）胶原蛋白　胶原蛋白有明胶、氧化聚合明胶、阿胶、冻干猪皮等。

（6）碱性蛋白质　碱性蛋白质有硫酸鱼精蛋白。

（7）蛋白酶抑制剂　蛋白酶抑制剂有胰蛋白酶抑制剂、大豆胰蛋白酶抑制剂等。

（8）植物凝集素　植物凝集素有PHA(植物血凝素)、ConA(刀豆凝集素)。

第二节 多肽、蛋白质类药物的生产方法

目前，多肽和蛋白质类药物的主要生产方法有两种，一是传统的生化提取和微生物发酵法，如生化多肽类药物抗菌肽；二是利用基因工程技术构建工程菌（细胞）生产，如细胞生长因子。

尽管不同的多肽、蛋白质类药物的功能和性质多种多样，生产多肽、蛋白质的原料有所不同，采用的提取分离方法也不同，但制备过程和提取分离纯化的原理基本相同，一般制备过程包括生物材料的选取与破碎、有效成分的提取、有效成分的分离纯化等几个步骤。蛋白质、多肽类药物制备的原理主要是利用生物体内不同的蛋白质、多肽之间的特异性差异如分子量大小、形状、酸碱性、溶解度、极性、电荷和对其他物质的亲和性等进行的。

一、多肽、蛋白质类药物的提取

1. 生物材料的选择与前处理

生物材料的选择是此类药物制备的重要环节，材料的选择主要依据不同的药物而定。在工业生产上，一般选择：①材料来源丰富、容易获得；②有效成分含量高；③制备工艺简单，难于分离的杂质较少；④成本低、经济效益好的生物材料或微生物材料为原料。选材时，根据目的物的分布，除选择富含有效成分的生物品种外，还应注意植物的季节性、地理位置和生长环境；动物的年龄、性别营养状况、遗传素质、生理状况和微生物菌种或细胞株的传代次数、培养基的成分和微生物细胞的生长时期等之间的差异。

材料选定后，必须尽量保持新鲜，尽快加工处理。如果所得材料不能立即进行加工时则应冷冻保存，对动物材料应深度冷冻保存。

2. 组织或细胞的破碎

分离提取蛋白质、多肽类物质必须首先破碎生物体组织或细胞，将它们从组织或细胞内释放出来，并保持原来的天然状态，不丢失生物活性。组织或细胞破碎时，应根据不同的情况选择适当的方法将组织和细胞破碎，一般破碎程度愈高目的产物产量愈高。如果材料是体液、代谢排泄物，或细胞分泌到细胞外的某些多肽激素、蛋白质、酶等则不需要破碎细胞。

组织和细胞破碎的方法很多，如机械法、物理因素法、化学法和酶解法等，生产中应根据生产实际，不同的生物材料应采用不同的破碎方法。动物组织、植物种子、叶片等一般使用高速组织捣碎机、匀浆器等；植物细胞具有坚硬的细胞壁，一般先用纤维素酶处理，细菌细胞一般先用溶菌酶处理，然后用超声波振荡、高速挤压或冻融交替等方法破碎。

3. 提取

提取是将预处理或破碎后的生物材料置于一定条件和溶剂中，让被提取的活性物质以溶解状态充分地释放出来，并尽可能保持天然状态，不丢失生物活性的过程。在目的物提取时应该考虑以下几个方面。

(1) 溶剂的选择　生产中可以选择目的物溶解度大而杂质溶解度小的溶剂；或目的物溶解度小杂质溶解度大的溶剂。实际生产中常用的提取溶剂有水、稀盐、稀酸、稀碱或不同比例的有机溶剂。

(2) 离子强度　大多数蛋白质和多肽在低离子强度下溶解度较高，因此在提取蛋白质时多采用低离子强度的溶液，一方面可以提高溶解度，另一方面对蛋白质的生物活性具有一定的稳定作用。

(3) pH　多肽、蛋白质为两性物质，在等电点时，它们的溶解度最小。提取时应根据被分离物质的等电点采用适当的 pH 范围，一般选择 pH 为 6～8 的溶液。

(4) 温度　随着温度的升高，物质的溶解度增加，但在较高温度条件下，生物活性物质容易变性失活，故提取时温度一般控制在 0～10℃。

(5) 表面活性剂　生物制药中为了提高蛋白质的分离提取效果，常根据分离物质的特性加入一定量的表面活性剂物质增强蛋白质的乳化、分散和溶解程度。常用的表面活性剂有吐温 20、吐温 40、吐温 80、Triton 100、Triton 420 等，它们对蛋白质的变性作用小。

在多肽、蛋白质提取时，提取条件的选择还应该考虑多肽、蛋白质在提取条件下的稳定性，同时还应该考虑提取时间，一般来讲提取时间越长，溶解率越高，同时杂质的溶解度也增大。因此必须综合分析各种影响因素，合理地搭配各种提取条件。

二、多肽、蛋白质类药物的分离与纯化

1. 多肽、蛋白质的粗分离

多肽、蛋白质提取液获得后选用一套适用的方法将所要的目的物与其他物质分开，一般采用盐析、等电点沉淀、有机溶剂分级分离等，这些方法的特点是简便，处理量大，既能除去杂质，又能浓缩蛋白溶液，但分辨率低。RNA 和 DNA 的去除多采用鱼精蛋白沉淀法。

(1) 盐析法　当蛋白质溶液中加入高盐时，溶液中的水与盐解离时产生的离子形成水和离子，水活度降低，导致蛋白质的水化层破坏，所带的电荷也被中和产生盐析现象。但在低盐浓度条件下，蛋白质分子的水合作用程度会有所增强。蛋白质溶解度增大。用作盐析的盐主要有硫酸铵、氯化钠、硫酸钠、硫酸镁等，其中以硫酸铵效果最佳。硫酸铵在水中的溶解大，盐析时温度系数较低，常被用于蛋白质的分段盐析。蛋白质盐析作用受盐种类、溶液 pH、温度和蛋白质浓度等因素影响。在相同浓度条件下二价离子盐的作用效果大于单价离子；溶液 pH 控制在等电点附近时有利于蛋白质沉淀的产生；使用的蛋白质溶液的浓度控制在 25～30mg/mL，避免蛋白质浓度过高，产生各种蛋白质的共沉淀作用，导致除杂蛋白的效果明显下降，或蛋白质浓度过低，导致硫酸铵用量大，回收率低；温度对蛋白质和盐的溶解度有一定的影响，但在一般情况下，对蛋白质盐析的温度要求不高，可在温室下进行。对于某些对温度敏感的酶或活性多肽来讲，要求在 0～4℃下操作，以避免活力丧失。盐析法操作简单，成本低，不会导致蛋白质、多肽的生物活性被破坏，常被用于实验室研究和大量生产过程中。

(2) 等电点沉淀　等电点沉淀法是利用具有不同等电点的两性电解质，在达到电中性时溶解度最低，易发生沉淀，从而实现分离的方法。但是，由于许多蛋白质的等电点十分接近，而且带有水膜的蛋白质等生物大分子仍有一定的溶解度，不能完全沉淀析出，单独使用此法分辨率较低，效果不理想，一般很少采用。

(3) 有机溶剂分级分离 溶液中加入有机溶剂能降低溶液的介电常数，减小溶剂的极性，从而削弱了溶剂分子与蛋白质分子间的相互作用力，增加了蛋白质分子间的相互作用，导致蛋白质溶解度降低而沉淀。另一方面，由于使用的有机溶剂与水互溶，它们在溶解于水的同时从蛋白质分子周围的水化层中夺走了水分子，破坏了蛋白质分子的水膜，因而发生沉淀作用，可用于蛋白质的分级沉淀。常用的有机溶剂为乙醇和丙酮。有机溶剂沉淀蛋白质时同样受温度、pH、离子强度等因素的影响。操作时一般先将有机溶剂预冷，加入有机溶剂时在冰浴中进行，避免溶剂再溶解过程中产生热量导致蛋白质变性。使用时先要选择合适的有机溶剂，注意调整蛋白质样品的浓度、温度、pH 和离子强度，使之达到最佳的分离效果。沉淀所得的固体样品，如果不是立即溶解进行下一步的分离，则应尽可能抽干沉淀，减少其中有机溶剂的含量，如若有必要可以装透析袋透析脱去有机溶剂，以免影响样品的生物活性。

2. 蛋白质的精制分离

样品经过粗制分级后，体积较小的杂质大部分已经除去，进一步分离提纯一般多采用柱色谱法，有时还可采用密度梯度离心、电泳等方法。

(1) 色谱法 是一种基于被分离物质的物理、化学及生物学特性的不同，使它们在某些基质中移动速度不同而进行分离和分析的方法。利用物质在溶解度、吸附能力、立体化学特性及分子的大小、带电情况及离子交换、亲和力的大小及特异的生物学反应等方面的差异，使其在流动相与固定相之间的分配系数（或称分配常数）不同，达到彼此分离的目的。

(2) 柱色谱 是指将基质填装在管中形成柱形，在柱中进行色谱操作，适用于样品分析、分离。柱色谱包括凝胶过滤色谱、离子交换色谱、吸附色谱、金属螯合色谱、共价色谱、疏水色谱和亲和色谱等。

(3) 密度梯度离心 用一定的介质在离心管内形成一连续或不连续的密度梯度，通过重力或离心力场的作用使物质分层、分离。这类分离又可分为速度沉降和等密度沉降平衡两种。密度梯度离心常用的介质为氯化铯、蔗糖和多聚蔗糖等。

(4) 电泳 由于多肽、蛋白质是由氨基酸组成的，而氨基酸带有可解离的氨基和羧基，在一定的 pH 条件下就会解离而带电，在电场的作用下向着与其带电性相反的电极移动。不同多肽、蛋白质的等电点和分子量不同，因此经电泳后，就会形成泳动度不同的区带，从而使其得以分离。

三、蛋白质溶液的浓缩方法

蛋白质溶液的浓缩方法多种多样，依据其浓缩的原理可以分为蛋白质沉淀法、脱水浓缩法和柱色谱浓缩法。

1. 蛋白质沉淀法

蛋白质在溶解过程中，其表面分子的亲水性基团容易与水分子作用生成亲水膜，形成稳定的胶体溶液。另外，蛋白质分子为两性分子，当 pH 偏离等电点时，蛋白质分子带同种电荷，相互排斥，从而增加其分散能力。但是，一旦蛋白质分子表面的水化膜被破坏后，蛋白质分子很容易发生聚集，产生沉淀。沉淀法就是利用蛋白质这一特性，在蛋白质溶液中添加盐、有机溶剂或改变蛋白质溶液的 pH 等方法使得蛋白质分子之间发生聚集产生沉淀，然后利用离心手段，将沉淀分离从而达到蛋白质浓缩的效果。常用的方法有以下几种：盐析法、有机溶剂沉淀法、等电点沉淀法及有机聚合物沉淀法。前三种方法已介绍过，这里主要介绍有机聚合物沉淀法。

有机聚合物沉淀法：有机聚合物是 20 世纪 60 年代发展起来的一类重要的沉淀剂，最早应用于提纯免疫蛋白和沉淀一些细菌病毒，近年来广泛应用于核酸和酶的纯化。其中，应用最多的是聚乙二醇（PEG），它的亲水性强，溶于水和许多有机溶剂，对热稳定，分子量范围广，在生物大分子制备中，用得较多的是分子量为6000～20000的PEG。PEG的沉淀效果主要与其本身的浓度和分子量有关，同时还受离子强度、溶液pH和温度等因素的影响。在一定pH下，盐浓度越高，所需PEG浓度越低。溶液的pH越接近目的物的等电点，沉淀所需PEG浓度越低。在一定范围内，高分子量和浓度高的PEG沉淀效率高。

2. 脱水浓缩法

脱水浓缩法主要包括透析法、超滤法和冷冻干燥法。

(1) 透析法　透析已成为生物化学实验室中最简便、最常用的分离纯化技术之一。通常是将半透膜制成袋状，将生物大分子样品溶液置入袋中，将此透析袋浸入水中，样品溶液中的大分子量的生物大分子被截留在袋内，而盐和小分子物质不断扩散透析到袋外，直到袋内外两边的浓度达到平衡为止。

(2) 超滤法　超滤是一种加压膜分离技术，即在一定压力下，使小分子溶质和溶剂穿过一定孔径的特制的薄膜，而使大分子溶质不能透过，留在膜的一边，从而使大分子物质得到了浓缩和部分的纯化。

超滤根据所加的操作压力和所用膜的平均孔径不同，可分为微孔过滤、超滤和反渗透三种。微孔过滤所用的操作压通常小于4×10^4Pa，膜的平均孔径为50nm～14μm，用于分离较大的微粒、细菌和污染物等。超滤所用的操作压为4×10^4～7×10^5Pa，膜的平均孔径为1～10nm，用于分离大分子溶质。反渗透作用的操作压比超滤更大，常达到3.5～14MPa，膜的平均孔径最小，一般为1nm以下，用于分离小分子溶质，如海水脱盐、制高纯水等。超滤技术的优点是操作简便，成本低廉，不需增加任何化学试剂，尤其是超滤技术的试验条件温和，与蒸发、冷冻干燥相比没有相的变化，而且不引起温度、pH的变化，因而可以防止生物大分子的变性、失活和自溶。超滤装置一般由若干超滤组件构成，通常可分为板框式、管式、螺旋卷式和中空纤维式四种主要类型。由于超滤法处理的液体多数含有水溶性生物大分子、有机胶体、多糖及微生物等，这些物质极易黏附和沉积于膜表面上，造成严重的浓差极化和堵塞。这是超滤法最关键的问题，要克服浓差极化，通常可加大液体流量、加强湍流和加强搅拌。

(3) 冷冻干燥法　冷冻干燥就是先将生物大分子的水溶液冰冻，然后在低温和高真空下使冰升华，留下固体干粉。

3. 柱色谱浓缩法

柱色谱浓缩法就是利用蛋白质和离子柱、亲和柱或疏水柱配基之间的亲和力，将蛋白质吸附后，一步洗脱得到较高浓度的蛋白质溶液的方法。

第三节　多肽、蛋白类药物工艺实例

一、胸腺激素的生产工艺

胸腺是一个激素分泌器官，对免疫功能有多方面的影响。胸腺依赖性的淋巴细胞群——T细胞直接参与有关免疫反应。胸腺对T细胞发育的控制，主要通过由胸腺所产生的一系列胸腺激素，促使前T细胞分化、增殖，成熟为T细胞的各种功能亚群，从而控制调节免疫反应。已知某些免疫缺陷病、自身免疫性疾病、恶性肿瘤以及老年性退化性病变等均与胸腺功能的减退及血中胸腺激素水平的降低有关。

目前已有关于胸腺激素（thymushormones）制剂的多种报告，其中较重要者如表9-1所示。

表 9-1 重要的胸腺激素制剂

名 称	化 学 性 质
胸腺素组分 5	一族酸性多肽，平均相对分子质量 1000～15000
猪胸腺素注射液	多肽混合物，平均相对分子质量 15000 以下
胸腺素 α_1	具有 28 个氨基酸残基的多肽，平均相对分子质量 3108，p*I* 4.2
胸腺体液因子	多肽，平均相对分子质量 3200，p*I* 5.7
血清胸腺因子	9 肽，平均相对分子质量 857，p*I* 7.5
胸腺生成素	具有 49 个氨基酸残基的多肽，平均相对分子质量 5562，p*I* 5.7
胸腺因子 X	多肽，平均相对分子质量 4200
胸腺刺激素	多肽混合物
自身稳定胸腺激素	糖肽，平均相对分子质量 1800～2500

1. 胸腺素（thymocin）

胸腺激素制剂的生物学功能都与调节免疫功能有关。在所有的胸腺激素制剂中，对来自小牛胸腺的胸腺素组分 5（即以小牛胸腺为原料，按一定的方法提取，纯化胸腺素的第 5 种组分）的基础理论和临床研究最多。我国研究并已经正式生产猪胸腺素注射液是以猪胸腺为原料，参考牛胸腺素组分 5 的提取、纯化方法而制得的试剂。

（1）结构和性质　胸腺素组分 5 是由在 80℃热稳定的 40～50 种多肽组成的混合物，相对分子质量在 1000～15000 之间，等电点在 3.5～9.5 之间。为了便于不同实验室对这些多肽的鉴别和比较，根据它们的等电点以及在等电聚焦分离时的顺序而命名。共分 3 个区域：α 区包括等电点低于 5.0 的组分；β 区包括等电点在 5.0～7.0 之间的组分；γ 区则指其等电点在 7.0 以上者（此区内组分很少）。对分离的多肽进行免疫活性测定，有活性的称为胸腺素，如胸腺素 α_1，无活性的称为多肽，如多肽 β_1。

胸腺素组分 5 中，胸腺素 α_1、α_5、α_7、β_3 和 β_4 等是具有调节胸腺依赖性淋巴细胞分化和体内外免疫反应的活性组分。它们的主要生物学功能表现在：连续诱导 T 细胞分化发育的各个阶段，放大并增强成熟 T 细胞对抗原或其他刺激物的反应，维持机体的免疫平衡状态。

（2）生产工艺　胸腺素的生产工艺路线如图 9-1 所示。

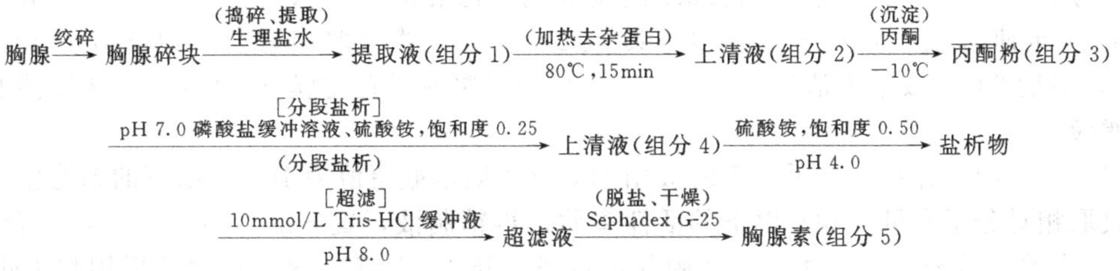

胸腺 —绞碎→ 胸腺碎块 —（捣碎、提取）生理盐水→ 提取液（组分 1）—（加热去杂蛋白）80℃，15min→ 上清液（组分 2）—（沉淀）丙酮，−10℃→ 丙酮粉（组分 3）

—[分段盐析] pH 7.0 磷酸盐缓冲溶液、硫酸铵，饱和度 0.25（分段盐析）→ 上清液（组分 4）—硫酸铵，饱和度 0.50，pH 4.0→ 盐析物

—[超滤] 10mmol/L Tris-HCl 缓冲液，pH 8.0→ 超滤液 —（脱盐、干燥）Sephadex G-25→ 胸腺素（组分 5）

图 9-1 胸腺素生产工艺路线

其工艺过程如下。

提取：将新鲜或冷冻胸腺切去脂肪，搅碎后，加 3 倍量生理盐水，于组织捣碎机制成匀浆，14000*g* 离心后得提取液（组分 1）。

加热去杂蛋白：提取液 80℃加热 15min，以沉淀对热不稳定的部分。离心去掉沉淀，得上清液（组分 2）。

沉淀：上清液冷却至 4℃，加入 5 倍体积的−10℃丙酮，过滤收集沉淀，干燥后得丙酮粉（组分 3）。

分段盐析：将丙酮粉溶于 pH 7.0 磷酸盐缓冲液中，加硫酸铵至饱和度为 0.25，离心去除沉淀上清液（组分 4）调 pH 4.0 加硫酸铵至饱和度为 0.50，得盐析物。

超滤：将盐析物溶于 pH 8.0 的 10mmol/L Tris-HCl 缓冲液中，超滤，取相对分子质量在 15000 以下的超滤液。

脱盐、干燥：超滤液经 Sephadex G-25 脱盐后，冷冻干燥得胸腺素（组分 5）。

国内在制备胸腺素注射液时，一般是先进行脱盐，再进行超滤。

（3）作用与用途　胸腺素为免疫调节剂，临床用于以下方面：①原发性和继发性免疫缺陷病，如反复上呼吸道感染等；②自发免疫病，如肝炎、肾病、红斑狼疮、类风湿性关节炎、重症肌无力等；③变态反应性疾病，如支气管哮喘等；④细胞免疫功能减退的中年老年疾病，并可抗衰老；⑤肿瘤辅助治疗。

2. 胸腺肽（thymus peptides）

（1）结构和性质　胸腺肽是从冷冻的小牛（或猪、羊）胸腺中，经提取、部分热变性、超滤等工艺过程制备出的一种具有高活力的混合肽类药物。胸腺肽中主要是相对分子质量 9600 和 7000 左右的两大类蛋白质或肽类。氨基酸组成达 15 种，其中必需氨基酸含量高。还含有 RNA 0.2～0.3mg/mg、DNA 0.12～0.18mg/mg。胸腺肽在 80℃生物活性不降低，显示其对热较稳定。经蛋白水解酶作用，生物活性消失。

（2）生产工艺　胸腺肽的生产工艺路线如图 9-2 所示。

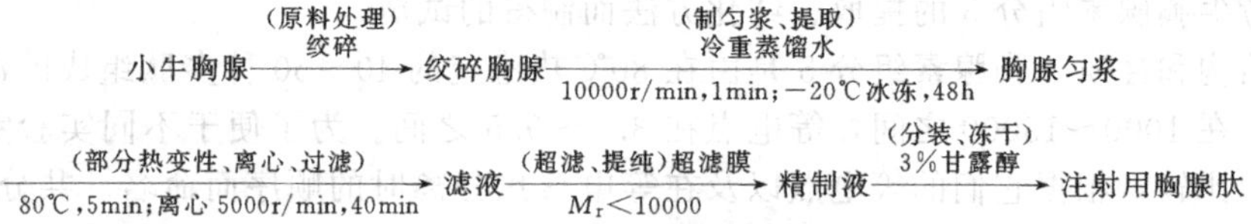

小牛胸腺 —（原料处理）绞碎→ 绞碎胸腺 —（制匀浆、提取）冷重蒸馏水；10000r/min，1min；−20℃冰冻，48h→ 胸腺匀浆

—（部分热变性、离心、过滤）80℃，5min；离心 5000r/min，40min→ 滤液 —（超滤、提纯）超滤膜；$M_r<10000$→ 精制液 —（分装、冻干）3%甘露醇→ 注射用胸腺肽

图 9-2　胸腺肽的生产工艺路线

其工艺过程如下。

原料处理：取−20℃冷藏小牛胸腺，用无菌剪刀剪去脂肪、筋膜等非胸腺组织，再用冷无菌蒸馏水冲洗，置于灭菌绞肉机中绞碎。

制匀浆、提取：将绞碎胸腺与冷重蒸馏水按 1∶1 的比例混合，置于 10000r/min 的高速组织捣碎机中捣碎 1min，制成胸腺匀浆。浸渍提取，温度应在 10℃以下，并放置−20℃冰冻储藏 48h。

部分热变性、离心、过滤：将冻结的胸腺匀浆融化后，置水浴上搅拌加温至 80℃，保持 5min，迅速降温，放置−20℃以下冷藏 2～3 天。然后取出融化，以 5000r/min 离心 40min，温度 2℃，收集上清液，除去沉渣，用滤纸浆或微孔滤膜（0.22μm）减压抽滤，得澄清滤液。

超滤、提纯、分装、冻干：将滤液用相对分子质量截留值为 10000 以下的超滤膜进行超滤，收取相对分子质量 10000 以下的活性多肽，得精制液，置−20℃冷藏。经检验合格后，加入 3%甘露醇作赋形剂，用微孔滤膜除菌过滤，分装，冷冻干燥，即得注射用胸腺肽。

（3）作用与用途　胸腺肽可使人体 T 淋巴细胞数量增加，使机体免疫相对平衡，增加感染病毒、细菌的患者体内溶菌酶浓度，增加吞噬细胞和巨噬细胞的杀菌能力。

胸腺肽适用于各种原发性和继发性免疫缺陷症；各种肝炎、肝硬化、系统性红斑狼疮、风湿类风湿性关节炎、流行性脑脊髓膜炎、肺结核、慢性支气管炎、支气管哮喘、银屑病及上皮角化症；慢性肠道感染、病毒性结膜炎、小儿癫痫、老年性早衰、妇女更年期综合征；各种恶性肿瘤前期，可与化疗、放疗合并作用，均有明显治疗效果。

二、干扰素的生产工艺

干扰素（interferon，IFN）系指由干扰素诱导有关生物细胞所产生的一类高活性、多功能的诱生蛋白质。这类诱生蛋白质从细胞中产生和释放之后，作用于相应的其他同种生物细胞，并使其获得抗病毒和抗肿瘤等多方面的免疫力。因而具有广泛的抗病毒、抗肿瘤和免疫调节活性，是人体防御系统的重要组成。

1. 结构和性质

人干扰素根据来源细胞不同，分为白细胞干扰素（IFN-α）、类淋巴细胞干扰素（IFN-α与IFN-β的混合物）、成纤维细胞干扰素（IFN-β）、T细胞干扰素（又称为免疫干扰、IFN-γ）等几类。IFN-α型干扰素又以其结构不同再分为IFN-αⅠb、IFN-αⅡa和IFN-αⅡb等亚型。各型干扰素的理化性质如表9-2所示。

表9-2 各型干扰素的理化性质比较

性 质	IFN-α	IFN-β	IFN-γ
分子量/$\times 10^3$	20	22～25	20,25
活性分子结构	单体	二聚体	四聚体或三聚体
等电点	5～7	6.5	8.0
已知亚型数	>23	1	1
氨基酸数	165～166	166	146
pH 2.0的稳定性	稳定	稳定	不稳定
热(56℃)稳定性	稳定	不稳定	不稳定
对0.1%SDS的稳定性	稳定	部分稳定	不稳定
在牛细胞(EBTr)上的活性	高	很低	不能检出
诱导抗病毒状态的速度	快	很快	慢
与ConA-Sepharose的结合力	小或无	结合	结合
免疫调节活性	较弱	较弱	强
抑制细胞生长活性	较弱	较弱	强
种交叉活性	大	小	小
主要诱发物质	病毒	病毒、PolyⅠ:C等	抗原、PHA、ConA等
主要产生细胞	白细胞	成纤维细胞	淋巴细胞

2. 生产工艺

干扰素的生产工艺路线如图9-3所示。

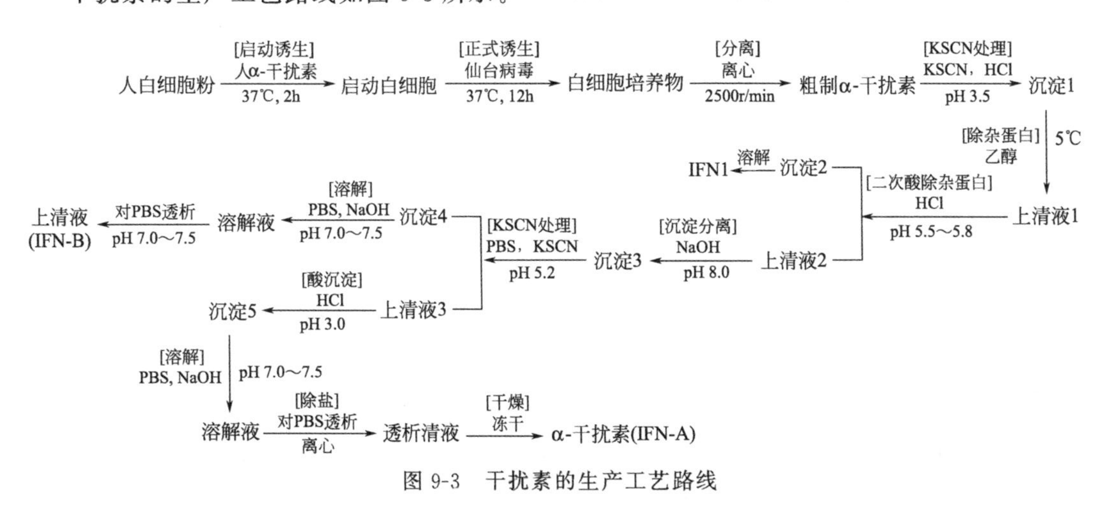

图9-3 干扰素的生产工艺路线

其工艺过程如下。

分离灰黄层：取献血者血液（每份400mL）采入含抗凝血剂的塑料袋内，离心后分出血浆，小心吸取灰黄层，每份血可吸取13～15mL，约为血中细胞的40%～50%，放置4℃冰箱过夜。

氯化铵处理：每份灰黄层加入30mL缓冲盐水，再加入总体积9倍量的0.83%的氯化铵溶液，混匀，4℃放置10min。然后离心20min，收集沉淀细胞，做成悬浮液，再用氯化铵处理1次，溶解残存的红细胞。取沉淀的白细胞并悬浮于培养液中，置于冰浴，取样作活细胞计数，用预温培养液稀释成10^7个/mL。培养液的基础成分为Eagle's培养基。

起动诱生：取稀释的细胞悬浮液加入白细胞干扰素，使其最后浓度为100μg/mL，置37℃水浴搅拌培养。

正式诱生：启动后的白细胞加入仙台病毒，使其最后浓度为100～150血凝单位/mL，在37℃搅拌培养过夜。

收获：次日将培养物离心30min，吸取上清液即得粗制干扰素。

纯化：将粗制人白细胞干扰素加入硫氰化钾（KSCN）处理。

3. 作用与用途

由于干扰素的抗病毒作用、抗细胞分裂及免疫调节作用，可用于：①病毒性疾病，如普通感冒、疱疹性角膜炎、带状疱疹、水痘、慢性活动性乙型肝炎；②恶性肿瘤，如成骨肉瘤、乳腺癌、多发性骨髓瘤、黑色素瘤、淋巴瘤、白血病等；③由病毒引起的良性肿瘤，可控制疾病发展。

参考文献

[1] 梁世中. 生物制药理论与实践. 北京：化学工业出版社，2005.
[2] 李霞. 制药工艺. 北京：科学出版社，2006.
[3] 齐香君. 现代生物制药工艺学. 北京：化学工业出版社，2004.
[4] 赵永芳. 生物化学技术原理及其应用. 武汉：武汉大学出版社，1994.
[5] 熊宗贵. 生物技术制药. 北京：高等教育出版社，1999.
[6] 李良铸. 李明桦，现代生化药物生产关键技术. 北京：化学工业出版社，2006.
[7] 李津. 俞泳霆，董德祥. 生物制药设备和分离纯化技术. 北京：化学工业出版社，2003.

第十章 酶类药物

酶是由生物活细胞产生的具有特殊催化功能的一类生物活性物质，其化学本质是蛋白质，故也称为酶蛋白。药用酶是指可用于预防、治疗和诊断疾病的一类酶制剂。生物体内的各种化学反应几乎都是在酶催化作用下进行的，所以酶在生物体的新陈代谢中起着至关重要的作用，一旦酶的正常生物合成受到影响或酶的活力受到抑制，生物体的代谢受阻就会出现各种疾病。此时若给机体补充所需的酶，使代谢障碍得以解除，从而达到治疗和预防疾病的目的。

第一节 酶类药物概述

酶类药物在治疗上的应用是随着科学技术的进步而发展的，最初是应用粗酶制剂来治疗疾病，如神曲、麦芽等药物含有大量能降解糖、脂肪与蛋白质的水解酶，具有帮助消化的功能。早期酶制剂主要用于治疗消化道疾病、烧伤及感染引起的炎症疾病。近几十年来，酶类药物在品种数量、药物纯度、剂型等方面均有了较大的进展，临床上应用广泛，其制剂品种已超过 700 余种。

《中华人民共和国药典》中收载了多种治疗酶，其中 2000 年版的药典收载了 10 种治疗酶，约占生化药物品种的 1/3，其品种包括胃蛋白酶、胰酶、玻璃酸酶、透明质酸酶、细胞色素 c、抑肽酶、糜蛋白酶、尿激酶、凝血酶、天冬酰胺酶。

根据酶类药物的临床用途，可分为以下六类。

1. 促进消化酶

这类酶的作用是水解和消化食物中的成分，如蛋白质、糖类和脂类等。早期使用的消化剂，其最适 pH 为中性至微碱性，故常将酶与胃酸中和剂 $NaHCO_3$ 一同服用。最近已从微生物制备出不仅在胃中，同时也能在肠中促进消化的复合消化液，内含蛋白酶、淀粉酶、脂肪酶和纤维素酶。另外，脂质体包埋等新技术的应用也大大增强了此类酶制剂的作用。复合消化剂的配表如表 10-1、表 10-2 所示。

表 10-1 复合消化剂组成 1（胶囊）

组　　成	用量/mg	组　　成	用量/mg
纤维素酶	50	脂肪酶	50
耐酸性淀粉酶	50	胰酶	150
耐酸性蛋白酶	100		

表 10-2 复合消化剂组成 2（胶囊）

组　　成	用量/mg	组　　成	用量/mg
鱼精蛋白酶	150	纤维素酶	25
牛胆汁	50	细菌淀粉酶	50

美国FDA（食品与药品管理局）认为消化液的有效性还不令人满意，所以不能刊登广告，大部分的消化酶是根据医师的处方或推荐而使用的（即为医院制剂），日本和欧洲在使用上没有这种限制，美国所使用的消化酶剂见表10-3。

表10-3 美国所使用的消化酶制剂

商品名	公司	含有酶类
Accelerase	Organon	胰酶(淀粉酶、脂肪酶、蛋白酶)
Arco-Lase	Areopharmaceutical	胰酶
Converzyme	Ascher & comp	胰酶、纤维素酶
Digolase	Boxle & Comp	脂酶、木瓜蛋白酶、黑曲霉的酶
Geramine	Brown Pharmaceutical	胰酶、纤维素酶
Kanulose	Dorsey Laboratories	蛋白酶、胰酶、纤维素酶
Gustase	Geriatric Pharmaceutical	淀粉酶、蛋白酶、纤维素酶
Festal	Hoechst Pharmaceutical	胰酶、半纤维酶
Takadiastase	Parke-Dowis	米曲霉的酶
Phazyme	Reed & Carmnick	胃蛋白酶、胰酶
Donnazyme	A. H. Robins	胃蛋白酶、胰酶
Viokase	Viobin	胰酶

2. 消炎酶类

蛋白酶的消炎作用已被试验所证实，但其在体内的吸收途径、在血液中的半衰期以及在体内如何保持活性等问题，仍是当今药用酶研究的热点。表10-4中列出了单一品种的消炎酶制剂，其中用得最多的是溶菌酶，其次为菠萝蛋白酶和胰凝乳蛋白酶。消炎酶一般做成肠溶性片剂。消炎酶的复方制剂见表10-5，美国常用的消炎酶制剂见表10-6。

表10-4 片剂与胶囊中消炎酶（单一品种）的组成

消炎酶(单一品种)	含量	发售品种数	消炎酶(单一品种)	含量	发售品种数
溶菌酶	27.5%	14	胰蛋白酶	5.9%	3
菠萝蛋白酶	19.6%	10	明胶肽酶	2.0%	1
α-胰凝乳蛋白酶	15.7%	8	合计	76.5%	39
SAP	5.9%	3			

表10-5 片剂与胶囊消炎酶（复合品种）的组成

消炎酶(复合品种)	含量	发售品种数	消炎酶(复合品种)	含量	发售品种数
菠萝蛋白酶+胰蛋白酶	7.8%	4	胰酶+链霉菌蛋白酶	2.0%	1
胰凝乳蛋白酶+胰蛋白酶	7.8%	4	胰酶+蛋白酶	2.0%	1
链激酶链球菌DNA酶	3.9%	2	合计	23.5%	12

表10-6 美国常用的消炎酶制剂

商品名	公司	含有酶
Chymoral	Armour Pharmaceutical	胰蛋白酶、胰凝乳蛋白酶
Adrenzyme	Natimal Drug	胰蛋白酶、胰凝乳蛋白酶、RNA酶
Elase	Parke-Davis	血纤维蛋白溶酶
Ananase	Rekrer	菠萝蛋白酶
Avazyme	Wampole	结晶胰乳蛋白酶
Papase	Warner-chilcot	木瓜蛋白酶
Chymolase	Warren-Teed	胰酶

3. 与治疗心脑血管疾病有关的酶类

健康人体血管中凝血的抗凝血过程保持良好的动态平衡，其血管内无血栓形成，其中血纤维蛋白在血液的凝固与解凝过程中起着重要的作用。根据血栓的形成机制，对血栓的治疗主要涉及以下几个方面：①防止血小板凝集；②组织血纤维蛋白的形成；③促进血纤维蛋白溶解。因此，提高血液中蛋白水解酶的水平，将有助于促进血栓的溶解，也有助于预防血栓的形成。目前已用于临床的酶类主要有链激酶、尿激酶、纤溶酶、凝血酶和蚯激酶等。

4. 抗肿瘤的酶类

已发现有些酶能用于治疗某些肿瘤，如天冬酰胺酶、谷氨酰胺酶、蛋氨酸酶、酪氨酸氧化酶等。其中天冬酰胺酶是一种引起人注目的抗白血病药物。它是利用天冬酰胺酶选择性地争夺某些类型瘤组织的营养成分，干扰或破坏肿瘤组织代谢，而正常细胞能自身合成天冬酰胺故不受影响。谷氨酰胺酶能治疗多种白血病、腹水瘤、实体瘤等。神经氨酸苷酶是一种良好的肿瘤免疫治疗剂。此外，尿激酶可用于加强抗癌药物如丝裂霉素（mitomycin）的药效，米曲溶栓酶也能治疗白血病和肿瘤等。

5. 与生物氧化还原电子传递有关的酶

这类酶主要有细胞色素c、超氧化物歧化酶、过氧化物酶等。细胞色素c是参与生物氧化的一种非常有效的电子传递体，是组织缺氧治疗的急救和辅助用药。超氧化物歧化酶在抗衰老、抗辐射、消炎等方面也有显著疗效。

6. 其他药用酶

酶在解毒方面的应用研究已引起人们的注意，如青霉素酶、有机磷解毒酶等。青霉素酶能分解青霉素，可应用于治疗青霉素引起的过敏反应；透明质酸酶可分解黏多糖，使组织间质的黏稠性降低，有助于组织通透性增加，是一种药物扩增剂；弹性蛋白酶有降血压和降血脂的作用；激肽释放酶能治疗同血管收缩有关的各种循环障碍；葡聚糖酶能预防龋齿等。表10-7是近年来国内外正在研究和已开发成功的药用酶品种。

表 10-7 酶类药物一览表

品　种	来　源	用　途
胰酶	猪胰	助消化
胰脂酶	猪、牛胰	助消化
胃蛋白酶	胃黏膜	助消化
高峰淀粉酶	米曲霉	助消化
纤维素酶	黑曲霉	助消化
β-半乳糖苷酶	米曲霉	助乳糖消化
麦芽淀粉酶	麦芽	助消化
胰蛋白酶	牛胰	局部清洁，抗炎
胰凝乳蛋白酶	牛胰	局部清洁，抗炎
胶原酶	溶组织梭菌	清洗
超氧化物歧化酶	猪、牛等红细胞	消炎，抗辐射，抗衰老
菠萝蛋白酶	菠萝茎	抗炎，消化
木瓜蛋白酶	木瓜果汁	抗炎，消化
酸性蛋白酶	黑曲霉	抗炎，化痰
沙雷菌蛋白酶	沙雷菌	抗炎，局部清洁
蜂蜜曲霉蛋白酶	蜂蜜曲霉	抗炎
灰色链霉菌蛋白酶	灰色链霉菌	抗炎
枯草杆菌蛋白酶	枯草杆菌	局部清洁
溶菌酶	鸡蛋卵蛋白	抗炎，抗出血
透明质酸酶	睾丸	局部麻醉，增强剂
葡聚糖酶	曲霉、细菌	预防龋齿
脱氧核糖核酸酶	牛胰	祛痰
核糖核酸酶	红霉素生产菌	局部清洁，抗炎
链激酶	B-溶血性链球菌	局部清洁，溶解血栓
尿激酶	男性人尿	溶解血栓
纤溶酶	人血浆	溶解血栓

续表

品　种	来　源	用　途
米曲纤溶酶	米曲霉	抗凝血
蛇毒纤溶酶	蛇毒	止血
凝血酶	牛血浆	止血
人凝血酶	人血浆	凝血
蛇毒凝血酶	蛇毒	降血压
激肽释放酶	猪胰、颌下腺	降压，降血脂
弹性蛋白酶	胰脏	抗白血病，抗肿瘤
天冬酰胺酶	大肠杆菌	抗肿瘤
谷氨酰胺酶	—	青霉素过敏症
青霉素酶	蜡状芽孢杆菌	高尿酸血症
尿酸酶	黑曲霉	
脲酶	刀豆(植物)	
细胞色素 c	牛、猪、马心脏	改善组织缺氧性
组胺酶	—	抗过敏
凝血酶原激酶	血液、脑等	凝血
链道酶	溶血链球菌	局部清洁，消炎
无花果蛋白酶	无花果汁液	驱虫剂
蛋白质 c	人血浆	抗凝，溶血栓

第二节 酶类药物的生产方法

酶类药物来源广泛，可以从动物、植物、微生物及基因工程技术等获得。虽然也可以通过化学合成法制备，但由于各种因素的限制，目前酶类药物的生产主要是直接从动、植物中提取、纯化和利用微生物发酵生产。

根据酶类药物生产工艺的不同，可将其分为以下两类。

一、生化制备法

生化制备法的主要生产过程为：

选取符合要求的动植物材料→生物材料的预处理→提取→纯化

1. 原料选择应注意的问题

生物材料和体液中虽普遍含有酶，但在数量和种类上不同材料却有很大的差别，组织中酶的总量虽然不少，但各种酶的含量却非常少。从已有的资料看，个别酶的含量在0.0001%～1%，如表10-8所示。因此在提取酶时应根据各种酶的分布特点和存在特性选择适宜的生物材料。

表 10-8 某些酶在组织中的含量

酶	来源	含量/(g/100g 组织湿重)	酶	来源	含量/(g/100g 组织湿重)
胰蛋白酶	牛胰	0.55	细胞色素 c	肝	0.015
甘油醛-3-磷酸脱氧酶	兔骨骼肌	0.40	柠檬酸酶	猪心肌	0.07
过氧化氢酶	辣根	0.02	脱氧核糖核酸酶	胰	0.0005

以下为原料选用时的几点注意事项。

① 了解目的酶在生物材料中的分布特点，选择适宜的生物原料。如乙酰氧化酶在鸽肝中含量高，提取此酶时宜选用鸽肝为原料；凝血酶提取选用牛血；透明质酸酶提取选用羊睾

丸；溶菌酶提取选用鸡蛋清；超氧化物歧化酶提取选用血和肝脏等。用微生物生产酶时需根据酶活力测定，来决定取酶时间。

② 考虑生物在不同发育阶段及营养状况时，酶含量的差别及杂质干扰的情况。如从鸽肝提取乙酰化酶，在饥饿状态下取材，可排除杂质肝糖原对提取过程的影响；凝乳酶只能用哺乳期的小牛胃作材料等。

③ 用动物组织作原料，应在动物组织宰杀后立即取材。

④ 考虑生化制备的综合成本，选材时应注意原料来源丰富，能综合利用一种资源获得多种产品，还应考虑纯化条件的经济性。

2. 生物材料的预处理

生物材料中的酶多存在于组织或细胞中，因此提取前须将组织或细胞破碎，以便酶从其中释放出来，利于提取。由于酶活性与其空间构象有关，所以预处理时一般应避免剧烈条件，但如是结合酶，则必须进行剧烈处理，以利于酶的释放。生物材料的预处理方法有以下几种。

（1）机械处理　用绞肉机将事先切成小块的组织绞碎。当绞成组织糜后，许多酶都能从粒子较粗的组织糜中提取出来，但组织糜粒子不能太粗，这就要选择好绞肉机板的孔径，若使用不当，会对产率有很大影响。通常可选用粗孔径的绞，再用细孔径的绞，有时甚至要反复多绞几次。如是速冻的组织，也可以在冰冻状态下直接切块绞。用绞肉机，一般细胞并不破碎，而有的酶必须在细胞破碎后才能有效地提取，对此则需采用特殊的匀浆才行，实验室常用的是玻璃匀浆器和组织捣碎器，工业上可用高压匀浆泵。对于用机械处理仍不能有效提取的酶，可用下述方法处理。

（2）反复冻融处理　将材料冷冻到－10℃左右，再缓慢溶解到室温，如此反复多次。由于细胞中冰晶的形成，及剩下液体中盐浓度的增高，可使细胞中颗粒及整个细胞破碎，从而使酶释放出来。

（3）制备丙酮粉　组织经丙酮迅速脱水干燥制成丙酮粉。不仅可减少酶的变性，同时因细胞结构的破坏使蛋白质与脂质结合的某些化学键打开，促使某些结合酶释放到溶液中，如鸽肝乙酰化酶就是用此法处理。常用的方法是将组织糜或匀浆悬浮于0.01mol/L、pH 6.5的磷酸缓冲液中，再在0℃下将其一边搅拌，一边慢慢倒入10倍体积的－15℃无水丙酮内。10min后，离心过滤取其沉淀物，反复用冷丙酮洗几次，真空干燥即得丙酮粉。丙酮粉在低温下可保存数年。

（4）微生物细胞的预处理　若是胞外酶，则除去菌体后就可直接从发酵液中提取；若是胞内酶，则需将菌体细胞破壁后再进行提取。通常用离心或压滤法取得菌体，用生理盐水洗涤除去培养基后，冷冻保存。

3. 酶的提取

酶的提取方法主要有水溶液法、有机溶剂法和表面活性剂法三种。

（1）水溶液法　常用稀盐溶液或缓冲液提取。经过预处理的原料，包括组织糜、匀浆、细胞颗粒以及丙酮粉等，都可用水溶液抽提。为了防止提取过程中酶活力降低，一般在低温下操作，但对温度耐受性较高的酶（如超氧化物歧化酶），却应提高温度，以使杂蛋白变性，利于酶的提取和纯化。水溶液的pH选择对提取也很重要，应考虑的因素有酶的稳定性、酶的溶解度、酶与其他物质结合的性质。选择pH的总原则是：在酶稳定的pH范围内，选择偏离等电点的适当pH。还应注意的是，许多酶在蒸馏水中不溶解，而在低盐浓度下易溶解，所以提取时加入少量盐可提高酶的溶解度。盐浓度一般以等渗为好，相当于0.15mol/L NaCl的离子强度最适宜于酶的提取。

（2）有机溶剂法　某些结合酶如微粒体和线粒体膜的酶，由于和脂质牢固结合，用水溶液很难提取，为此必须除去结合的脂质，且不能使酶变性，最常用的有机溶剂是丁醇。丁醇具有下述性能：亲脂性强，特别是亲磷脂的能力较强；兼具亲水性，0℃在水中的溶解度为10.5%；在脂与水分子间能起表面活性剂的桥梁作用。用丁醇提取方法有两种，一种是用丁醇提取组织的匀浆然后离心，取下相层，但许多酶在与脂质分离后极不稳定，需加注意；另一种是在每克组织或菌体的干粉中加5mL丁醇，搅拌20min，离心，取沉淀（注意：均相法是取液相，二相法是取沉淀），接着用丙酮洗去沉淀上的丁醇，再在真空中除去溶剂，所得干粉可进一步用水提取。

（3）表面活性剂法　表面活性剂分子具有亲水或憎水性的基团。表面活性剂能与酶结合使之分散在溶液中，故可用于提取结合酶，但此法用得较少。

4. 酶的纯化

酶的纯化是一个复杂的过程，不同的酶，因性质不同，其纯化工艺可有很大不同。评价一个纯化工艺的好坏，主要看两个指标：一是酶比活，二是总活力回收率。设计纯化工艺时应综合考虑上述两项指标。目前，国内外纯化酶的方法很多，如盐析法、有机溶剂沉淀法、选择性变性法、柱色谱法、电泳法和超滤法等，类同于蛋白质的纯化方法。本节重点讨论酶在纯化过程中可能遇到的技术难点。

（1）杂质的除去　酶提取液中，除所需酶外，还含有大量的杂蛋白、多糖、脂类和核酸等，为了进一步纯化，可用下列方法除去。

① 调pH和加热沉淀法。利用蛋白质在酸碱条件下的变性性质可以通过调pH和等电点除去某些杂蛋白，也可利用不同蛋白质对热稳定的差异，将酶液加热到一定温度，使杂蛋白变性而沉淀。超氧化物歧化酶就是利用这个特点，在65℃加热10min，除去大量的杂蛋白。

② 蛋白质表面变性法。利用蛋白质表面变性性质的差别，也可除去杂蛋白。例如制备过氧化氢酶时，加入氯仿和乙醇进行震荡，可以除去杂蛋白。

③ 选择性变性法。利用蛋白质稳定性的不同，除去杂蛋白。如对胰蛋白酶、细胞色素c等少数特别稳定的酶，甚至可用2.5%三氯乙酸处理，这时其他杂蛋白都变性而沉淀，而胰蛋白酶和细胞色素c仍留在溶液中。

④ 降解或沉淀核酸法。在用微生物制备酶时，常含有较多的核酸，为此，可用核酸酶，将核酸降解成核苷酸，使黏度下降便于离心分离。也可用一些核酸沉淀剂如三甲基十六烷基溴化铵、硫酸链霉素、聚乙烯亚胺、鱼精蛋白和二氯化锰等。

⑤ 利用结合底物保护法除去杂蛋白。近来发现，酶与底物结合或与竞争性抑制剂结合后，稳定性大大提高，这样就可用加热法除去杂蛋白。

（2）脱盐　在酶的提纯以及酶的性质研究中，常常需要脱盐。最常用的脱盐方法是透析和凝胶过滤。

① 透析。透析最广泛使用的是玻璃纸袋，由于它有固定的尺寸、稳定的孔径，故已有商品出售。由于透析主要是扩散过程，如果袋内外的盐浓度相等，扩散就会停止，因此需经常更换溶剂。如在冷处透析，则溶剂也要预先冷却，避免样品变性。透析时的盐是否去净，可用化学试剂或电导仪进行检查。

② 凝胶过滤。这是目前最常用的方法，不仅可除去小分子的盐，而且也可除去其他相对分子质量较小的物质。用于脱盐的凝胶主要有Sephadex G-10、Sephadex G-15、Sephadex G-25以及Bio-Gel P-2、Bio-Gel P-4、Bio-Gel P-6及Bio-Gel P-10。

（3）浓缩　酶的浓缩方法很多，有冷冻干燥、离子交换、超滤、凝胶吸水、聚乙二醇吸水等。

① 冷冻干燥法。它是最有效的方法，可将酶液制成干粉。采用这种方法既能使酶浓缩，又能使酶不易变性，便于长期保存。需要干燥的样品最好是水溶液，如溶液中混有有机溶

剂，就会降低水的冰点，在冷冻干燥时样品会融化起泡而导致酶活性部分丧失。另外，低沸点的有机溶剂（如乙醇、丙酮），在低温时仍有较高的蒸气压，逸出水汽冷凝在真空泵油里，会使真空泵失效。

② 离子交换法。此法常用的交换剂有 DEAE Sephadex A50，PAE-Sephadex A50 等。当需要浓缩的酶液通过交换柱时，几乎全部的酶蛋白会被吸附，然后用改变洗脱液 pH 或离子强度等法即可达到浓缩的目的。

③ 超滤法。超滤的优点在于操作简单、快速且温和，操作中不产生相的变化。影响超滤的因素很多，如膜的渗透性、溶质形状、大小及其扩散性、压力、溶质浓度、离子环境和温度等。

④ 凝胶吸水法。由于 Sephadex、Bio-Gel 都具有吸收水及吸收相对分子质量较小化合物的性能，因此用这些凝胶干燥粉末和需要浓缩的酶液混在一起后，干燥粉末就会吸收溶剂，再用离心或过滤方法除去凝胶，酶液就得到浓缩。这些凝胶的吸水量，每克约 1～3.7mL。在实验室为了浓缩小体积的酶液时，可将样品装入透析袋内，然后用风扇吹透析袋，使水分逐渐挥发而使酶液浓缩。

（4）酶的结晶 把酶提纯到一定纯度以后（通常纯度应达 50%以上），可进行结晶。伴随着结晶的形成，酶的纯度经常有一定程度的提高。从这个意义上讲，结晶既是提纯的结果，也是提纯的手段，酶结晶的明显特征在于有序性，蛋白质分子在晶体中均是对称性排列，并具有周期性的重复结构。形成结晶的条件是设法降低酶分子的自由能，从而建立起一个有利于晶体形成的相平衡状态。

① 酶的结晶方法。酶的结晶方法主要是缓慢地改变酶蛋白的溶解度，使其略处于过饱和状态。常用改变酶溶解度的方法有以下几种。

a. 盐析法。即在适当的 pH、温度等条件下，保持酶的稳定，慢慢改变盐浓度进行结晶。结晶时采用的盐有硫酸铵、柠檬酸钠、乙酸铵、硫酸镁和甲酸钠等。利用硫酸铵结晶时一般是把盐加入到一个比较浓的酶溶液中，并使溶液微呈混浊为止。然后放置并且非常缓慢地增加盐浓度。操作要在低温下进行，缓冲液 pH 要接近酶的等电点。我国利用此法已得到羊胰蛋白酶原、羊胰蛋白酶和猪胰蛋白酶的结晶。

b. 有机溶剂法。酶液中滴加有机溶剂，有时也能使酶形成结晶。这种方法的优点是结晶悬液中含盐少。结晶用的有机溶剂有乙醇、丙醇、丁醇、乙腈、异丙醇、二甲亚砜、二氧杂环己烷等。与盐析法相比，用有机溶剂法易引起酶失活。一般含少量无机盐的情况下，选择使酶稳定的 pH，缓慢地滴加有机溶剂，并不断搅拌，当酶液微呈混浊时，在冰箱中放置 1～2h。然后离心去掉无定形物，取上清液在冰箱中放置，令其结晶。加有机溶剂时，应注意不能使酶液中所含的盐析出。所使用的缓冲液一般不用磷酸盐，而用氯化物或乙酸盐。用这方法已获得不少酶结晶，如天冬酰胺酶。

c. 复合结晶法。即利用某些酶与有机化合物或金属离子形成复合物或盐的性质来结晶。

d. 透析平衡法。利用透析平衡进行结晶也是常用方法之一。它既可进行大量样品的结晶，也可进行微量样品的结晶。大量样品的透析平衡结晶是将样品装在透析袋中，对一定的盐溶液或有机溶剂进行透析平衡，这时酶液可缓慢地达到过饱和而析出结晶。这个方法的优点是透析膜内外的浓度差减少时，平衡的速度也变慢。利用这种方法获得过氧化氢酶、己糖激酶和羊胰蛋白酶等结晶。

e. 等电点法。一定条件下，酶的溶解度明显地受 pH 影响。这是由于酶所具有的两性离子性质决定的。一般地说，在等电点附近酶的溶解度很小，这一特征为酶的结晶条件提供了理论根据。例如在透析平衡时，可改变透析外液的氢离子浓度，从而达到结晶的 pH。

② 影响酶结晶的因素。在进行酶的结晶时，要选择一定条件与相应的结晶方法配合。

这不仅为了能够得到结晶，也是为了保证不引起酶活力丧失。影响酶结晶的因素有很多，下列几个条件尤为重要。

a. 酶液的纯度。酶只有到相当纯后才能进行结晶。总的来说酶的纯度越高，结晶越容易，长成大的单晶的可能性也越大。杂质的存在是影响单晶长大的主要障碍，甚至也会影响微晶的形成。在早期的酶结晶研究工作中，大都是由天然酶混合物直接结晶的，例如由鸡蛋清中可获得溶菌酶结晶，在这种情况下，结晶对酶有明显的纯化作用。

b. 酶的浓度。结晶母液通常应保持尽可能高的浓度。酶的浓度越高越有利于溶液中溶质分子间的相互碰撞聚合，形成结晶的机会也越大，对大多数酶来说，蛋白质浓度以 5～10mg/mL 为好。

c. 温度。结晶的温度通常在 4℃下或室温 25℃下，低温条件下酶不仅溶解度低，而且不易变性。

d. 时间。结晶形成的时间长短不一，从数小时到几个月都有，有的甚至需要 1 年或更长时间。一般来说，较大而性能好的结晶是在生长慢的情况下得到的。一般希望使微晶的形成快些，然后慢慢地改变结晶条件，使微晶慢慢长大。

e. pH。除沉淀剂的浓度外，在结晶条件方面最重要的因素是 pH。有时 pH 只差 0.2 就只得到沉淀而不能形成微晶或单晶。调整 pH 可使晶体长到最适大小，也可改变晶形。结晶溶液 pH 一般选择在被结晶酶的等电点附近。

f. 金属离子。许多金属离子能引起或有助于酶的结晶，例如羧肽酶、超氧化物歧化酶、碳酸酐酶，在二价金属离子的存在下，有促进晶体长大作用。在酶的结晶过程中常用的金属离子有 Ca^{2+}、Zn^{2+}、Co^{2+}、Cu^{2+}、Mg^{2+}、Mn^{2+}、Ni^{2+} 等。

g. 晶种。不易结晶的蛋白质和酶，有的需加入微量的晶种才能结晶，例如，在胰凝乳蛋白酶结晶母液中加入微量胰凝乳蛋白酶结晶可导致大量结晶的形成。要生长大的单晶时，也可引入晶种，加晶种以前，酶液要调到适于结晶的条件，然后加入大晶种或少量小晶种。在显微镜下观察，如果晶种开始溶解，就要追加更多的沉淀直到晶种不溶解为止。当达到晶种不溶解又无无定形物形成时，将此溶液静置，使结晶慢慢长大。超氧化物歧化酶就是用此法制备大单晶的。

h. 结晶器皿处理。结晶用的器皿要充分清洗、烘干，使用前用结晶母液再冲洗一次，也可用压缩空气或惰性气体吹去灰尘。用于结晶的玻璃器皿，例如管形瓶、透析池的扩散盘，可用硅涂料进行表面处理，以使表面光滑且不润湿。这样可减少晶核数目，有助于形成大的单晶。

(5) 酶分离和纯化中应注意的问题　提纯过程中，酶纯度越高，稳定性越差，因此在酶分离和纯化时尤其要注意以下几点。

① 防止酶蛋白变性。为防止酶蛋白变性，保持其生物活性，应避免高温，避免 pH 过高或过低，一般要在低温（4℃左右）和中性 pH 下操作。为防止酶蛋白的表面变性不可激烈搅拌，避免产生泡沫。还应避免酶与重金属或其他蛋白变性剂接触。如要用有机溶剂处理，操作必须在低温下，短时间内进行。

② 防止辅助因子流失。有些酶除酶蛋白外，还含有辅酶、辅基和金属等辅助因子。在进行超滤、透析等操作时，要防止这些辅因子的流失，影响终产品的活性。

③ 防止酶被蛋白水解酶降解。在提取液尤其是微生物培养液中，除目的酶外，还常常同时存在一些蛋白水解酶，要及时采取有效措施将它们除去。如果操作时间长，还要防止杂菌污染酶液，造成目的酶的失活。

从动物或植物中提取酶受到原料的限制，随着酶应用的日益广泛和需求量的增加，工业生产的重点已逐渐转向用微生物发酵法生产。

二、微生物发酵法

利用发酵法生产药用酶的工艺过程，同其他发酵产品相似，下面简要讨论一下发酵法生产药用酶的技术关键。

1. 高产菌株的选育

菌种是工业发酵生产酶制剂的重要条件。优良菌种不仅能提高酶制剂产量和发酵原料的利用率，而且还与增加品种、缩短生产周期、改进发酵和提炼工艺条件等密切相关。目前，优良菌种的获得有三条途径：①从自然界分离筛选；②用物理或化学方法处理、诱变；③用基因重组与细胞融合技术，构建性能优良的工程菌。

2. 发酵工艺的优化

优良的生产菌株，只是酶生产的先决条件，要有效地进行生产还必须探索菌株产酶的最适培养基和培养条件。首先要合理选择培养方法、培养基、培养温度、pH和通气量等。在工业生产中还要摸索一系列工程和工艺条件，如培养基的灭菌方式、种子培养条件、发酵罐的形式、通气条件、搅拌速度、温度和pH调节控制等。还要研究酶的分离、纯化技术和制备工艺，这些条件的综合结果将决定酶生产本身的经济效益。

3. 培养方法

目前药用酶生产的培养方法主要有固体培养方法和液体培养方法。

(1) 固体培养法　固体培养法亦称麸曲培养法，该法是利用麸皮或米糠为主要原料，另外还需要添加谷糠、豆饼等，加水拌成含水适度的固态物料作为培养基。目前我国酿造业用的糖化曲，普遍采用固体培养法。固体培养法根据所用设备和通气方法又可分为浅盘法、转桶法、厚层通气法三种。固体培养法，除设备简陋、劳动强度大外，且因麸皮的热传导性差，微生物大量繁殖时积蓄的热量不能迅速散发，造成培养基温度过高，抑制微生物繁殖。此外，培养过程中对温度、pH的变化、细胞增殖、培养基原料消耗和成分变化等的检测十分困难，不能进行有效调节，这些都是固体培养法的不足之处。

(2) 液体培养法　液体培养法是利用液体培养使微生物生长繁殖和产酶。根据通气（供氧）方法的不同，又分为液体表面培养和液体深层培养两种，其中液体深层通气培养是目前应用最广的方法。

4. 影响酶产量的因素

菌种的产酶性能是决定发酵产量的重要因素，但是发酵工艺条件对产酶量的影响也是十分明显的。除培养基组成外，其他如温度、pH、通气、搅拌、泡沫、湿度、诱导剂和阻遏剂等，必须配合恰当，才能得到良好的效果。

(1) 温度　发酵温度不但影响微生物生长繁殖和产酶，也会影响已形成酶的稳定性，要严格控制。一般发酵温度比种子培养时略高些，对产酶有利。

(2) 发酵的pH　如果pH不适，不但妨碍菌体生长，而且还会改变微生物代谢途径和产物性质。控制发酵液的pH，通常可通过调节培养基原始pH，掌握原料的配比，保持一定的C/N，或者添加缓冲剂使发酵液有一定的缓冲能力等，也可通过调节通气量等方法来实现。

(3) 通气和搅拌　迄今为止，用于酶制剂生产的微生物，基本上都是好氧菌，不同的菌种在培养时，对通气量的要求也各不相同，为了精确测定，现在普遍采用溶氧仪，精确测定培养液中溶解氧。好氧微生物在深层发酵中除不断通气外，还需搅拌。搅拌能将气泡打碎增加气液接触面积，加快氧的溶解速度。由于搅拌使液体形成湍流，延长了气泡在培养液中的停留时间，减少了液膜厚度，提高了空气的利用率；搅拌还可加强液体的湍流作用，有利于热交换和营养物质与菌体细胞的均匀接触，同时稀释细胞周围的代谢产物，有利于促进细胞的新陈代谢。

(4) 泡沫和消泡剂 在发酵过程中，泡沫的存在会阻碍 CO_2 排除，直接影响氧的溶解，因而将影响微生物的生长和产物的形成。同时泡沫层过高，往往造成发酵液随泡沫溢出罐外，不但浪费原料，还易引起染菌。又因泡沫上升，发酵罐装料量受到限制，降低了发酵罐的利用率，因此，必须采取消泡措施，进行有效控制。常用的消泡剂有天然油类、醇类、脂肪酸类、胺类、酰胺类、磷酸酯类、聚硅氧烷等，其中以聚二甲基硅氧烷为最理想的消泡剂。我国酶制剂工业中常用的消泡剂为甘油聚醚（聚氧丙烯甘油醚）或泡敌（聚环氧丙烷环氧乙烷甘油醚）。

(5) 添加诱导剂和抑制剂 某些诱导酶，在培养基中不存在诱导物质时，酶的合成便受到阻碍，而当有底物或类似物存在时，酶的合成就顺利进行。白地霉菌合成脂肪酶就是一个典型例子。在有蛋白胨、葡萄糖和少量无机盐组成的培养基中加入橄榄油，才能产生脂肪酶。有趣的是油脂与菌的生长毫无关系。而且能诱导脂肪酶产生的物质并不是所有的油脂，而是该酶的作用底物或者与其类似的脂肪酸。另外添加诱导剂的时间与菌龄有关。白地霉菌合成脂肪酶时，在培养 8h 添加诱导剂最为理想，而在 23h，则几乎不产酶。用一种酶的抑制剂促进另一种酶的形成也是目前研究的课题之一。据报道，在多黏芽孢杆菌的培养过程中添加淀粉酶抑制剂，能增加 β-淀粉酶的产量。若把蛋白酶抑制剂乙酰缬氨酰-4-氨基-3-羟基-6-甲基庚酸添加到枝孢霉（*Cladosporium*）的培养液中，则酸性蛋白酶的产量约可增加 2 倍。此外，在某些酶的生产中有时加入适量表面活性剂，也能提高酶制剂的产量，用得较多的是 Tween-80 和 Triton-X。

第三节 酶类药物工艺实例——超氧化物歧化酶的生产工艺

超氧化物歧化酶（superoxide dismutase，SOD），是一种重要的氧自由基清除剂，作为药用酶在美国、德国、澳大利亚等国已有产品，商品名有 Orgotein、Ormetein、Outosein、Polasein、Paroxinorn、HM-81 等。对 SOD 的化学、药理、临床及作用机制进行的一系列研究发现由于 SOD 能专一清除超氧阴离子自由基（O_2^-），因此 SOD 的存在可能有助于机体抵抗衰老、肿瘤发生以及自身免疫疾病等，并对辐射有一定的防护作用。目前 SOD 的临床应用集中在自身免疫性疾病上，如类风湿性关节炎、红斑狼疮、皮肌炎、肺气肿等；也用于抗辐射、抗肿瘤、治疗氧中毒、心肌缺氧与缺血再灌注综合征以及某些心血管疾病。此酶属金属酶，广泛存在于动物、微生物细胞中，有 Cu，Zn-SOD、Mn-SOD、Fe-SOD 等。

Cu，Zn-SOD：分子中含有 Cu 和 Zn，呈蓝绿色，相对分子质量约 3.2×10^4，主要存在于肝脏、菠菜、豌豆等中。

Mn-SOD：分子中含有 Mn，呈粉红色，相对分子质量为 $(4.4\sim8.0)\times10^4$，主要存在于肝脏、植物叶绿体等中。

Fe-SOD：分子中含有铁，呈黄褐色，相对分子质量为 4.05×10^4，主要存在于银杏、柠檬、番茄等中。

一、猪血超氧化物歧化酶的生产工艺

1. 结构和性质

猪红细胞 SOD 为 Cu，Zn-SOD，相对分子质量为 32000，由两个亚基组成，每个亚基含 1 个 Cu 和 1 个 Zn。在 pH 7.6～9.0 时稳定。它催化超氧负离子歧化为 H_2O_2。

$$2O_2 + 2H^+ \xrightarrow{SOD} H_2O_2 + O\uparrow$$

2. 生产工艺

超氧化物歧化酶的生产工艺路线如图10-1所示。

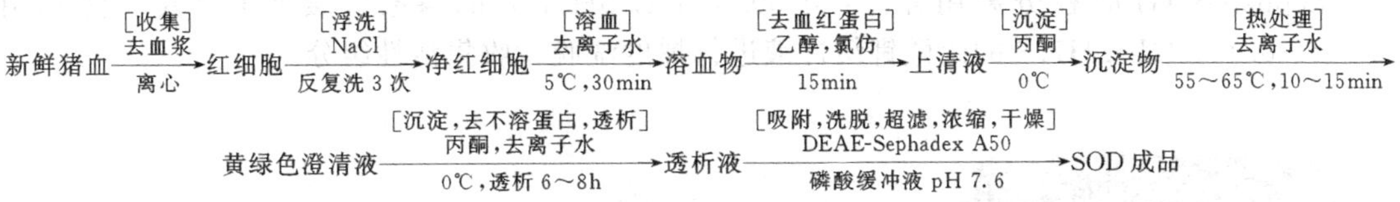

新鲜猪血 →[收集] 去血浆（离心）→ 红细胞 →[浮洗] NaCl（反复洗3次）→ 净红细胞 →[溶血] 去离子水（5℃，30min）→ 溶血物 →[去血红蛋白] 乙醇，氯仿（15min）→ 上清液 →[沉淀] 丙酮（0℃）→ 沉淀物 →[热处理] 去离子水（55～65℃，10～15min）→

黄绿色澄清液 →[沉淀，去不溶蛋白，透析] 丙酮，去离子水（0℃，透析6～8h）→ 透析液 →[吸附，洗脱，超滤，浓缩，干燥] DEAE-Sephadex A50（磷酸缓冲液pH 7.6）→ SOD成品

图10-1 猪血超氧化物歧化酶的生产工艺路线

3. 工艺过程

收集、浮洗：新鲜猪血经离心去黄色血浆，红细胞用0.9%NaCl溶液离心浮洗，洗3次得红细胞。

溶血、去血红蛋白：干净红细胞中加去离子水，在5℃下搅拌30min，然后加入0.25倍体积的95%乙醇和0.15倍体积的氯仿，搅拌15min；离心去血红蛋白，收集上清液。

沉淀、热处理：操作在0℃左右进行，将上清液加入1.2～1.5倍体积的丙酮，产生絮状沉淀；离心取上清液，得沉淀物；沉淀物加适量蒸馏水使其溶解，离心除去不溶性蛋白；上清液于55～65℃热处理10～15min，离心除去热变性蛋白，收集黄绿色澄清液。

沉淀、去不溶蛋白：在0℃条件下，于澄清液中加入适量丙酮，使其产生大量絮状沉淀；离心去上清液；沉淀用去离子水溶解，离心去除不溶性蛋白；上清液置透析袋中透析，得透析液。

吸附、洗脱、超滤、冻干：将透析液加到用2.5mmol/L、pH 7.6磷酸缓冲液平衡好的DEAE-Sephadex A50柱上吸附，用pH 7.6、2.5～5mmol/L的磷酸钾缓冲液进行梯度洗脱，收集SOD活力洗脱液，超滤浓缩后，冷冻干燥得SOD成品。

电泳鉴定条件：0.5%琼脂糖凝胶平板电泳法，缓冲液pH 8.4 Tris-Gly，电压梯度22V/cm，电流3mA/cm，时间35min，染色液用0.5%氨基黑10B，用7% HAc褪色。用聚丙烯酰胺凝胶电泳方法鉴定更灵敏。

二、茶叶超氧化物歧化酶（SOD）的生产工艺

植物SOD的研究近年来引起了科学家们的特别重视，一是因为SOD具有清除体内过量的超氧自由基的功能，对于预防衰老、血管硬化等有显著效果，对疾病的治疗也初步显出效果。二是植物SOD稳定性较动物SOD好，特别是类SOD，因相对分子质量小，渗透性好，引起了保健品、美容品方面研究的特别重视。比较好的品种有刺梨、沙刺、茶叶等植物SOD。

以下介绍为茶叶超氧化物歧化酶的生产工艺。

1. 工艺路线

茶叶超氧化物歧化酶的生产工艺路线如图10-2所示。

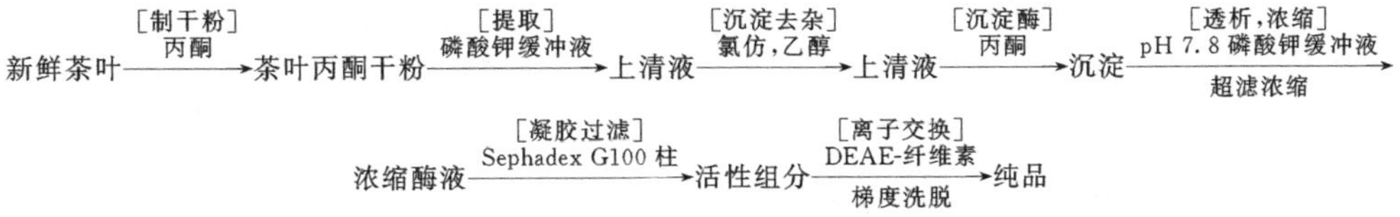

新鲜茶叶 →[制干粉] 丙酮→ 茶叶丙酮干粉 →[提取] 磷酸钾缓冲液→ 上清液 →[沉淀去杂] 氯仿，乙醇→ 上清液 →[沉淀酶] 丙酮→ 沉淀 →[透析，浓缩] pH 7.8磷酸钾缓冲液（超滤浓缩）→

浓缩酶液 →[凝胶过滤] Sephadex G100柱→ 活性组分 →[离子交换] DEAE-纤维素（梯度洗脱）→ 纯品

图10-2 茶叶超氧化物歧化酶的生产工艺路线

2. 工艺过程

提取：20g丙酮干粉中加入20g聚己内酰胺和400mL 0.05mol/L、pH 7.8的磷酸钾缓冲液，研磨提取。

氯仿-乙醇沉淀杂质：用氯仿-乙醇（2∶3，体积分数）的混合液加入 0.25 倍体积。

丙酮沉淀酶：取 40%～70%丙酮沉淀的酶组分。

Sephadex G100 柱分离用样品：0.002mol/L pH 7.8 的磷酸钾缓冲液平衡。洗脱用 0.002～0.1mol/L pH7.8 的磷酸钾缓冲液进行梯度洗脱，收集活性组分。

参考文献

[1] 梁世中. 生物制药理论与实践. 北京：化学工业出版社，2005.
[2] 李霞. 制药工艺. 北京：科学出版社，2006.
[3] 齐香君. 现代生物制药工艺学. 北京：化学工业出版社，2009.
[4] 赵永芳. 生物化学技术原理及其应用. 武汉：武汉大学出版社，1994.
[5] 熊宗贵. 生物技术制药. 北京：高等教育出版社，1999.
[6] 李良铸，李明桦. 现代生化药物生产关键技术，北京：化学工业出版社，2006.
[7] 李津，俞泳霆，董德祥. 生物制药设备和分离纯化技术. 北京：化学工业出版社，2003.

第十一章 脂类药物

第一节 脂类药物概述

脂类物质是广泛存在于生物体中的脂肪及类似脂肪的、能被有机溶剂提取出来的化合物。它是结构不同的几类化合物，由于分子中较高的碳氢比例，这类化合物能够溶解在乙醚、氯仿、苯等有机溶剂中，不溶解于水。脂类化合物的这种性质，称为脂溶性，利用这一性质，可将脂类物质用有机溶剂从生物体中提取出来。实际上，脂类化合物往往是互溶在一起的，依据脂溶性这一共同特点归为一大类称为脂类，它不是一个准确的化学名词。通过对脂类化合物代谢途径的研究，发现这些化合物之间有着密切的联系，因此在生物化学中，脂类作为一个适宜的类名而沿用下来，包括许多天然化合物，有单酰甘油、二酰甘油、三酰甘油（通常的脂肪）、磷脂、脑苷脂、甾醇、脂肪醇、脂肪酸等，在脑、肝、神经等组织中的含量很高，主要参与生物体的构造、修补、物质代谢及能量供应等。

依据脂类药物的化学结构可分为脂肪类（主要包括亚油酸、亚麻酸、花生四烯酸、二十碳五烯酸和二十二碳六烯酸等一些长链多不饱和脂肪酸）、磷脂类（主要有卵磷脂、脑磷脂等）、糖苷脂类（主要有神经节苷脂）、固醇及类固醇（主要有胆固醇、谷固醇、胆酸和胆汁酸等）及其他脂类药物（主要有胆红素、辅酶 Q_{10}、人工牛黄和人工熊胆等）。

脂类药物是一些有重要生理生化、药理药效作用的化合物，具有较好的营养、预防和治疗效果。随着生化制药工业的发展，从自然界中不断地发现新的脂类药物，有的已投入工业生产化，用于人类的医疗与康复保健上。

常用的脂类生化药物见表 11-1。

表 11-1 常用的脂类生化药物的来源及主要用途

名 称	来 源	主 要 用 途
胆固醇	脑或脊髓提取	人工牛黄原料
麦角固醇	酵母提取	维生素 D_2 原料，防治小儿软骨病
β-谷固醇	蔗渣及米糠提取	降低血浆胆固醇
脑磷脂	酵母及脑中提取	止血，防动脉粥样硬化及神经衰弱
卵磷脂	脑、大豆及卵黄中提取	防治动脉粥样硬化、肝疾患及神经衰弱
卵黄油	蛋黄提取	抗铜绿假单胞杆菌及治疗烧伤
亚油酸	玉米胚及豆油中分离	降血脂
亚麻酸	自亚麻油中分离	降血脂，防治动脉粥样硬化
花生四烯酸	自动物肾上腺中分离	降血脂，合成前列腺素 E_2 原料
二十碳五烯酸和二十二碳六烯酸	主要从鱼油中提取	调节血脂、软化血管、促进生长发育等
二十六烷醇和二十八烷醇	米糠蜡、虫白蜡、甘蔗蜡中提取	降低胆固醇和抑制肝胆固醇合成

续表

名　称	来　源	主　要　用　途
谷维素	米糠油下脚料中提取	周期性精神病、妇女更年期综合征等
棉酚	毛棉籽油及水化油下脚料中提取	男性避孕药，抗肿瘤药
鱼肝油脂肪酸钠	自鱼肝油中分离	止血，治疗静脉曲张及内痔
前列腺素 E_1、前列腺素 E_2	羊精囊提取或酶转化	中期引产、催产或降血压
辅酶 Q_{10}	心肌提取、发酵、合成	治疗亚急性肝坏死及高血压
胆红素	胆汁提取或酶转化	抗氧剂、消炎、人工牛黄原料
原卟啉	自动物血红蛋白中分离	治疗急性及慢性肝炎
血卟啉及其衍生物	由原卟啉合成	肿瘤激光疗法辅助剂及诊断试剂
胆酸钠	由牛、羊胆汁提取	治疗胆汁缺乏、胆囊炎及消化不良
胆酸	由牛、羊胆汁提取	人工牛黄原料
α-猪去氧胆酸	由猪胆汁提取	降胆固醇，治疗支气管炎，人工牛黄原料
去氢胆酸	胆酸脱氢制备	治疗胆囊炎
鹅去氧胆酸	禽胆汁提取或半合成	治疗胆结石
熊去氧胆酸	由胆酸合成	治疗急性和慢性肝炎，溶解胆石
牛磺熊去氧胆酸	化学半合成	治疗炎症，退热
牛磺鹅去氧胆酸	化学半合成	抗艾滋病、流感及副流感病毒感染
牛磺去氢胆酸	化学半合成	抗艾滋病、流感及副流感病毒感染

脂类生化药物种类繁多，各成分之间结构和性质相差甚大，生理、药理效应相当复杂，临床用途亦各不相同。以下介绍一下脂类药物在临床上的应用。

1. 胆酸类药物临床应用

胆酸类化合物是人及动物肝脏产生的甾体类化合物，集中于胆囊后排入肠道，对肠道脂肪起乳化作用，促进脂肪消化吸收，同时促进肠道正常菌群繁殖，抑制致病菌生长，保持肠道正常生理功能，但不同的胆酸又有不同的药理效应及临床应用，如胆酸钠用于治疗胆囊炎、胆汁缺乏症及消化不良等；鹅去氧胆酸及熊去氧胆酸均有溶胆石作用，用于治疗胆石症，后者尚可用于治疗高血压、急性及慢性肝炎、肝硬化及肝中毒等；去氧胆酸有较强的利胆作用，用于治疗胆道炎、胆囊炎及胆结石，并可加速胆囊造影剂的排泄；猪去氧胆酸可降低血浆胆固醇，用于治疗高脂血症，也是人工牛黄的原料，牛磺熊去氧胆酸有解热、降温及消炎作用，用于退热、消炎及溶胆石；牛磺鹅去氧胆酸、牛磺去氢胆酸及牛磺去氧胆酸有抗病毒作用，用于防治艾滋病、流感及副流感病毒感染引起的传染性疾患。

2. 色素类药物临床应用

色素类药物有胆红素、胆绿素、血红素、原卟啉、血卟啉及其衍生物。胆红素是由四个吡咯环构成的线性化合物，为抗氧化剂，有清除氧自由基功能，用于消炎，也是人工牛黄的重要组成；胆绿素药理效应目前尚不清楚，但胆南星、胆黄素及胆荚片等消炎类中成药均含该成分；原卟啉可促进细胞呼吸，改善肝脏代谢功能，临床上用于治疗肝炎；血卟啉及其衍生物为光敏试剂，可在癌细胞中滞留，为激光治疗癌症的辅助剂，临床上用于治疗多种癌症。

3. 不饱和脂肪酸类药物临床应用

该类药物包括前列腺素、亚油酸、亚麻酸、花生四烯酸、二十碳五烯酸及二十二碳六烯酸等。前列腺素是多种同类化合物的总称，生理作用极为广泛，其中前列腺素 E_1 和前列腺素 E_2 等应用较为广泛，有收缩平滑肌的作用，临床上用于催产、早中期引产、抗早孕及抗男性不育症；亚油酸、亚麻酸、花生四烯酸、二十碳五烯酸及二十二碳六烯酸均有降血脂作用，用于治疗高脂血症、预防动脉粥样硬化。

4. 磷脂类药物临床应用

该类药物主要有卵磷脂及脑磷脂，二者皆有增强神经组织及调节高级神经活动作用，又是血浆脂肪良好的乳化剂，有促进胆固醇及脂肪运输的作用，临床上用于治疗神经衰弱及防治动脉粥样硬化。卵磷脂也用于治疗肝病，脑磷脂还有止血作用。

5. 固醇类药物临床应用

该类药物包括胆固醇、麦角固醇及β-谷固醇。胆固醇为人工牛黄原料，是机体细胞膜不可缺少的成分，也是机体多种甾体激素及胆酸原料；麦角固醇是机体维生素 D_2 的原料；β-谷固醇可降低血浆胆固醇。

6. 人工牛黄临床应用

本品是根据天然牛黄（牛胆结石）的组成而人工配置的脂类药物，其主要成分为胆红素、胆酸、猪胆酸、胆固醇及无机盐等，是100多种中成药的重要原料药。具有清热、解毒、祛痰及抗惊厥作用，临床上用于治疗热病谵狂、神昏不语、小儿惊风及咽喉肿胀等，外用治疖疮及口疮等。

第二节 脂类药物的生产方法

脂类药物以游离或结合形式广泛存在于生物体的组织细胞中，可通过生物组织抽提、微生物发酵、动植物细胞培养、酶转化及化学合成等途径生产。工业生产中常以其存在形式及各成分性质采取不同的提取、分离及纯化技术。

一、直接抽取法

在生物体或生物转化反应体系中，有些脂类药物是以游离形式存在的，如卵磷脂、脑磷脂、亚油酸、花生四烯酸及前列腺素等。因此可根据各种成分的溶解性质，采用相应溶剂系统从生物组织或反应体系中直接抽提出粗品，再经各种相应技术分离纯化和精制获得纯品。

实际使用溶剂提取时，往往采用几种溶剂组合的方式进行，醇为组合溶剂的必需组分。醇能裂开脂质蛋白质复合物，溶解脂类并使生物组织中脂类降解酶失活。醇溶剂的缺点是糖、氨基酸、盐类等也同时被提取出来，要除去水溶性杂质，最常用的方法是水洗提取物，但又可能形成难处理的乳浊液。采用氯仿：甲醇：水＝1：2：0.8(体积比）组合溶剂提取脂质，提取物再用氯仿和水稀释，能形成两相体系，即氯仿相和甲醇-水相（甲醇：水＝1：0.9)，水溶性杂质分配进入甲醇-水相，脂类进入氯仿相，基本能克服上述困难。

提取温度一般在室温下进行，阻止脂质过氧化与水解反应，如有必要时，可低于室温。提取不稳定的脂类时，应尽量避免加热。使用含醇的混合溶剂，能使许多酯酶和磷脂酶失活，对于较稳定的酶，可将提取材料在热乙醇或沸水中浸1～2min，使酶失活。

提取溶剂要用新鲜蒸馏过的，不含过氧化物。提取高度不饱和的脂类，溶剂中要通入氮气，整个提取操作中也应置于氮气下进行。不要使脂类提取物完全干燥或在干燥状态下长时间放置，应尽快溶于适当的溶剂中。脂类具有过氧化与水的不稳定性质，提取物不宜长期保存。如要保存可溶于新鲜蒸馏的氯仿-甲醇（氯仿：甲醇＝2：1）的溶剂中，充满溶剂，于－15～0℃保存。若需要长时间保存（1～2年)，必须加入抗氧化剂，保存于－40℃的低温环境中。

二、纯化法

1. 丙酮沉淀法

丙酮沉淀法是利用不同的脂类在丙酮中的溶解度不同而现实分离的目的。此法操作简单，效果好，常用于磷脂分离，因为大部分磷脂不溶于冷丙酮，中性脂类则溶于冷丙酮，这样可以从脂类的混合物中，把磷脂与中性脂类分离开，制备纯品。

2. 色谱分离法

吸附色谱是在制备规模上分离脂质混合物最常用的有效方法。它是通过极性和离子力，还有分子间引力，把各种化合物结合在固体吸附剂上，从而达到分离的效果。脂质混合物的分离是依据单个脂质组分的相对极性而进行的，是由分子中极性基团的数量和类型所决定，同时也受分子中非极性基团数量和类型的影响。一般通过极性逐渐增大的溶剂进行洗脱，可从脂类混合物中分离出极性逐渐增大的各类物质，部分脂类的顺序为：蜡、固醇酯、脂肪、长链醇、脂肪酸、固醇、双甘油酯、单甘油酯、卵磷脂。极性磷脂用一根柱不能使其完全分离，需要进步使用薄层色谱或另一柱色谱分级分离，才能得到纯的单个脂类组分。

常用的吸附剂有硅酸、氧化铝、氧化镁和硅酸镁等。

离子交换色谱是常用的纯化方法。脂类分非离解的、两性离子的和酸式离解的三种类别，对每一种类别，可根据它们的极性和酸性的不同进行分离纯化，如DEAE-纤维素可对各种脂类进行一般分离，TEAE-纤维素则对分离脂肪酸和胆汁酸等特别适用。

3. 尿素包埋法

尿素通常呈四方晶型，当其与某些脂肪族化合物反应时，会形成包含一些脂肪族物质的六方晶型，许多直链脂肪酸及其甲酯均易与尿素形成包埋化合物（或称配合物），而多数不饱和脂肪酸由于双键较多，碳链弯曲，具有一定的空间构型，不易被尿素包含来达到分离纯化多不饱和脂肪酸的目的。

尿素包埋法的分离效果受结晶温度和尿素用量的影响，结晶温度越低，尿素用量越多，所得产品纯度越高，但产品收率越低。尿素包埋法成本较低，应用较普遍，但缺点是难以将双键数相近的脂肪酸分开。

在实际操作时，将尿素和混合脂肪酸或其甲酯混合在一起，先溶于热的甲醇（或甲醇、乙醇混合液）中，冷却至室温或0℃结晶，再将配合物和母液分别与水混合，按常规用乙醚或石油醚萃取，即可得成品。

尿素包埋法适用于直链脂肪酸及其酯、支链或环状化合物的分离，也用于饱和程度不同的酸或酯的分离，是分离纯化油酸、亚油酸和亚麻酸甲酯的一种重要方法。

4. 结晶法

该法的原理是利用低温下不同脂肪酸或脂肪酸盐在有机溶剂中溶解度不同来进行分离纯化。一般来说，脂肪酸在有机溶剂的溶解度随碳链长度的增加而减小，随双键数的增加而增加，这种溶解度的差异随温度降低表现更为显著。所以将混合脂肪酸溶解于有机溶剂，通过降温就可过滤除去大量的饱和脂肪酸和部分单不饱和脂肪酸，从而获得所需的多不饱和脂肪酸。常用溶剂有甲醇、乙醚、石油醚和丙酮等，溶剂用量为5～10mL/g。

结晶法是一种缓和的分离程序，其原理简单，操作方便，适宜于易氧化的多烯酸、饱和脂肪酸与单烯酸的分离。若想将多烯酸彼此分离此法不易成功，且需要回收大量的有机溶剂，分离效率不高，常与其他方法配合使用。

5. 分子蒸馏法

该法的原理是利用混合物各组分挥发度的不同而得到分离。一般在绝对压力1.44～0.0133Pa的高度真空下进行，在这种情况下，脂肪酸分子间引力减小，挥发度提高，因而蒸馏温度比常压蒸馏大大降低。分子蒸馏时，饱和脂肪酸和单不饱和脂肪酸首先蒸出，而双链较多的多不饱和脂肪酸最后蒸出。分子蒸馏法的优点在于蒸馏温度较低，可有效防止多不饱和脂肪酸受热氧化分解，缺点是需要高真空设备，且能耗较高。

6. 超临界流体萃取

该法的原理是通过调节温度和压力使原料各组分在超临界流体中的溶解度发生大幅度变化而达到分离目的。与传统的萃取方法相比，由于超临界流体具有良好的近于液体的溶解能力和接近气体的扩散能力，因此萃取效率大大提高。超临界流体萃取常用二氧化碳（临界温度 31.3℃，临界压力 7374MPa）等临界温度低且化学惰性的物质作萃取剂，因此特别适用于热敏物质和易氧化物质的分离。

三、化学合成或半合成法

来源于生物的某些脂类药物可以以相应的有机化合物或来源于生物体的某些成分为原料，采用化学合成或半合成法制备，如用香兰素及茄尼醇为原料可合成 CoQ_{10}，其过程是先将茄尼醇延长一个异戊烯单位，使其成 10 个异戊烯重复单位的长链脂肪醇；另将香兰素经乙酰化、硝化、甲基化、还原和氧化合成 2,3-二甲氧基-5-甲基-1,4 苯醌（CoQ_{10}）。上述两个化合物在 $ZnCl_2$ 或 BF_3 催化下缩合成氢醌衍生物，经 Ag_2O 氧化得 CoQ_{10}。另外，以胆酸为原料经氧化或还原反应可分别合成去氢胆酸、鹅去氧胆酸及熊去氧胆酸，称为半合成法。上述三种胆酸分别与牛磺酸缩合，可获得具有特定药理作用的牛磺去氢胆酸、牛磺鹅去氧胆酸及牛磺熊去氧胆酸。又如血卟啉衍生物是以原卟啉为原料，经氯溴酸加成反应的产物再经水解后所得。

四、生化转化法

发酵、动植物细胞培养及酶工程技术可统称为生物转化法。来源于生物体的多种脂类药物亦可采用生物转化法生产，如用微生物发酵法或烟草细胞培养法生产 CoQ_{10}；用紫草细胞培养生产紫草素，产品已商品化；另外以花生四烯酸为原料，用绵羊精囊、Achlya Americana ATCC 10977 及 Achlya Americana ATCC 11397 等微生物以大豆（Amsoy 种）的类脂氧化酶-2 为前列腺素合成酶的酶原，通过酶转化成前列腺素。其次以牛磺石胆酸为原料，利用拉曼被孢霉（*Mortierella ramanniana*）细胞的羟化酶为酶源，使原料转化成具有解热、降温及消炎作用的牛磺熊去氧胆酸。

第三节 脂类药物工艺实例

一、胆固醇的生产工艺

胆固醇（cholesterol）属固醇类药物之一，为甾体化合物。胆固醇为动物细胞膜的重要成分，主要在肝中合成。动物脑组织中胆固醇含量最多。猪脑和蛋黄中含量高达 2%，可选择作为提取胆固醇的原料。

1. 结构和性质

胆固醇化学名称为胆甾-5-烯-3β-醇，其分子式为 $C_{27}H_{46}O$，相对分子质量为 386.64，结构式如图 11-1 所示。

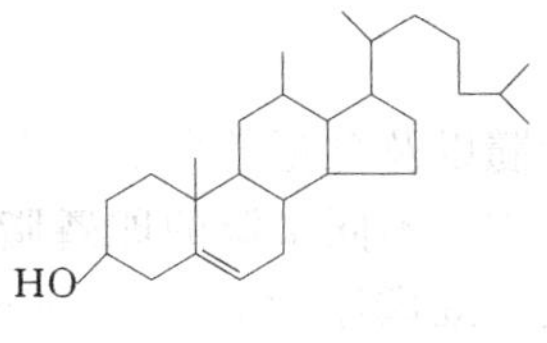

HO

图 11-1 胆固醇结构式

胆固醇在烯醇中形成白色闪光片状一水化合物晶体，于 70～80℃成为无水物，其熔点为 148～150℃；$[\alpha]_D^{20}=-31.5°(c=2$，乙醚中)；$[\alpha]_D^{20}=-39.5°(c=2$，氯仿中)；难溶于水，易溶于乙醇、氯仿、丙酮、吡啶、苯、石油醚、油脂及乙醚。

2. 生产工艺

胆固醇的生产工艺路线如图 11-2 所示。

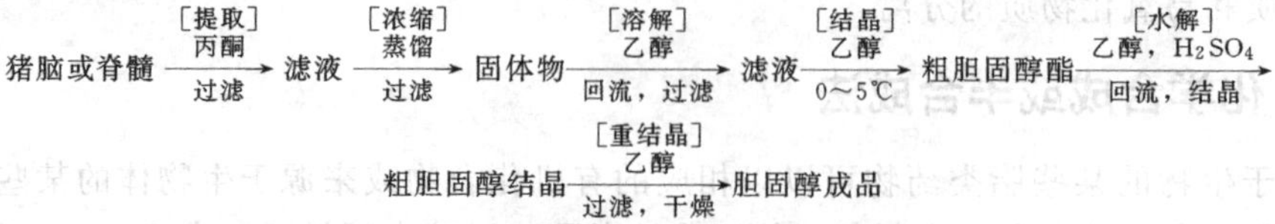

猪脑或脊髓 —[提取] 丙酮 / 过滤→ 滤液 —[浓缩] 蒸馏 / 过滤→ 固体物 —[溶解] 乙醇 / 回流，过滤→ 滤液 —[结晶] 乙醇 / 0～5℃→ 粗胆固醇酯 —[水解] 乙醇，H_2SO_4 / 回流，结晶→

粗胆固醇结晶 —[重结晶] 乙醇 / 过滤，干燥→ 胆固醇成品

图 11-2 胆固醇生产工艺路线

其工艺过程如下。

提取：取动物脑干若干，加 3 倍体积的丙酮，不断搅拌中冷浸 24h，过滤，获脑干丙酮提取液。

浓缩与溶解：取大脑干丙酮提取液，蒸馏浓缩至出现大量黄色固体物为止，向固体物中加 10 倍体积工业乙醇（质量体积比），加热回流溶解，过滤，得滤液。

结晶与水解：上述滤液于 0～5℃冷却结晶，滤取结晶得粗胆固醇酯。结晶加 5 倍量工业乙醇和 5%～6%硫酸加热回流水解 8h，置 0～5℃结晶。滤取结晶并用 95%乙醇洗至中性。

重结晶：上述结晶用 10 倍量工业乙醇和 3%活性炭加热溶解并回流 1h，保温过滤，滤液置 0～5℃冷却结晶，如此反复 3 次。过滤取结晶，压干，挥发除去乙醇后，70～80℃真空干燥得精制胆固醇。

3. 检验

(1) 鉴别

① 于 1%胆固醇氯仿溶液中加硫酸 1mL，氯仿层显血红色，硫酸层应显绿色荧光。

② 取胆固醇 5mg 溶于 2mL 氯仿中，加 1mL 醋酐及硫酸 1 滴即显紫色，稍后变红，继而变蓝，最后呈亮绿色，此为不饱和甾醇特有的显色反应，亦为比色法测定胆固醇含量之基础。

(2) 检查

① 熔点 148～150℃；$[\alpha]_D^{20}=-34°\sim-38°(c=2$，在二噁烷中)。

② 其他：在 60℃真空干燥 6h，其减重不大于 0.3%；炽灼残渣不大于 0.1%；酸度与溶解度均应符合标准。

4. 作用与用途

胆固醇为体内的固醇类激素，维生素 D 及胆酸之前体，存在于所有组织中。脑及神经含量最高，每 100g 组织约含 2g。同时亦为胆结石之主要成分，在肝脏、肾上腺中含量甚丰富。胆固醇是人工牛黄重要成分之一，又是合成维生素 D_2 及维生素 D_3 的起始材料和化妆品原料，具有良好的表面活性剂的功能。

二、卵磷脂的生产工艺

在动物的心、脑、肾、肝、骨髓以及禽蛋的卵黄中含有很丰富的卵磷脂。大豆磷脂则是卵磷脂、脑磷脂、心磷脂等的混合物。不同来源的卵磷脂，如鸡蛋即蛋磷脂、大豆或花生即豆磷脂，由不同的脂肪酸烃链组成。豆磷脂含有约 65%～75%的不饱和脂肪酸，动物来源的仅含约 40%。豆磷脂与蛋磷脂比较，前者不含胆固醇及高含量的无机磷。

临床上，卵磷脂用于治疗动脉粥样硬化、脂肪肝、神经衰弱及营养不良。不同来源的卵磷脂制剂疗效不同，豆磷脂更适用于抗动脉粥样硬化，也可作静脉注射用脂肪乳的乳化剂。由于卵磷脂是维持胆汁胆固醇溶解度的乳化剂，有希望成为胆固醇结石的防治药物。

1. 结构和性质

卵磷脂是磷脂酸的衍生物。磷脂酸中的磷酸基与羟基化合物——胆碱中的羟基连接成酯，又称磷脂酰胆碱。所含脂肪酸常见的有硬脂酸、软脂酸、油酸、亚油酸、亚麻酸和花生四烯酸等。从其结构式（图 11-3）可看出卵磷脂属甘油磷脂。

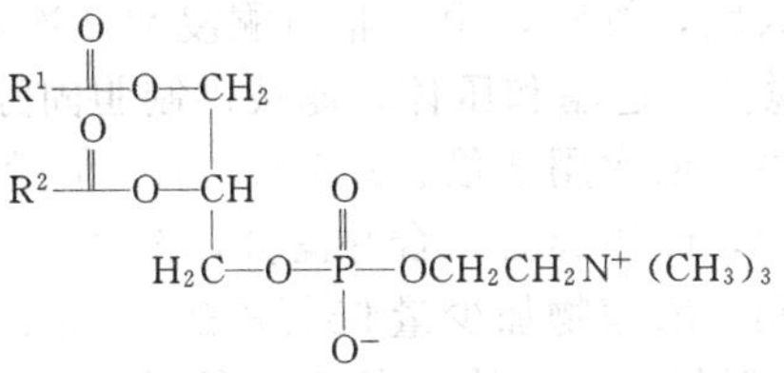

图 11-3 卵磷脂的结构式

R^1,R^2—饱和或不饱和脂肪酸

磷脂酸是 1,2-二酰甘油的磷酸酯，是 L 形的，磷酸与羟基所形成的磷酸酯是在 3 位上，2 位上的脂肪酰基和 3 位上的磷酰基是两个方向。

药用卵磷脂为不透明黄褐色蜡状物，有吸湿性，难溶于水，溶于氯仿、石油醚、苯、乙醇、乙醚，不溶于丙酮。可与蛋白质、糖及金属盐如氯化镉、氯化钙和胆汁酸盐形成配合物。等电点 pI 为 6.7，有两性离子存在，即磷酸上的 H 和胆碱上的—OH 皆解离。分子中的亲水基团主要是磷酸、胆碱，不解离的甘油部分也有一定的亲水性，故乳化于水。这种降低表面张力的能力，若与蛋白质、糖结合，作用更强，是较好的乳化剂。其疏水基团为脂肪酸的烃基，故又可溶于有机溶剂。

制备卵磷脂的原料有动物的脑、豆油脚、酵母等。

2. 以脑干为原料的生产工艺

以脑干为原料生产卵磷脂的工艺路线如图 11-4 所示。

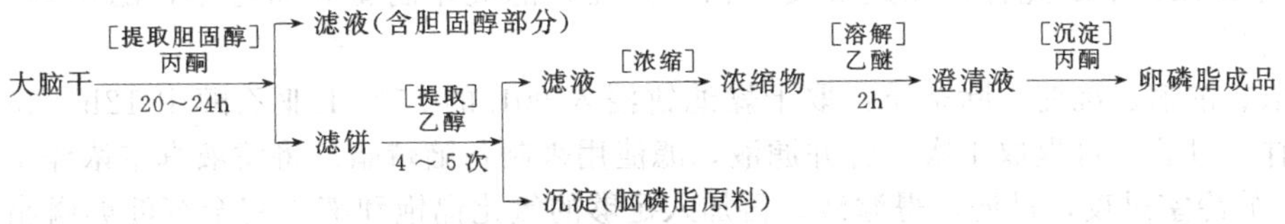

图 11-4 以脑干为原料生产卵磷脂的工艺路线

其工艺过程如下。

提取、浓缩：取动物大脑干用 3 倍量丙酮循环浸渍 20～24h，过滤，滤液供制胆固醇。滤饼加入乙醇 2～3 倍，提取 4～5 次，合并提取液，残渣供制脑磷脂。再将提取液真空浓缩，趁热放出浓缩物。

溶解、沉淀、干燥：上述浓缩物加半倍量乙醚不断搅拌，放置 2h，使白色不溶物完全沉淀，过滤。取上层乙醚澄清液，在急速搅拌下倒入丙酮中（丙酮用量为粗卵磷脂质量的 1.5 倍），析出沉淀，滤去乙醚、丙酮混合液，得油膏状物，用丙酮洗涤 2 次，真空干燥，除去乙醚、丙酮，即得卵磷脂成品。

3. 以羊脑为原料的生产工艺

以羊脑为原料生产卵磷脂的工艺路线如图 11-5 所示。

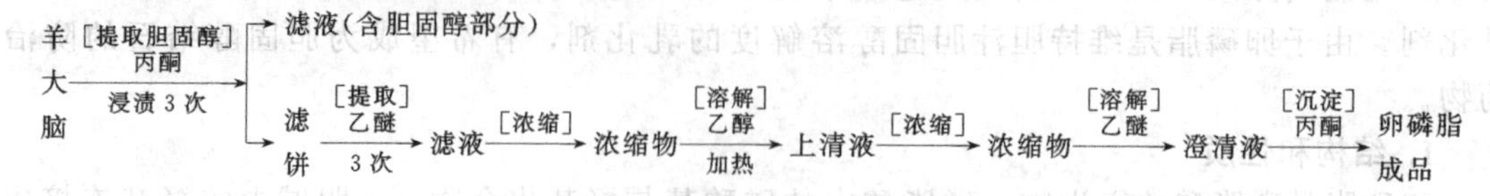

图 11-5 以羊脑为原料生产卵磷脂的工艺路线

其工艺过程如下。

提取胆固醇：取新鲜羊大脑，绞碎，用工业丙酮浸渍 3 次，分 3 倍量、2.5 倍量和 1.5 倍量浸渍，每次 24h。经常搅拌，过滤和压榨。滤液供制胆固醇，滤饼吹干，供制卵磷脂。

提取、浓缩：取吹干滤饼，依次用 3 倍、2.5 倍、1.5 倍量的乙醚提取 3 次，每次 24h，经常搅拌，过滤后，滤渣压榨，废渣弃去，合并滤液，浓缩，得浓缩物。

溶解、浓缩、沉淀、干燥：浓缩物加少量 95％乙醇，加热至溶解，冷室沉淀 24h，收取沉淀称重，在冷室用 95％乙醇浸渍 3～4 次，每次 3 倍量，加热溶解、冷却，沉淀 24h，底部沉淀为脑磷脂，卵磷脂溶于乙醇中。倾出，真空浓缩，浓缩物加半倍量乙醚，不断搅拌，放置 2h。过滤，取乙醚澄清液，在急速搅拌下倒入丙酮中，析出沉淀，滤去丙酮、乙醚混合液，用丙酮洗涤 2 次，真空干燥，即得成品。

4. 以脑及脊髓为原料的氯化镉沉淀法

以脑及脊髓为原料生产卵磷脂的工艺路线如图 11-6 所示。

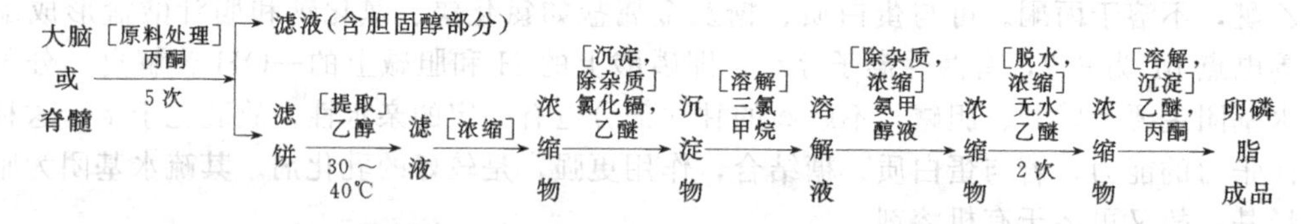

图 11-6 以脑及脊髓为原料生产卵磷脂的工艺路线

其工艺过程如下。

原料处理：新鲜或冷冻动物大脑或脊髓 50kg，去膜及血丝等杂质，绞碎。加 60L 工业丙酮浸渍 4.5h，不断搅拌，如此反复 5 次，过滤，滤液作制备胆固醇用，滤饼真空干燥，去残留丙酮。

提取、浓缩、沉淀、除杂质：取干燥滤饼浸入 90L 的 95％工业乙醇中 12h，35～40℃不断搅拌，过滤，再提取 1 次，合并滤液，滤渣用来制备脑磷脂。将滤液真空浓缩至原体积的 1/3，放冷室过夜，过滤，得滤液。再加入足够的氯化镉饱和液，完全沉淀卵磷脂，滤取沉淀物，加 2 倍量乙醚，振摇，离心除去乙醚，如此反复 8～10 次。

溶解、除杂质、浓缩：取离心沉淀物，悬浮于 4 倍量三氯甲烷中，振荡，直至形成微混浊液为止。加入含 25％氨的甲醇溶液（即氨溶于 95％甲醇中，含氨 25％）直至形成沉淀（避免加过多），离心，除去杂质，上清液真空浓缩近干，得浓缩物。

脱水、浓缩、溶解、沉淀：将浓缩物溶于无水乙醇中，真空浓缩，反复 2 次，除去水分。再溶于最少量的乙醚中，然后倒入 500mL 的丙酮中，静置，过滤，沉淀物真空干燥，即得成品，装于棕色瓶中。其成品含磷量 2.5％，水分不超过 5％，乙醚不溶物 0.1％，丙酮不溶物不低于 90％。

5. 以酵母为原料的生产工艺

以酵母为原料生产卵磷脂的工艺路线如图 11-7 所示。

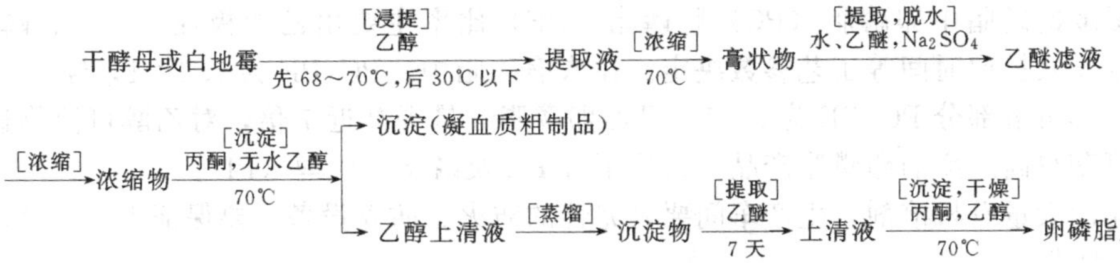

干酵母或白地霉 —[浸提] 乙醇，先 68～70℃，后 30℃以下→ 提取液 —[浓缩] 70℃→ 膏状物 —[提取，脱水] 水、乙醚，Na_2SO_4→ 乙醚滤液

—[浓缩]→ 浓缩物 —[沉淀] 丙酮，无水乙醇，70℃→ 沉淀（凝血质粗制品）

→ 乙醇上清液 —[蒸馏]→ 沉淀物 —[提取] 乙醚，7 天→ 上清液 —[沉淀，干燥] 丙酮，乙醇，70℃→ 卵磷脂成品

图 11-7 以酵母为原料生产卵磷脂的工艺路线

其工艺过程如下。

浸提、浓缩：将过 60～80 目筛的干酵母粉 200kg，用 82%～84%乙醇 600kg 搅拌浸提 18～24h，在 68～70℃保温 3h，不断搅拌，再冷却至 30℃以下过滤，滤渣反复浸提 2 次，甩出乙醇，合并 3 次清液。真空浓缩至结粒膏状物，温度不超过 70℃，时间不超过 24h。滤渣可用来提核糖核酸及酵母多糖。

提取、脱水、浓缩：取膏状物加 5%～10%的水及 3～5 倍量乙醚，剧烈搅拌 2～3h 后静置 16～20h 澄清，弃去中下层液。上层醚液放入－5℃冰箱内 20～24h，麦角固醇结晶析出，过滤，滤液回收。蒸馏除去 1/2 的乙醚，再放入－5℃冰箱内 18～22h，加 1～2kg 无水硫酸钠，过滤去除麦角固醇，滤液回收。蒸馏除去约 2/3 的乙醚，得浓缩物。

沉淀、蒸馏、提取：浓缩物加 3～5 倍量丙酮，边加边搅拌，加完后放置片刻，倾出醚酮混合液，反复用无水丙酮洗 3～4 次，得沉淀物，加 2 倍量无水乙醇在 70℃保温，搅拌约 1～2h 至全部溶解，冷库中静置过夜。次日倾取上层乙醇液，沉淀用乙醇洗涤，上层清液与洗涤液合并，蒸馏回收乙醇，得沉淀物。加无水乙醚搅拌全部溶解，静置沉淀 7 天。

沉淀、干燥：吸取上清液，加粗卵磷脂质量 1.5 倍的丙酮析出沉淀，倾出丙酮，反复洗涤沉淀 3～4 次，加乙醇保温 70℃左右溶解去掉丙酮气味，烘干，得卵磷脂成品。其成品水分低于 1%，含磷量低于 2.5%，酸价小于 60，胆固醇含量小于 1%，灼烧残渣低于 12%。

6. 以鸡蛋黄为原料的生产工艺

（1）乙醇直接提取方法的工艺路线 其工艺过程如下。

取新鲜鸡蛋，划破蛋壳放出蛋清，去蛋壳皮，留取蛋黄。收集蛋黄，经胶体磨均质，再喷雾干燥，得细粉状蛋黄粉，含水分低于 5%。按 W(蛋黄粉，g)：V(95%乙醇，mL)＝1：2的比例，先取蛋黄粉置于萃取釜中，加入 95%乙醇，搅拌提取 1h，过滤。收集滤液，如此反复提取 2～3 次，合并滤液。在 66.65kPa 真空下减压蒸馏除去乙醇，即得鸡蛋磷脂制品，含卵磷脂 70%。

（2）超临界 CO_2 萃取中性脂质与乙醇提取结合法 其工艺过程如下。

取喷雾干燥蛋黄粉，制成颗粒（含水分 5%以下），加入萃取釜中。以 CO_2 为萃取剂，在 25～5MPa、45～75℃的超临界条件下，萃取 2～5h，得除去中性脂质的蛋黄粉。将上述蛋黄粉置于提取罐中，加入乙醇，常温提取，过滤。反复提取 2～3 次，合并滤液，减压浓缩或喷雾干燥，即得高纯度卵磷脂。

7. 技术要点

（1）原料选择 动物组织及植物种子都含有磷脂，可综合利用猪、牛、羊的大脑和脊髓或卵磷脂含量相对较高的蛋黄作原料制取。实际上，多采用大豆磷脂，因其来源丰富，成本较低。选择哪种原料应根据资源及生产条件决定。

（2）溶剂选择 依据磷脂中各种活性成分在不同溶剂中的溶解度不同进行分离、提取与纯化。常用丙酮、乙醚及乙醇等溶剂。丙酮、乙醚可溶解中性脂类、脑磷脂，又有脱水作用，可除去丙酮可溶物，降低甘油三酯含量，又可提高丙酮不溶物卵磷脂的含量。乙醇可溶解卵磷脂，使其与不溶解于乙醇的磷脂酰肌醇分离。

乙醇提取的磷脂中卵磷脂（PC）/脑磷脂（PE）比率主要由乙醇极性、浓度、磷脂/乙醇比率、温度及提取时间等工艺参数决定。在浓缩磷脂中，PC/PE为1.2∶1，经90%乙醇提取后，乙醇可溶部分PC/PE为8∶1。显然卵磷脂含量提高近7倍，对乙醇可溶物进一步纯化处理可获得高纯度的卵磷脂产品，几乎不含PE及磷脂酰肌醇（PI）。

因为应用大量有机溶剂，生产车间要有完善的防火、防爆设备，要保证生产安全，并应符合GMP要求。

(3) 超临界萃取技术　运用超临界CO_2萃取技术选择性溶解蛋黄粉中的中性脂质及胆固醇，并将其脱除出去，是一项现代新技术。依据生产实际经验和实验数据，其最佳工艺条件和操作参数如下。

① 原始粒度。喷雾干燥蛋黄粉太细，直接用于萃取易随溶剂带走，堵塞管道而不能进行，因此，必须制粒后再萃取，粒度20～40目。

② 原始水分。控制在5%～6%的水分含量。水含量大，在蛋黄粉表面形成一层很薄的近乎连续相的水膜，阻碍超临界CO_2渗透到基质中，降低了对中性脂质和胆固醇的溶解。含水量适中，水分起到了一种夹带剂的作用，可加速溶解，有利于萃取进行。水分过低，经验表明，萃取率不高，但增加了蛋黄粉的生产成本。

③ 夹带剂对萃取的影响。采用乙醇作夹带剂能提高中性脂质在超临界CO_2中的溶解度和萃取率，但同时增大了萃取物中磷脂和水分的含量。

若以脱除中性脂质及胆固醇的蛋黄粉制作磷脂或卵磷脂的原料，会使产品收率降低。

④ 萃取操作参数。参数主要为温度（40±1)℃、压力30MPa、分压力4～5MPa、CO_2质量流量0.3～0.4kg/h、时间1～4h。最佳压力30MPa，萃取选择性最好，脱除率最高，保留磷脂成分最多；25MPa左右，脱除选择性较差，萃取磷脂成分较多，水分脱除率较小，其原因有待研究。萃取过程的动态变化为随时间的延长，脱除率大大增加。

脱脂蛋黄粉收率计算，应根据萃取前后的质量变化，即萃取后质量/萃取前质量×100%，得百分收率。

中性脂质以及胆固醇脱除率=(萃取前脱除物含量－萃取后脱除物含量)/萃取前脱除物含量×100%。

以此公式，可以计算出水分脱除率、磷脂脱除率等。

参考文献

[1] 梁世中. 生物制药理论与实践. 北京：化学工业出版社，2005.
[2] 李霞. 制药工艺. 北京：科学出版社，2006.
[3] 齐香君. 现代生物制药工艺学. 北京：化学工业出版社，2009.
[4] 赵永芳. 生物化学技术原理及其应用. 武汉：武汉大学出版社，1994.
[5] 熊宗贵. 生物技术制药. 北京：高等教育出版社，1999.
[6] 李良铸，李明桦. 现代生化药物生产关键技术. 北京：化学工业出版社，2006.
[7] 李津，俞泳霆，董德祥. 生物制药设备和分离纯化技术. 北京：化学工业出版社，2003.

第十二章 银杏叶提取物的提取生产工艺

第一节 概 述

银杏（*Ginkogo biloba* L.），又名白果、公孙树，为银杏科（Ginkgoaceae）银杏属唯一生存种，被称为植物界的"活化石"，是我国特有的古树之一，属我国特产植物资源。银杏叶为银杏植物的干燥叶，秋季叶尚绿时采收。银杏叶药用已有上千年的历史，中医认为银杏叶性甘，味苦、涩、平，归心、肺经；有敛肺、平喘、活血、化淤、止痛之功；主要用于治疗肺虚咳嗽、冠心病、心绞痛、高脂血症、糖尿病、肾病等。

银杏集食用、药用、材用、绿化美化环境于一身。全国大部分地区都有种植，北起辽宁，南至广东，东自台湾，西达甘肃，覆盖20多个省（区），栽培中心在江苏、安徽、浙江一带。我国银杏资源的拥有量占全世界总量的70%以上，资源相当丰富，具有较大的开发优势，但对银杏叶的开发利用尚处于起步阶段，落后于世界上一些先进国家，较长时间停留在银杏叶子出口或提取粗产品的水平上。20世纪70年代以来，德、法等欧洲国家先后开展了对银杏叶的研究。德国Schwade制药公司1991年专利生产了银杏叶标准提取物EGb761（extracts of gingkgo biloba），其质量指标为黄酮苷≥24%，萜内酯≥6%（其中银杏内酯2.5%～4.5%，白果内酯2.0%～4.0%），同时限定银杏酸水平在5mg/kg以内（银杏酸≤10mg/kg）。此标准后来为许多国家所公用。近年来的研究表明银杏叶提取物具有舒张冠脉，改善血液循环，降低心肌耗氧量，增强记忆力，预防老年性痴呆，提高机体免疫功能等作用。对银杏叶的研究与开发利用在近半个世纪也已风靡世界，银杏叶提取物已是首选的治疗心脑血管疾病的天然药物。

一、银杏叶的化学成分

迄今为止，在银杏叶中发现的化合物已达170多种，所含化学成分十分复杂。银杏叶提取物中主要含有两类活性物质：黄酮苷类化合物（flavonoid glycosides）和萜内酯类化合物（包括银杏内酯和白果内酯）。其中黄酮类化合物主要分三类：黄酮类（flavonoids）银杏叶中黄酮类的含量为22%～27%，约38种，主要是单黄酮（monoflavones）、黄酮醇（flavonols）及其苷类；双黄酮（biflavones）及儿茶素类（latechines）等。它们通常与糖苷结合，是极好的天然抗氧剂，具有清除自由基的作用。银杏叶中萜内酯含量为5%～7%，从银杏叶中已分离得到8个萜内酯化合物；二萜内酯7个，即银杏内酯（ginkgolide）A、B、C、J、M、K、L；倍半萜内酯1个，即白果内酯（bilobalide）。它们是目前为止发现的唯一拥有叔丁基官能团的天然物质。其中银杏内酯占2.8%～3.4%，白果内酯占2.6%～3.2%，白果内酯可能是银杏内酯的代谢中间物。银杏内酯含量的多少是评价EGb质量的关键。叶中还含有聚异戊烯醇、烷基酚和烷基酚酸、甾体化合物、多糖、叶蜡、叶绿素、生物碱、氨基酸和微量元素等成分。

二、银杏叶提取物的药理及药用价值

（1）银杏叶提取物（extract of ginkgo biloba，GBE）对中枢神经系统的药理作用 主要为改善血液流变学，以及对脑缺血损伤的保护、对神经可塑性的提高、对神经退行性疾病的改善、对中枢神经系统的保护作用等。GBE 重要的用途就在于它能控制脑血液循环（如动脉血流不足引起的痴呆）功能的下降。此外，市场上 EGb761 被用作拮抗各种失调的药物，广泛用于治疗神经紊乱如阿尔茨海默（Alzheimer disease，AD）病或各种常见的老年性疾病如晕眩、抑郁、短时期的记忆减退、听力下降、注意力不集中和失眠等。而且银杏叶提取物可治疗耳鸣下降，并改善肢体循环。

（2）对心血管系统的作用 银杏叶提取物有扩张血管、保护心脏的作用，对心肌缺血、过敏性疾患和感染性休克有显著的疗效。

（3）抗氧化作用 银杏叶提取物在清除自由基方面的效率比维生素 E 还要高，能防止高脂肪的细胞膜被氧化。银杏最重要的功效在于能重新恢复被自由基破坏的细胞膜。银杏的功能类似于人体内部最强大的抗氧化物——超氧化歧化酶（SOD），其所含的抗氧化物杨梅黄酮，能抑制游离基对细胞的损害。现已证实，银杏黄酮为自由基清除剂，银杏内酯为特异性 PAF 受体阻滞药。

（4）抗病毒、抗菌消炎作用 1990 年日本人研究发现银杏绿叶提取物对 EB 病毒有抑制作用，并分离出其活性成分——十七碳烯水杨酸和白果黄素。银杏叶水煎液对金黄色葡萄球菌、痢疾杆菌及铜绿假单胞杆菌有抑制作用，提取物中的银杏内酯具有消炎作用，尤其是银杏内酯 B 起关键作用。

（5）其他 此外有增强识别的功能、抗肿瘤、保护肝脏作用、抗辐射作用、改善糖尿病周围神经病变（DPND）及治疗糖尿病、肾病等作用。

三、银杏叶活性成分黄酮类化合物和银杏内酯类的提取方法

银杏叶中黄酮类化合物大多用溶剂法提取得到粗黄酮，然后用树脂吸附法进一步精制；银杏内酯的提取要复杂一些。其中银杏叶黄酮苷提取工艺有溶剂萃取法、超临界萃取法和树脂吸附法等。

1. 溶剂法

溶剂法就是通过有机溶剂（乙醇、丙酮、甲醇等）浸泡叶子，浓缩，离心过滤，得到银杏浸膏，产率为 12%～15%，黄酮含量 2.0%～5.0%；再用液-液萃取（CH_2Cl_2、CH_3Cl、$CH_3CH_2OCH_2CH_3$、MeCOEt、EtOAc），得率约 0.7%～1.0%，黄酮含量 15%～18%。欧美国家采用溶剂法为多，主要的工艺有醇（酮）浸提—2-卤代烃萃取—2-酮/铵盐萃取法、酮浸提-氨水沉淀-混合酮萃取法、酮浸提-卤代烃萃取-铅化物沉淀法和醇（酮）浸提-甲苯/丁醇萃取-树脂法。

Montana 公司的专利采用含水丙酮或含水甲醇、乙醇、丙醇或无水甲醇在 40～100℃提取、浓缩、降温析出亲脂性固体，再以甲酸酯或乙酸酯多步萃取。萃取液蒸出溶剂后以 4～5 碳的烷基醇萃取，醇相以水洗、浓缩、共蒸馏移去溶剂，残渣用 40%乙醇稀释、活性炭脱色，银杏内酯经柱色谱纯化即得银杏叶提取物，该专利制得的 GBE 黄酮苷含量达 40%～60%，银杏内酯达 5.5%～8%。张春秀等研究了液-液萃取从银杏叶黄酮浸出液中富集分离黄酮类化合物的工艺。根据银杏苷等有效成分的分子中含有羰基、酚性羟基，具有一定极性，在水中有一定溶解度，选用与其结构和极性相近的乙酸乙酯、乙酸丁酯、乙基丁基酮、

二氯乙烷、三氯乙烷等低分子酮类、酯类和卤代烃，对银杏黄酮浸出液进行萃取。结果表明，乙基丁基酮对黄酮化合物具有较好的萃取效果，并得出以乙基丁基酮溶剂为萃取剂的最佳工艺条件为：pH3～4，萃取温度60℃，萃取2次，每次30min。

2. 超临界萃取

超临界萃取是利用临界或超临界状态的流体及被萃取的物质在不同的蒸汽压力下所具有的不同化学亲和力和溶解能力进行分离纯化的操作。超临界萃取和传统的溶剂萃取相比，具有溶质与溶剂易于分离、萃取速度高等优点，所以特别适用于提取或精制热敏性和易氧化的物质。由于所用的萃取剂是气体，容易除去，所得到的萃取产品无残留毒性，所以这种分离方法特别适用于医药和食品工业。据有关资料，超临界萃取的银杏黄酮、内酯产品，价格约在4000元/kg，此价格是化学浸提黄酮内酯粗提品的2倍。用超临界萃取银杏叶中的有效成分，在70℃温度、压力为4010MPa，超临界CO_2中含9%的乙醇作为夹带剂，在30min内有效成分从粗提物中的2.8%提高到3.8%，而银杏酚等有害杂质从2%减少到0.04%。因此，超临界萃取在银杏叶黄酮回收率和产品品质上都具有明显的优越性。因为超临界萃取存在着设备较大、操作困难等问题，难以用于较大规模的生产，目前尚未工业化大规模生产。

3. 树脂法

国外溶剂萃取法成本高、超临界萃取法设备投入大，目前尚未工业化。国内GBE加工厂多达近200家，基本上采用树脂法，主要采用溶剂提取—吸附树脂吸附—解吸的制备工艺。树脂法采用各类吸附树脂对黄酮进行吸附和解吸，产品得率为1.0%～3.0%，黄酮含量10%～28%。目前国内大多数厂家采用的ADS系列树脂提取的工艺。

4. 微波法

李嵘等将微波法与传统水提取进行结合，大大提高了银杏叶黄酮的提取率，缩短了提取所需时间。在蒸馏水量达S∶L＝1∶30的条件下，仅仅微波30min，即可达到62.3%的提取率，与传统乙醇水浸提5h效果相近（提取率64.1%），不失为一种有发展前景的新工艺。

5. 酶法

在银杏青叶中含有以游离状态或糖苷形式存在的黄酮类、萜类、多酚类、甾醇类及脂肪酸类等有效成分，其中，用水提取的是以糖苷为中心的水溶性成分，银杏叶中所含的油溶性或难溶于水或不溶于水的有效成分很多，不可能用水提取，只能用有机溶剂提取。日本专利提出了用酶法解决上述问题。

在银杏叶中所含的油溶性或难溶于水或不溶于水的有效成分中，通过加入淀粉部分水解产物及其对葡糖基的残基有转移作用的葡糖苷酶或转糖苷酶，使油溶性或难溶于水或不溶于水的有效成分转移到水溶性苷糖中。银杏叶有效成分的提取方法可以是将预先干燥并粗碎过的青银杏叶，用10%～30%的乙醇溶液在30%～60℃加热回流下进行提取。提取了水溶性有效成分的银杏叶，含有油溶性的有效成分，将这种银杏叶放入水或由醇水混合液组成的提取液中，加入淀粉部分水解产物和葡糖苷酶或转糖苷酶，在不会使酶失活的温度（如30～60℃）下加热提取液，进行糖苷转移反应。也可以用新鲜青银杏叶的醇提取液直接进行酶化反应制备糖苷提取物。采用这种同时提取银杏叶中水溶性和油溶性有效成分的方法，有效成分的提取率极高，另外，难溶于水或不溶于水的有效成分一般在体内不易吸收，而转变成糖苷后，在体内的吸收率大为提高。

第二节　银杏叶提取物的提取生产工艺

银杏叶的提取物，具有相当强的抗氧化作用，能够清除生物体内过剩的自由基，阻止体内脂质过氧化，从而提高机体的免疫力，延缓衰老。GBE 中的萜类化合物（terpenoids）是血小板激活因子（PAF）的克星，具有阻止血小板聚集和形成血栓的神奇功效。目前国际上公认的 GBE 质量标准为：总黄酮含量≥24%、萜内酯含量≥6%。以下的银杏叶提取物的提取工艺研究，分为小试、中试以及放大生产。

一、GBE 小试提取工艺的研究

1. 小试提取工艺过程

（1）树脂处理　取 1kg DA201 树脂，加水浸泡 48h，用分样筛在过 0.45μm 微孔膜的自来水的冲洗下筛选出 30～60 目、60～80 目的树脂，取 60～80 目的树脂备用。

取 60～80 目的树脂 200g，用蒸馏水反复清洗干净后，加入 2mol/L NaOH 300mL，浸泡 4h，用蒸馏水洗至近中性；加入 4mol/L HCl 300mL，浸泡 8h，用蒸馏水洗至近中性；加入 80%的乙醇 400mL，浸泡 10h 后，用蒸馏水反复清洗至无乙醇气味，用蒸馏水浸泡待用。

取长度为 300mm、直径为 35mm 清洗干净的玻璃色谱柱，关严出水口，装入已处理好的 DA201 树脂，树脂中间不能有气泡，否则应重装。

（2）柱饱和性试验方法　取供液两滴置白瓷板上，加入冰乙醇 1 滴，加入 1%硫酸亚铁溶液 1 滴，如溶液为深蓝色或黑色，则表示柱已饱和。如不变色，则表示柱未饱和。

（3）浸提　称取银杏叶 100g 加入 60%乙醇 900mL，在水浴锅内加热到 60～70℃，浸提 2h，每 10min 搅拌 1 次，用纱布过滤，残渣加入 60%的乙醇 700mL，在 60～70℃下浸提 2h，每 10min 搅拌 1 次，再用纱布过滤，合并浸提液。用真空蒸发器浓缩浸提液到 150mL。

（4）柱纯化　浓缩液加入水至 500mL 左右，冷却至 40℃以下，静置沉淀 8h 以上，离心，取上清液过 DA201 柱（柱体积为 300mL），流出液废弃，过柱流速应控制在 1～3 滴/s，每隔 2min 对流出液进行一次饱和检测。如有饱和反应则停止上样。用蒸馏水过柱，至流出液清亮为止（大约用蒸馏水 400mL 左右），用 80%乙醇 200mL 过柱，收集颜色较深部分的流出液，加入保护剂 5mL。再用真空薄膜蒸发器回收乙醇，并用真空干燥箱干燥，真空度为−0.01～−0.08MPa，温度为 60℃。此时可得黄酮粗提取物 3.9～4.8g。其黄酮苷含量为 18%～26%，萜内酯含量为 5%～9%。

（5）萃取　用粉碎机粉碎粗提物，过 80 目筛。加入萃取液 A 80mL，搅拌 30min，过滤，滤渣再用萃取液 A 萃取一次，再过滤。滤渣放入 200mL 烧杯中，用萃取液 B70mL 溶解搅拌 30min，过滤，滤渣再用萃取剂 B 萃取一次。溶液回收有机溶剂后再经真空干燥，即得银杏黄酮产品 2～2.8g。其黄酮苷含量为 35%～41%，萜内脂含量为 6%～12%。

萃取液 A：150mL 无水乙醇、850mL 氯仿，混匀，在棕色试剂瓶中保存。

萃取液 B：500mL 无水乙醇、500mL 氯仿，混匀，在棕色试剂瓶中保存。

（6）树脂再生　用 80%乙醇 100mL 过柱，再用 200mL 水过柱，流出的溶液废弃，纯化柱即可重复使用。

2. 小试阶段工艺研究

（1）浸提溶剂选择　采用水、甲醇、乙醇、丙酮等溶剂及这些溶剂的混合物做浸提试验，表 12-1 是试验的部分数据，结果表明，选用 60%乙醇作为浸提剂最为适宜。

（2）浸提时间的选择　浸提溶剂为 60%乙醇时，温度为 70℃。由表 12-2 可看出，提取 2h 时，提取率已达 83.5%，延长提取时间后提取率提高的并不高，故选择浸提时间为 2h。基本达到要求。

表 12-1 不同溶剂对黄酮浸提的影响

浸提剂	提取率/%	相对提取率/%	浸提剂	提取率/%	相对提取率/%
水	19.7	23.4	40%乙醇 pH 4	66.2	78.8
20%乙醇	41.6	49.5	40%乙醇 pH 9	55.4	66.0
40%乙醇	76.5	91.1	40%乙醇+硫酸	63.9	76.1
60%乙醇	84	100	水 pH 4	23.4	27.9
80%乙醇	77.8	92.6	水 pH 9	22.0	26.2
无水乙醇	53.7	63.9	水+硫酸	37.9	45.1

表 12-2 浸提时间选择

浸 提 时 间	提取率/%	浸 提 时 间	提取率/%
15min	21	2h	83.5
30min	45.1	2.5h	84.1
1h	68	3h	84.3
1.5h	79.4		

(3) 树脂的选择 树脂初选：GBE 生产的重要技术难题之一是如何提高产品的黄酮苷含量，其中对纯化树脂的选择是较关键的步骤，它对产品纯度、生产成本、操作等影响都很大。试验中对树脂做了大量的筛选工作，部分树脂初选结果如表 12-3 所示。

表 12-3 树脂初选数据表

树 脂	黄酮苷含量/(g/100g)	树 脂	黄酮苷含量/(g/100g)
D390	6.4	CAD40	9.5
860018	11.3	80021	10.8
DA201	15.2	D312	6.5
D2004	2.2	CD180	18.0
D152	11.9	D101	15.3
CAD45	10.9		

从表 12-3 可见，采用 CD180、DA201、D101 比较适合。对初选出来的 3 种树脂做全面的测试，部分测试结果如表 12-4 所示。

表 12-4 三种树脂性能测试数据

测 定 项 目	CD180	DA201	D101
提取物种黄酮苷纯度/%	40.9	36.3	30.1
提取物中萜内酯/%纯度	12.3	12.1	11.9
提取物颜色	较浅	深	浅
树脂相对密度	大	小	小
树脂吸附量/(mg/mL)	6.0	9.5	44.0
树脂粒度/目	80～100	20～50	20～50

从提取物纯度考虑，应选择 CD180，但其粒度太小，在工业化生产中采用此树脂可能会造成无法过柱的现象，故最终放弃，而选用 DA201 作为纯化树脂。

(4) 萃取剂对提出物纯度影响 对萃取方法和萃取剂做大量的研究，共测试了 300 多种不同的组合，部分结果如表 12-5 所示。

表 12-5 萃取剂试验结果

萃取剂	萃取方法	萃取前黄酮苷含量/(g/100g)	萃取后黄酮苷含量/(g/100g)
正丁醇	液-液	18.1	22.3
乙酸乙酯	固-液	18.1	21.1
丁酮	固-液	18.1	18.9
无水乙醇	固-液	18.1	21.2
甲醇	固-液	18.1	19.4
氯仿	固-液	18.1	23.1
丙酮	固-液	18.1	19.0
氯仿-乙醇复合萃取	固-液	18.1	34.7
乙酸乙酯	液-液	19.5	23.7
正丁醇	固-液	18.1	21.3

综上所述，以乙醇-氯仿复合萃取方法最佳，此法虽对内酯的提取有一定的损失，但经将丢失的残液简单地处理后可以使内酯返回粗品中，或将丢失的残液用于萜内酯纯品生产。

（5）保护剂对 GBE 产品质量的影响　不加保护剂、加保护剂对萜内酯、黄酮苷含量的影响，见表 12-6。

表 12-6 保护剂对萜内酯的影响

项目	不加保护剂	加保护剂
银杏内酯含量/%	4.9	5.2
白果内酯含量/%	1.2	3.6
黄酮苷含量/%	35.7	37.2

保护剂对 GBE 产品质量有较好的改善作用，特别对白果内酯的保护作用比较明显。

（6）干燥方法对产品质量的影响　干燥方法以冰冻干燥法质量最高，最差的是直接干燥，60℃真空干燥比较接近冰冻干燥，GBE 生产大多采用此法干燥。如表 12-7。

表 12-7 几种干燥方法对产品质量影响

干燥方法	黄酮苷含量/%	银杏内酯含量/%	白果内酯含量/%
真空干燥(60℃)	41.9	7.2	5.1
真空干燥(90℃)	35.5	7.0	4.7
直接烘干(80℃)	29.8	6.2	2.7
冰冻干燥	43.5	7.5	5.2

二、GBE 生产中试工艺的设计与实施

本中试试验是根据 GBE 提取工艺研究参数放大 350 倍设计的，经过 3 批银杏叶原料调试结果测试，产品黄酮含量为 38.5%～42.5%；银杏内酯含量为 8.5%～9.2%，中试成本为 1543 元/kg。从产品质量得率上看基本上达到了实验室工艺水平，其生产成本低，可进行工业化设计。

大孔吸附树脂采用 DA201，阳离子交换树脂 732。银杏 150kg，其中银杏黄酮苷含量为 1.39%，银杏萜内酯含量为 0.45%。

因本工艺使用的有机溶剂有乙醇、氯仿，车间所有设备及电器等必须符合国家有关防火、防爆安全标准，蒸汽加热设备必须符合压力容器有关标准。中试车间应为多功能车间，以利于在试验过程中调整工艺和操作。与物料接触的设备、管路等应由耐腐不锈钢、硬质玻璃、聚四氟乙烯制成，以提高产品质量。

中试设备：500L 动态多功能提取罐、200L/h 外环蒸发器、网筛过滤器、沉淀罐、纯化分离柱（柱长度 1500mm，柱直径 250mm）、300L 多功能真空蒸发器、真空灭菌干燥箱、100L 萃取器、三组离心机、物料储罐、漏斗型加料罐、水处理设备、真空系统设备、真空抽滤器。

1. 操作流程

GBE 中试工艺的流程如图 12-1 所示。

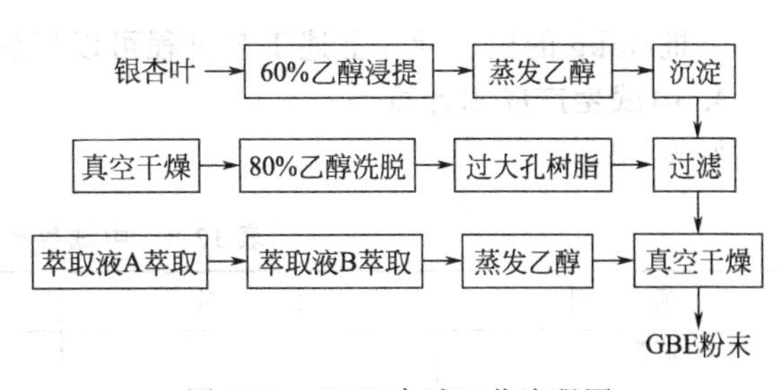

图 12-1 GBE 中试工艺流程图

2. 工艺过程

(1) 物料配制

① 60%乙醇：在 1000L 物料储罐中加入 95%医用乙醇 630L，加入净化水 370L，用真空混匀。

② 80%乙醇：在 300L 物料储罐中加入 95%医用乙醇 250L，加入净化水 50L，用真空混匀。

③ 保护剂：100g 草酸、100g 抗坏血酸、100g 儿茶素、1000mL 冰醋酸用蒸馏水配成 10L 的水溶液。

④ 萃取 A 液：170L 氯仿，加入 30L 无水乙醇，混匀后备用（氯仿：乙醇＝85：15）。

⑤ 萃取 B 液：100L 氯仿，加入 100L 无水乙醇，混匀后备用（氯仿：乙醇＝50：50）。

(2) 纯化树脂处理方法　取 200kg DA201 树脂，加净化水浸泡 48h，过 60 目筛网，去除小于 60 目的颗粒。用净化水反复清洗干净后，加入 2mol/L NaOH 200L，浸泡 4h，用净化水洗至近中性；再加入 2mol/L NaOH 200L，浸泡 8h，用净化水洗至近中性；加入 80%的乙醇 200L，浸泡 10h 后，回收乙醇，用净化水反复清洗至无乙醇气味后，装柱。

(3) 树脂处理方法　取 60kg 732 阳离子交换树脂，加净化水浸泡 48h，过 60 目筛网，去除小于 60 目的颗粒。用净化水洗至近中性；加入 2mol/L NaOH 50L，浸泡 4h，用净化水洗至近中性；加入 2mol/L HCl 50L，浸泡 8h，用净化水洗至近中性；装柱，用 10%的氯化钠溶液 50L 过柱，用过滤水洗至无 Cl^- 为止（用 1%硝酸银检验）。

(4) 浸提　在提取罐内加入 400L 60%乙醇溶液，启动搅拌器，加入银杏叶 35kg，蒸汽加热至 70℃，保温并继续搅拌 2h，物料经过网筛过滤器后，进入外环蒸发器内。向提取罐内加入 300L 60%乙醇溶液，重复浸提 1 次。物料经过网筛过滤器后，进入外环蒸发器内。回收乙醇时，温度应控制在 60～70℃之间，真空度控制在 0.2～0.4MPa 之间。至回收的乙醇在 20%以下为止（此时物料中乙醇浓度在 5%以下）。停止加热，慢慢加大真空度至 0.07MPa，使物料降温至 60℃以下。

降温后的物料进入沉淀罐内，加入 2 倍体积的净化水，静置沉淀 24h，取上清液过三足离心机分离，分离进入暂存储罐。

(5) 大孔树脂纯化　物料过 DA201 纯化柱后，银杏黄酮和萜内酯吸附在纯化柱上，此时流量为 100L/h，弃去流出液，用 1%硫酸亚铁做饱和性试验，柱饱和时流出液则显深蓝色反应，应立即停止上物料，改用净化水过柱清洗，待流出液较清亮时，改用 80%乙醇将柱上的银杏内酯和黄酮洗脱下来，储存在 300L 的缓冲储罐内。

(6) 干燥　将洗脱下来的物料放入真空浓缩罐内，加入保护剂 2L，浓缩，此时温度控制在 60～80℃之间，真空度控制在－0.3～－0.6MPa 之间。当物料干物率为 30%～40%时，停止浓缩，趁热将浓缩物料放入真空干燥箱内，干燥，粉碎并过 80 目网筛，即得 GBE 粗提物。

(7) 萃取纯化　GBE 粗提物放入萃取器内，加入萃取 A 液 20L，搅拌 1h，用真空抽滤器过滤，取残渣加入萃取 A 液 20L，重复萃取 1 次，再从滤液回收有机溶剂。

取残渣加入萃取 B 液 20L，搅拌 1h，用真空抽滤器过滤，去残渣加入萃取 B 液 20L，重复萃取 1 次，合并滤液。

(8) 干燥　将滤液放入真空浓缩罐内，浓缩，此时温度应控制在 50～70℃之间，真空度控制在 0.01～0.04MPa。当物料干物率为 30%～40%时，停止浓缩，趁热将浓缩物料放入真空干燥箱内，干燥，粉碎并过 80 目网筛，得 GBE 提取物。

一批 35kg 的银杏叶经上述工艺过程可以得到 0.81kg 银杏叶提取物。

3. 中试生产成本计算

如表 12-8。

表 12-8 中试生产成本计算表

项 目	数 量	单价/元	金额/元
蒸汽			300
电	31kW·h	1	31
乙醇	30L	7	210
有机溶剂	6L	34.00	204
水	20t	0.90	18
工资			60
银杏叶	35kg	11	385
折旧			200
其他			10
合计			1258

综上所述，每 1kg 调试成本为 1258 元/0.81kg=1543 元/kg。

4. 中试车间生产规模

在设备运行正常的情况下，每次投料量定为 35kg，每天投 3 次，一年生产日按 250 天计算。

生产得率：0.81kg/35kg×100%=2.31%。

年生产 GBE：35×3×2.31%=600kg。

设备及配套安装符合原设计要求，产品质量、得率基本达到了实验室工艺水平，生产成本小，可进行工业化生产设计。

三、GBE 工业化生产的设计与实施

此工艺设计是以适合于国内 GBE 年产 2t 以上工业化生产要求设计的，GBE 产品质量可达到：黄酮苷含量≥25%，萜内酯含量≥6%（银杏叶的质量要求：银杏黄酮苷含量≥0.8%，银杏萜内酯含量≥0.3%）。

1. 生产车间整体设计

因本工艺使用有机溶剂有乙醇、氯仿，车间所有设备及电器等按国家有关防火、防爆安全标准设计，蒸汽加热设备采用符合压力容器有关标准的产品，排空管集中排向室外。

与物料接触设备材料以耐腐不锈钢为主，密封垫采用聚四氟乙烯或无毒防腐橡胶，物料输送管路采用硬质玻璃，有利于质量控制、易于操作，又有利于车间的改造和工艺的调整。

车间应采用全封闭设计，物料输送以真空为主，这样有利于减少物料在空气中的氧化，从而提高产品的质量，这种设计不仅有利于防火、防爆安全设计，又减少了输送泵中的油污污染。

由于自来水硬度较大，可采用阳离子交换和膜过滤进行处理。

蒸汽用量应大于 1000kg/h，蒸汽压力为 0.6MPa，并采用 2t/h 的工业锅炉以满足生产条件。

所用设备：3000L 动态多功能提取罐、1000L/h 外环蒸发器、300L/h 外环蒸发器、网筛过滤器、沉淀罐、纯化分离柱（柱长度：2000mm，柱直径：400mm）、多功能真空蒸发器、真空灭菌干燥箱、100L 萃取器、物料储罐、水处理设备、真空系统设备、酒精回收塔。

2. 工艺过程

（1）物料配置

① 60%乙醇：在5000L物料储罐中加入95%医用乙醇3150L，加入净化水1850L，用真空混匀。

② 80%乙醇：在1500L物料储罐中加入95%医用乙醇1250L，加入净化水250L，用真空混匀。

③ 萃取A液：340L氯仿，加入60L无水乙醇，混匀后备用（氯仿∶乙醇=85∶15）。

④ 萃取B液：200L氯仿，加入200L无水乙醇，混匀后备用（氯仿∶乙醇=50∶50）。

⑤ 保护剂：500g草酸，500g维生素C，500g儿茶素，5L冰醋酸配成50L水溶液。

（2）纯化树脂处理方法　取800kg DA201树脂，加净化水浸泡48h，过60目筛网，去除小于60目的颗粒。用净化水反复清洗干净后，加入2mol/L NaOH 1000L，浸泡4h，用净化水洗至近中性；加入2mol/L HCl 1000L，再浸泡8h，用净化水洗至中性；加入80%的乙醇1000L，再浸泡10h后，回收乙醇，用净化水反复清洗至无乙醇气味，装柱。

（3）水处理树脂处理方法　取250kg 732阳离子交换树脂，加净化水浸泡48h，过60目筛网，去除小于60目的颗粒。用净化水反复清洗干净后，加入2mol/L NaOH 250L，浸泡4h，用净化水洗至近中性；加入2mol/L HCl 250L，浸泡8h，用净化水洗至中性；装柱，用10%的氯化钠溶液250L过柱，用过滤水洗至无氯离子为止（用1%硝酸银检验）。

（4）浸提　在提取罐内加入2000L 60%乙醇溶液，启动搅拌器，加入银杏叶200kg，蒸汽加热至70℃，保温并继续搅拌2h，关闭搅拌器，物料经过网筛过滤器后，进入外环蒸发器内。向提取罐内加入1500L 60%乙醇溶液，启动搅拌器，蒸汽加热至70℃，保温并继续搅拌1.5h，关闭搅拌器，物料经过网筛过滤器后，进入外环蒸发器内。回收乙醇时，温度控制在60～70℃之间，真空度控制在－0.2～－0.4MPa之间。至回收的乙醇在20%以下为止（此时物料中乙醇浓度在5%以下）。停止加热，慢慢加大真空度至－0.07MPa，使物料降温至60℃以下。

（5）过柱纯化　降温后的物料通过网筛过滤器进入沉淀罐内，加入2倍的水，静置沉淀24h。取上清液过DA201纯化柱，银杏黄酮和萜内酯吸在纯化柱上，流量为500L/h，弃去流出液，用1%硫酸亚铁做饱和性试验，柱饱和时流出液显深蓝色，应立即停止上物料，改用净化水过柱清洗，当流出液较清亮时，改用80%乙醇将柱上的银杏内酯和黄酮洗脱下来，储存在1000L的缓冲储罐内。

（6）干燥　将洗脱下来的物料放入真空浓缩罐内，浓缩，温度控制在60～80℃之间，真空度控制在－0.03～－0.06MPa之间，物料干物率为30%～40%时，停止浓缩，趁热将浓缩物料放入真空干燥箱内，干燥，粉碎并过80目网筛，即得GBE粗提物。

（7）萃取纯化　取GBE粗提物放入萃取器内，加入萃取A液200L，搅拌1h，用真空抽滤器过滤，取残渣加入萃取A液200L，重复萃取1次，从滤液中回收有机溶剂。

取残渣加入萃取B液200L，搅拌1h，用真空抽滤器过滤，残渣加入萃取B液200L，重复萃取1次，合并滤液。

（8）干燥　将滤液放入真空浓缩罐内，浓缩，温度应控制在50～70℃之间，真空度控制在0.01～0.06MPa之间，当物料干物率为30%～40%时，停止浓缩，趁热将浓缩物料放入真空干燥箱内，干燥，粉碎并过80目网筛，即得GBE提取物。

一批200kg的银杏叶经上述工艺过程可以得到3.9kg的银杏叶提取物。

3. 生产成本核算

如表12-9。

表 12-9 GBE 生产成本核算

项目	数量	单价/元	金额/元
煤	1.8t	110.00	198.00
电	150kW·h	1.23	184.50
乙醇	150L	7.00	1050.00
有机溶剂	30L	34.00	1020.00
水	70t	0.90	63.00
工资	1天	310.00	310.00
银杏叶	200kg	11.00	2200.00
折旧			200.00
其他			100.00
合计			5325.50

综上所述，每 1kg 纯品调试成本为 5325.5 元/3.9kg=1365.51 元/kg。

车间生产规模：在设备运行正常的情况下，要求每工段操作时间为 8h，每次投料量定位 200kg，生产得率为 1.85%，每天投料 3 次，一年生产日按 200 天计算。

年生产 GBE 纯品：200×3×1.85%×200=2220kg。

四、"三废" 处理

1. 中药制药废水主要污染物及水质特点

在药品生产中采用大量的天然原料和有机合成原料，在制造过程中，又大量加入各种中间体和有机溶剂，因此产生大量有机废水。一般中药制药企业是以天然药材提取有效成分或用有机溶剂提取有效成分而生产各类药品的，生产过程中排放的废水种类及特征如下：

① 药材洗涤废水：常含有大量泥沙，悬浮物高，水量大。

② 设备洗涤废水：含有机污染物，COD(化学需氧量）和色度大。

③ 瓶盖洗涤废水：常含有表面活性剂，如烷基苯磺酸盐。

④ 车间地面冲洗水：含有悬浮物和少量有机污染物。

⑤ 纯水制备排污水：无有机物，含有酸碱离子。

⑥ 锅炉排污水：含有 Ca^{2+}、Mg^{2+}。

⑦ 循环冷却水：无有机污染物，有温度。

2. 中药制药废水处理方法

根据各类废水排污状况，一般可以清、浊分流，分为 3 个系统分别处理。

(1) 循环冷却系统 一般可直接排放，排入市政下水道或地面受纳水体。

(2) 清下水系统 包括锅炉排污和纯水制备污水，可采用中和沉淀方法、间歇法处理。常用方法可将污水集中在水池内，根据水质的酸碱度，补加一定的液碱或盐酸，使 pH 达到 6～9，沉淀后的上清液即可排放。

(3) 有机废水处理系统 有机废水是中药厂主要废水污染源，包括药材洗涤水、设备洗涤水、瓶盖洗涤水、车间地面冲洗水等。这类废水可以通过好氧生物处理方法得以解决。

好氧生物处理过程则是生物处理方法中重要、使用最广的一种过程。上海医药工业的废水处理中，除生物转盘与生物氧化糖技术外，几乎全部应用好氧生物处理技术。

生物法的处理工艺技术已从好氧性微生物的活性污泥法发展到活性炭、软性纤维作填料的接触氧化法。从曝气方式看，已由传统曝气、表面曝气发展到深层曝气、深井曝气。此外也曾开展过二段活性污泥法，即 Z-A 法（Zurn-A process）处理中药废水试验。

好氧生物处理的各种方法难以用几项单一的技术指标来进行评价。凡投资省、运转成本低、处理效果的最好方法都是好方法。废水的水量和水质是选用何种技术首先要考虑的因素。废水的可生化条件包括水温（20～30℃较宜）、pH(大多要求在 6.5～7.5 之间)、废水浓度（营养物质状况、有毒物质情况）、进水 BOD（生化需氧量）浓度（对好氧生化处理，进水的 BOD 值不宜超过 500～1000mg/L）等。

因处理的水质水量不同，其投资、处理费用、动力消耗等难以做统一的比较，尤其近年来价格变化幅度较大，各项费用可比性很差，粗略地讲制药工业有机综合废水的工程投资费用约为 500～1000 元/(kg COD・天)，处理费用为 0.25～1.00 元/t 废水。

3. 固体废料的处理

此工艺中大孔树脂可以再生，反复使用。企业的工业固体废料主要是中药渣、废水处理的剩余污泥。处置方法分为三部分：回收利用、填埋和焚烧。

(1) 回收利用

煤渣：属于一般工业废物，可送至砖瓦厂作为生产原料或用于铺路。

粉煤灰：属于一般工业废物，用于建筑材料或用于铺路。

废包装瓶：玻璃瓶、塑料瓶可回收。

(2) 填埋

中药渣：其中若无有毒有害成分的可以送至城市垃圾场填埋。

废水处理的剩余污泥：生化污泥无毒害脱水后装袋送至城市垃圾场填埋。

(3) 焚烧　废药品、废有机溶剂、废吸附剂、废脱色剂、反应蒸馏残液等危险废物，委托有“危险废物经营许可证”的单位做焚烧处理。

参考文献

[1] 中华人民共和国药典：1 部 [S]. 北京：化学工业出版社，2005：220-221.

[2] 熊文愈，汪计珠. 中国木本药用植物 [M]. 上海：上海科学技术出版社，1993：6-14.

[3] 王浴生，邓文龙，薛春生. 中药药理与应用 [M]. (第 2 版). 北京：人民卫生出版社，2000.

[4] 杨光，刘小军. 重新评价银杏叶制剂的质量与功效 [J]. 北京中医，1999，18 (3)：60-62.

[5] 黄璞，刘力强，韩勇等. 银杏叶提取物对中枢神经系统药理作用的研究进展. 中国医院药学杂志，2005，6 (25)：553.

[6] 梁立兴. 银杏叶的开发利用及其研究进展 [A]. 梁立兴银杏论文集 [C]. 济南：山东农业大学，1997，87-93.

[7] 韩金玉，颜迎春，常贺英等. 银杏萜内酯提取与纯化技术 [J]. 中草药，2002，33 (11)：2-4.

[8] 赵严，卢丹. 从银杏叶中高效提取银杏内酯和白果内酯的方法 [J]. 国外医药//植物药分册，2003，18 (4)：160-161.

[9] 张迪清，何照范. 银杏叶资源化学研究. 北京：中国轻工业工业出版社，1999.

[10] 冯年平，郁威. 中药提取分离技术原理与应用. 北京：中国医药科技出版社，2004.

第十三章 葛根素颗粒剂的生产工艺及车间设计

第一节 概　　述

一、葛根的种植和采集

葛根（*Radix puerariae*，pueraria root），别名有葛条、粉葛、甘葛、葛藤、葛麻。为豆科植物野葛［*Pueraria lobata*(Willd.)Ohwi］或甘葛藤（*Pueraria thomsonii* Benth.）的干燥根。

葛根为多年生藤本，长达10m，全株被黄褐色粗毛，块根肥厚。叶互生；具长柄；3出复叶，顶端小叶的柄较长，叶片菱状圆形，有时有3波状浅裂，长8～19cm，宽6.5～18cm，先端急尖，基部圆形，两面均被白色伏生短柔毛，下面较密；侧生小叶较小，偏椭圆形或偏菱状椭圆形，有时有2～3波状浅裂。总状花序腋生，总花梗密被黄白色绒毛；花密生；苞片狭线形，早落，小苞片线状披针形；蝶形花蓝紫色或紫色，长15～19cm；花萼5齿裂，萼齿披针形；旗瓣近圆形或卵圆形，先端微凹，基部有两短耳，翼瓣狭椭圆形，较旗瓣短，通常仅一边的基部有耳，龙骨瓣较翼瓣稍长；雄蕊10，两体（9+1）；子房线形，花柱弯曲。荚果线形，扁平，长6～9cm，宽7～10mm，密被黄褐色的长硬毛。种子卵圆形而扁，赤褐色，有光泽。花期4～8月，果期8～10月。

干燥块根呈长圆柱形，药材多纵切或斜切成板状厚片，长短不等，约长20cm，直径5～10cm，厚0.7～1.3cm。白色或淡棕色，表面有时可见残存的棕色外皮，切面粗糙，纤维性强。质硬而重，富粉性，并含大量纤维，横断面可见由纤维所形成的同心性环层，纵切片可见纤维性与粉质相间，形成纵纹。无臭，味甘。以块肥大、质坚实、色白、粉性足、纤维性少者为佳；质松、色黄、无粉性、纤维性多者质次。

呈纵切的长方形厚片或小方块，长5～35cm，厚0.5～1cm。外皮淡棕色，有纵皱纹，粗糙。切面黄白色。质韧，纤维性强。无臭，味微甜。

二、化学成分

葛根含异黄酮成分葛根素、葛根素木糖苷、大豆黄酮、大豆黄酮苷及β-谷甾醇、花生酸，又含多量淀粉（新鲜葛根中含量为19%～20%）。甘葛藤的干根含淀粉37%，三裂叶野葛藤的根部含淀粉15%～20%。

从印度的同属植物的根中分离出葛根素、大豆黄酮、大豆黄酮苷、β-谷甾醇、4′,6″-二乙酰葛根素和豆甾醇。

性味：性凉，味甘、辛。

功能主治：解表退热，生津，透疹，升阳止泻。用于外感发热头痛、高血压、颈项强痛、口渴、消渴、麻疹不透、热痢、泄泻。

《本草纲目》载：葛根，性凉、气平、味甘，具清热、降火、排毒诸功效。现代医学研究表明：葛根中的异黄酮类化合物葛根素对高血压、高血脂、高血糖和心脑血管疾病有一定疗效。

三、葛根的国内外种植与利用情况

葛根生于山坡草丛中或路旁及较阴湿的地方，分布于辽宁、河北、河南、山东、安徽、江苏、浙江、福建、台湾、广东、广西、江西、湖南、湖北、四川、贵州、云南、山西、陕西、甘肃等地。

喜马拉雅地区是葛根的主要发源地。根据现有资料整理，现代的葛属植物的种类在世界上主要野生或通过引种种植分布在北纬42°左右至南回归线（南纬25°以内）左右和东经70°以上至西经70°以上所包括的广大地区。我国拥有14个葛属植物品种，种质资源最丰富，居世界首位。

美国最早于1876年在费城百年纪念博览会上从日本引种葛根，1948年又有叶培忠教授从中国天水将野葛引种到美国，在1935～1950年间为保护土壤减少水土流失而大力发展种植。

葛根也被引种到非洲。在尼日利亚，葛根被用于玉米农耕田休耕期间的土壤肥力恢复和玉米农耕田休耕期间的粮食种植。

葛根在日本也有悠久的种植、采收和利用历史。现代在日本，葛根主要用于编织葛布、加工食品和保健药品。

我国改革开放以后，对葛根的种植和利用进入了一个新的时期。不论是在药用葛根的药理研究、成分提取、新药开发方面，还是在粉用葛根的品种选育、种植基地、食品加工方面都取得了长足的进展，涌现出了许多专门从事葛根种植和葛根类产品开发的公司，葛根产业也成了一些贫困县脱贫致富的支柱产业。

葛根春、秋采挖，洗净，除去外皮，切片，晒干或烘干。切片后，用盐水、白矾水或淘米水浸泡，再用硫黄熏后晒干，色较白净。

四、葛根素的临床应用

据古代本草记载葛根主治感冒、麻疹透发不快、泻利、肩背痹痛、消渴等症。现代医学研究进一步表明葛根素具有药用作用

（1）治疗急性心肌梗死　葛根素是对急性心肌梗死患者异常反应的神经内分泌系统有重要调节作用的药物。

（2）治疗不稳定性心绞痛　葛根素组与对照组均常规口服消心痛片、阿司匹林片及硝苯地平片，心绞痛发作时均舌下含服硝酸甘油片，葛根素组用葛根素注射液400mg加于5%葡萄糖注射液250mL中静脉滴注。葛根素组总有效率为85.7%，对照组总有效率为66.7%，两组比较，葛根素组疗效优于对照组。表明葛根素治疗不稳定性心绞痛效果肯定，副作用小，值得临床推广应用。

（3）高黏血症　高黏血症在针对原发疾病常规治疗的同时，加用葛根素静脉滴注，每天1次，20天为1疗程，治疗后葛根素组对于血液黏度较治疗前明显降低。

（4）急性脑梗死　采用葛根素注射液治疗急性脑梗死总有效率为83.82%，提示葛根素对脑梗死有良好的扩张血管、降低血黏度和改善脑部血液供应的作用。而且在应用过程中未发现明显的毒副作用，对肝肾功能无损害，说明葛根素注射液是治疗脑梗死的有效、理想的药物。

（5）颈椎病　葛根汤能疏通太阳经脉三气，用葛根能增强其辛甘凉润之力，更增强其解肌、润筋、解痉之功，使颈项背强痛等症明显缓解。

第二节 葛根素的提取生产工艺

一、提取工艺概述

葛根浸膏粉的制备工艺如下。

(1) 清洗 领取经检验合格的葛根置清洗架中，用流动水冲洗并经常翻动，清洗至流下的水清澈为止。清洗好的净药材置室内干净处晾干，备用。

(2) 提取 按895mL乙醇（95%）：105mL饮用水的比例配制好85%的乙醇。将净葛根饮片加入提取罐中，再加入药材3倍量的85%的乙醇，浸泡30min后开始通蒸汽回流。共提取3次，时间各为1h，加85%的乙醇量分别为3倍的药材量。提取完药渣弃去，回流液合并过滤。

(3) 浓缩 过滤后的回流液浓缩至乙醇含量为5%以下，再减压浓缩成相对密度为1.25～1.28(80℃) 的清膏。

(4) 干燥 将清膏稀释到一定浓度后，进行喷雾干燥。

(5) 粉碎 将干燥的细粉粉碎后，过80目的筛。

(6) 包装 20kg/桶。

二、提取车间工艺流程

葛根素的提取车间工艺流程如图13-1所示。

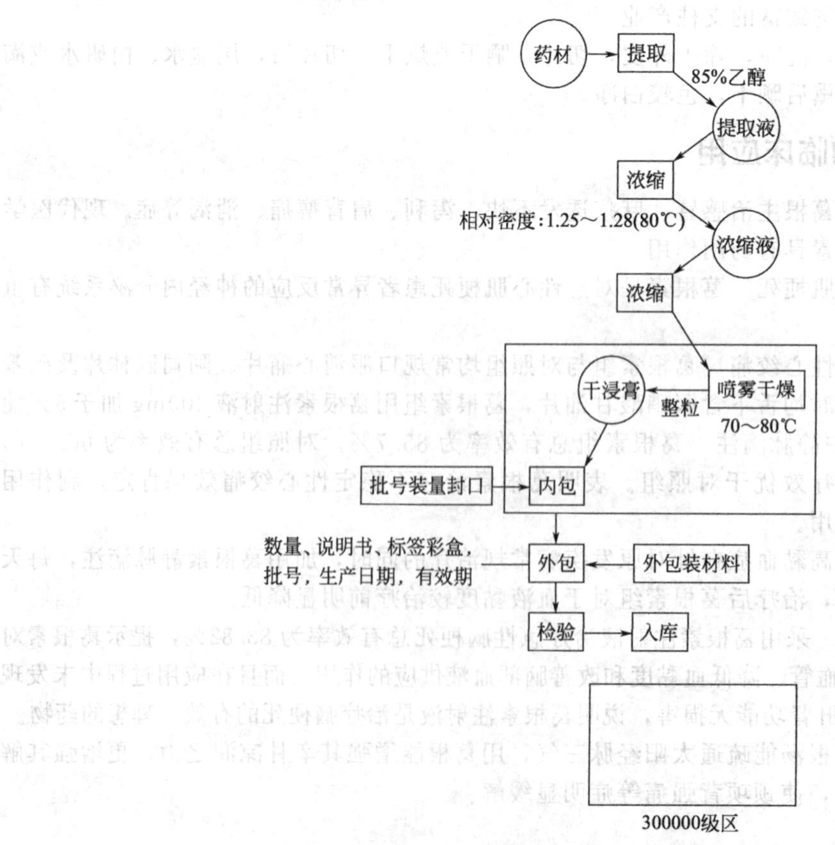

图13-1 葛根素的提取车间工艺流程

三、主要设备

提取葛根素的主要设备如表 13-1 所示。

表 13-1　提取葛根素的主要设备一览表

序号	名　称	型号	生产能力	生产厂家	尺寸/mm	功　率
1	多功能提取罐	$5m^2$	2000kg/次	常熟中药制药机械总厂	$\phi 2000 \times H3000$	$3kg/cm^2$
2	提取液储罐	$5m^2$	—	常熟中药制药机械总厂	$\phi 2000 \times H3000$	—
3	二效浓缩器机组	$4m^2/h$	500kg/h	常熟中药制药机械总厂	$\phi 1000 \times H3000$	$3kg/cm^2$
4	沉淀罐	$4m^2$	—	常熟中药制药机械总厂	$\phi 1500 \times H2500$	—
5	上清液储罐	$5m^2$	—	常熟中药制药机械总厂	$\phi 2000 \times H3000$	—
6	单效浓缩器	$1.5m^2/h$	160kg/h	常熟中药制药机械总厂	$\phi 800 \times H2000$	$3kg/cm^2$
7	酒精配制罐	$5m^2$	—	常熟中药制药机械总厂	$\phi 2000 \times H3000$	—
8	稀酒精罐	$5m^2$	—	常熟中药制药机械总厂	$\phi 2000 \times H3000$	—
9	浓酒精罐	$10m^2$	—	常熟中药制药机械总厂	$\phi 2000 \times H3500$	—
10	真空泵	ZK-1	5×10^{-2}Pa	常熟中药制药机械总厂	1500×1500×1500	3kW
11	过滤器	$\phi 300$	30L/min	常熟中药制药机械总厂	1500×600×1000	—
12	浓缩液储罐	$5m^2$	—	常熟中药制药机械总厂	$\phi 2000 \times H3000$	—
13	振动筛粉机	XZS-500	150kg/h	上海天和制药机械有限公司	800×800×1500	1.5kW
14	喷雾干燥制粒机	PGLB-40C	140kg/h	重庆长江制药机械有限公司	2000×2000×4000	30kW
15	粉碎机	TF-350B	150kg/h	哈尔滨纳诺制药机械有限公司	800×800×2000	6kW
16	振荡筛	ZD-1	300kg/h	上海天和制药机械有限公司	800×800×1200	3kW
17	三维运动混合机	GH400	400L/批	江苏省常州市一步干燥机厂	2500×2500×2500	10kW
18	印字打印机	DY-1	3 万个/h	上海华音包装机械有限公司	500×500×300	0.2kW

第三节　葛根素颗粒剂的车间设计

一、口服固体制剂的车间设计要点

① 车间设计应符合《药品生产质量管理规范》、《洁净厂房设计规范》和建筑、消防及环保等各行业的规范。

② 按工艺要求，除生产过程的每一步应有合理的布局外，还要对辅助功能间按 GMP 要求进行合理的设计和分布。如洗衣间、容器洗涤和存放间等。

③ 人流和物流通道应严格分开。产量要符合设计要求，各设备间产能要匹配。

④ 设计过程中出现几个规范间发生冲突时应合理解决。

⑤ 工艺流程及生产规模上要考虑今后的发展。

二、颗粒剂的车间设计

（1）生产规模　在设计前首先要对目前和将来的生产规模有预算，如颗粒剂 5 亿袋/年。

（2）生产工序　生产工序即工艺流程，粉碎、筛分、混合、制粒、干燥整粒、总混合装颗粒剂。这样为车间平面设计提供基础资料。

（3）物料衡算　根据生产规模，可以换算出批生产量，再进行每一工序的物料恒算，也为设备选型提供依据。

（4）生产设备选型　设备的选型原则是符合 GMP 及生产的要求，并且先进。但要考虑企业的实际情况。所谓的符合 GMP 要求，目前强调的是性能稳定、易于安装、易于清洗消毒、无死角等，还强调在线清洗（CIP）和在线灭菌（SIP）。

1. 主要设备

葛根素颗粒车间的主要设备如表 13-2 所示。

表 13-2　葛根素颗粒车间的主要设备一览表

序号	名　称	型号	生产能力	生产厂家	尺寸/(L×W×H)/mm	功率/kW
1	粉碎机	30B	100～300kg/h	常州市日宏粉体设备厂	600×700×1450	5.5
2	振荡筛粉机	ZS-650	180～2000kg/h	台州春江制药机械有限公司	880×880×1350	1.5
3	电子秤	JKK365P	30kg/10g	广州市骏凯电子科技有限公司	500×600×800	0.02
4	高效沸腾制粒机	500	750kg	常州市豪龙干燥设备有限公司	3000×2250×4200	37
5	湿法混合制粒机	HLSG-25	3～11kg	浙江明天机械有限公司	1050×500×1300	2.2
6	快速整粒机	KZL-100	20～150kW/h	常州市长江干燥设备有限公司	1000×500×1500	0.75
7	三维混合机	SYH-1500	1500L	常州市日宏粉体设备厂	3100×2850×3000	11
8	颗粒剂包装机	DXDK60/B	40～60 袋/min	沈阳东泰机械制造有限公司	60×800×1200	1.2
9	自动理瓶机	BZ-120	60～80 瓶/min	舟山市双鲸制药设备有限公司	1150×900×1100	0.25
10	捆扎机	MH-101A	2.5s/道	杭州永床机械有限公司	1100×850×950	0.75

2. 工艺流程

葛根素颗粒的车间工艺流程如图 13-2 所示。

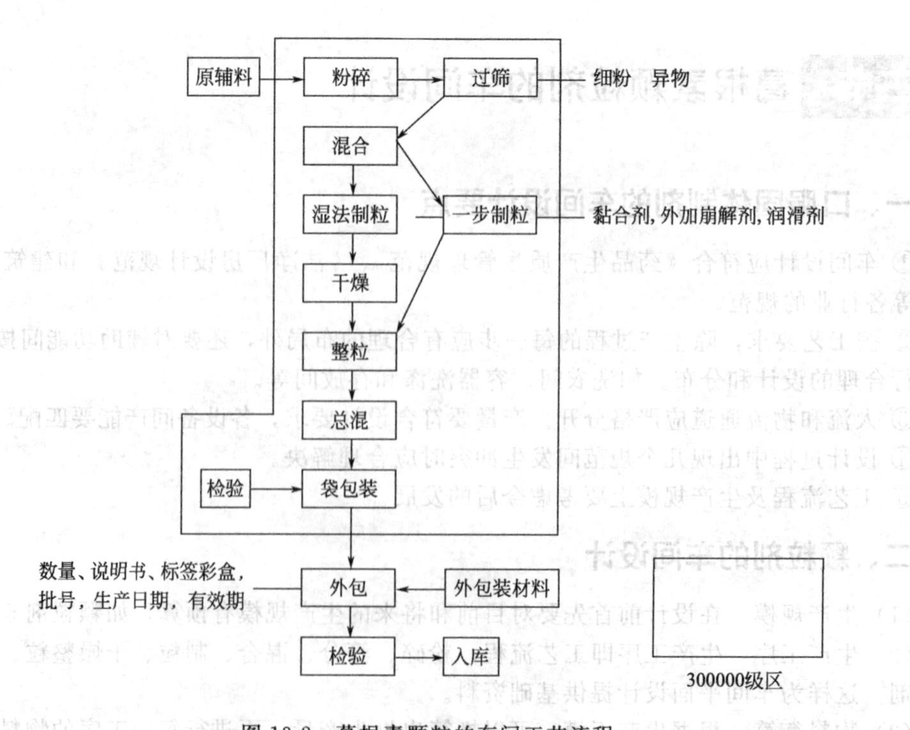

图 13-2　葛根素颗粒的车间工艺流程

3. 车间平面图

葛根素颗粒的车间平面图如图 13-3 所示。

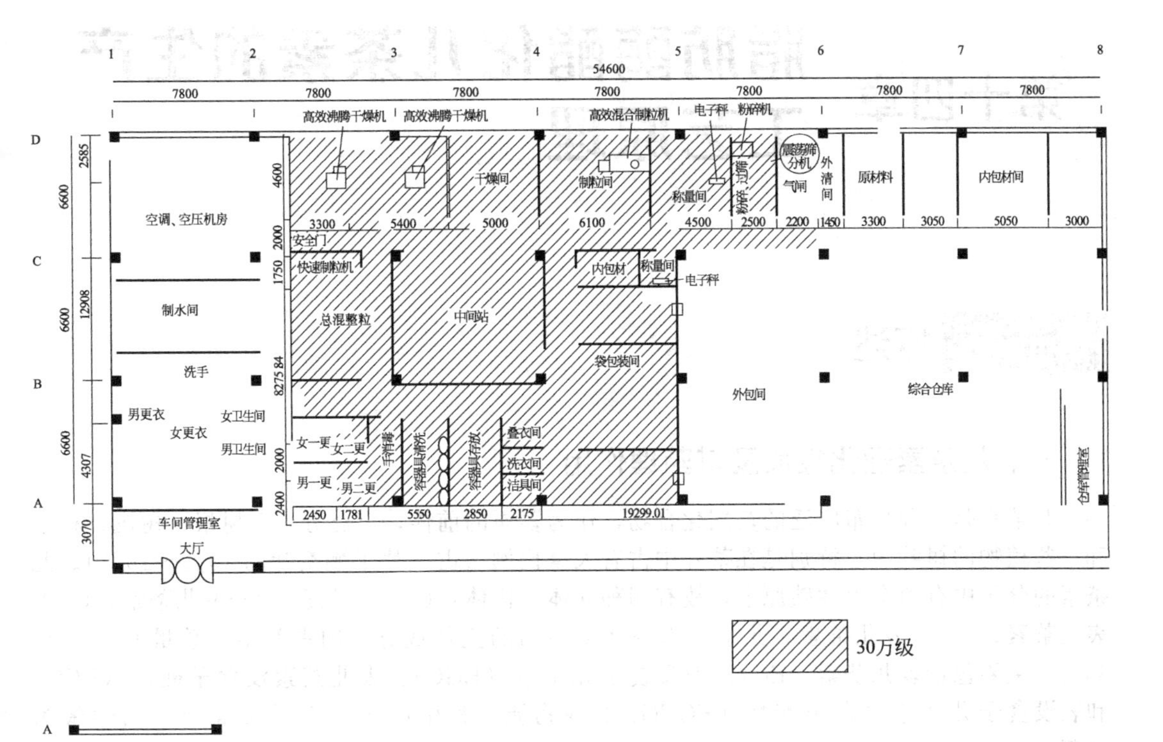

图 13-3　葛根素颗粒的车间平面图

参考文献

[1] 林强，葛喜珍. 中药材概论. 北京：化学工业出版社，2007.

[2] 陈新谦，金有豫，汤光. 新编药物学. 第 15 版. 北京：人民卫生出版社，2004.

[3] 张洪斌，杜志刚. 制药工程课程设计. 北京：化学工业出版社，2007.

[4] 唐燕辉. 药物制剂生产设备及车间工艺设计. 北京：化学工业出版社，2005.

[5] 王志祥. 制药工程学. 北京：化学工业出版社，2003.

[6] 朱宏吉，张明贤. 制药设备与工程设计. 北京：化学工业出版社，2004.

[7] 朱盛山. 药物制剂工程. 北京：化学工业出版社，2002.

[8] 郑穹，段建利. 制药工程基础. 武汉：武汉大学出版社，2007.

[9] 国家食品药品监督管理局药品认证管理中心. 欧盟药品 GMP 指南. 北京：中国医药科技出版社，2008.

[10] 梁毅. GMP 教程. 北京：中国医药科技出版社，2003.

[11] 蒋婉，屈毅. 美国 FDA 的 cGMP 现场检查. 北京：中国医药科技出版社，2007.

[12] 崔福德. 药剂学. 北京：中国医药科技出版社，2002.

第十四章 脂肪酶酯化儿茶素的生产工艺原理

第一节 概述

一、儿茶素理化性质及其药理作用

儿茶素是一种分布广泛的黄酮化合物，作为鞣质的前体，广泛分布于树根、树皮、种子和一些植物的树叶中，特别是在茶叶中占有大量比例（占一片干燥茶叶的10%～20%）。儿茶素的分子中有两个手性碳原子，故有四种立体异构体：(+)-儿茶素、(−)-儿茶素、(+)-表儿茶素、(−)-表儿茶素。儿茶素为茶叶中多酚的主体成分，约占茶多酚总量的70%～80%，主要包括表儿茶素（EC）、表没食子儿茶素（EGC）、表儿茶素没食子酸酯（ECG）和表没食子儿茶素没食子酸酯（EGCG）4 种物质，其中以 EGCG 含量最高，活性最为显著。

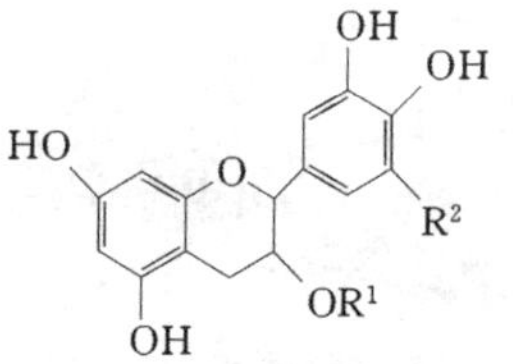

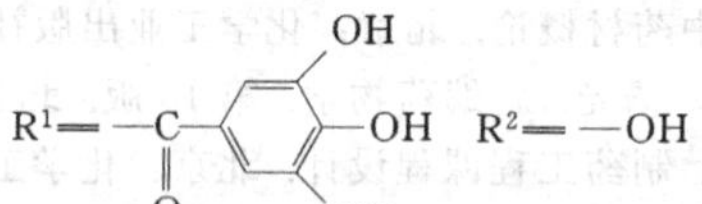

表没食子儿茶素没食子酸酯（epigallocatechin-3-gallate，EGCG）　R^1= 没食子酰基（3,4,5-三羟基苯甲酰基）　R^2= —OH

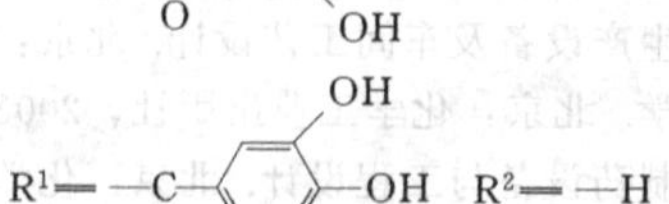

表儿茶素没食子酸酯（epicatechin-3-gallate，ECG）　R^1= 没食子酰基（3,4,5-三羟基苯甲酰基）　R^2= —H

表没食子儿茶素（epigallocatechin，EGC）　R^1= —H　R^2= —OH

表儿茶素（epicatechin，EC）　R^1= —H　R^2= —H

本品是从水/醋酸中得到含结晶水的针状晶体。分子式 $C_{15}H_{14}O_6$，分子量 308.28，熔点 93～96℃；而不含结晶水的晶体熔点 175～177℃。旋光度 +16°～+18.4°。其外消旋体也呈针状晶体，熔点 212～216℃。微溶于冷水、乙醚，可溶于热水、乙醇、冰醋酸和丙酮，不溶于苯、氯仿和石油醚。儿茶素的顺式立体异构体表儿茶素（epicatechin）也广泛存在于植物中，熔点 242℃，旋光度［α］D−68°（乙醇中）。

儿茶素自被提取分离以来，在基础和应用研究方面取得了很大的进展，儿茶素具有显著的抗氧化、抗突变、防辐射、抗菌消炎作用；能够增强免疫系统功能等多种生物活性，在保健食品、化妆品和药剂配置等领域有很大的应用前景。但就其实际应用而言，目前还存在以下问题：①儿茶素的多羟基水溶性限制了其在脂类产品中的应用，特别是作为油脂类抗氧化剂，在油脂中难以加至有效的抗氧化浓度阈值；②于人体功效方面，由于脂溶性差不易透过双脂层细胞膜，难以到达靶向作用点而大大降低其应有的活性。此外，在生理环境下稳定性差、可有效利用的浓度很低，导致其体内生物利用度不高。基于以上存在的问题，对其结构进行分子修饰已成为当前研究的热点之一。

二、儿茶素酯化反应原理

儿茶素属于黄酮类化合物。有关改善黄酮类化合物油溶性分子修饰的研究，主要是对黄酮类化合物上的羟基或对黄酮苷中糖基上的羟基进行酯化，分为酶法和化学法两种。化学法酯化存在以下问题：一方面在修饰过程中酚羟基损失较大，导致儿茶素生物活性降低，且酰化程度越高，其损失越大。另一方面长脂肪链的引入对周围酚羟基产生的屏蔽作用使其参与反应的空间位阻增大；同时脂肪链较长还会造成聚集，达不到增溶效果。此外酰化反应不是完全定向酰化，其产物是一种单酯、双酯甚至多酯及未反应混合物。定向的化学修饰酯化反应通常要经历“基团保护—酯化—脱保护基团”三步，工艺过程复杂。酶法分子修饰一般采用脂肪酶将长链脂肪烃引入到黄酮类化合物的羟基氧上。具有较强的专一性与选择性，可以选择酯化儿茶素的某位羟基，在分子中引入长烃链可以增加它的脂溶性及亲疏平衡性，从而增加和脂肪的相容性及提高抗氧化性。此过程反应条件比较温和，无污染物产生，可得到高质量、高纯度的产品。

Bruno Daniel 利用南极假丝酵母（*Candida antarctica*）脂肪酶 B（Novozym 435），将脂肪酸分子引入到了含 1～2 个单糖的栎精糖苷和芦丁糖苷糖基中的羟基上。方法是将栎精糖苷和芦丁糖苷溶于吡啶，然后加入丙酮、乙酸乙酯和脂肪酶 B，反应温度控制在 45℃，在搅拌条件下连续反应 45～150h，产物用高效液相色谱分离纯化。Sergio Riva 用该酶将马来酸二苄乙酰酯引入到黄酮苷上，产率可达到 74%。近来的研究表明，该脂肪酶还可以将苯基丙酸直接引入到黄酮类化合物中。S Gayot 利用固定化脂肪酶 Novozym435，将棕榈酸分子引入到柚皮苷中的糖基氧原子上，柚皮苷只有葡糖基的 6′-羟基被酯化，引入了长链形成黄酮苷酯。Danieli 以吡啶、丙酮为溶剂，用枯草杆菌蛋白酶对黄酮类化合物进行丁酯化反应转化率可达 33%。

1994 年 Sakai 等获得酶法合成 3-*O*-酰基化儿茶素系列物的专利，并将其应用到油脂抗氧化领域。所用羧酸酯化酶由娄彻链霉菌（*Streptomyces rochei*）或黑曲霉中获得，采用 1mol 的儿茶素加入 1～10mol 的酰化物，每克儿茶素需 100～5000 单位的酶分子，温度控制在 20～60℃，pH4～7，所得产物油溶性良好，抗氧化诱导时间也较空白延长近 1 倍，但产率较低。针对上述方法中得率低和所用酯化酶价格昂贵问题，Patti 等从不同来源的多种脂肪酶中筛选出米里毛霉（*Mucor miehei*）脂肪酶来制备 3-*O*-酰基化儿茶素，其方法为在固定化脂肪酶的叔丁基甲醚溶液中，儿茶素首先经酰化反应制备五酰基化衍生物或先经乙酰化得到 5,7,3′,4′-*O*-四乙酰基酯，再棕榈酰化得到四乙酰基 3-*O*-酰化物，然后分别经醇解、柱色谱制备得到 3-*O*-棕榈酰化儿茶素，两条途径产物得率分别为 70%和 90%。如表 14-1 所示。

表 14-1　黄酮类化合物选择性酯化涉及的脂肪酶、溶剂和脂肪酸

脂肪酶	溶剂	脂肪酸
诺维信 435 南极假丝酵母脂肪酶 B	2-甲基-2-丁醇	棕榈酸 棕榈酸甲酯
南极念珠菌	正丁醇	月桂酸

续表

脂肪酶	溶剂	脂肪酸
C. cylindrica	四氢呋喃	肉豆蔻酸
洋葱假单胞菌	叔丁基甲基醚	硬脂酸
Rizophus jalanicus	二氯甲烷	己二酸
M. miehei	丙酮	壬二酸
猪胰脂肪酶	叔丁醇	十二烷二酸
枯草杆菌蛋白酶	叔戊醇	棕榈酸
Streptomyces rochei 或 *Aspergillus niger*	正己烷	11-巯基十一酸

脂肪酶催化合成儿茶素高级脂肪酸酯目标产物的合成路径有下列三条路线。

合成路线 1，筛选特异性脂肪酶，儿茶素与脂肪酸在选择性区域发生直接酯化，或者与脂肪酸酯在特定区域发生酯交换反应（见图 14-1）。

合成路线 2，儿茶素、表儿茶素结构中五个羟基，都与酸或酰氯发生酰化反应，然后利用脂肪酶醇解部分酰基，得到区域选择性酯化产物（见图 14-2）。

合成路线 3，先利用乙酯化反应保护儿茶素结构中的部分羟基，再对选择性羟基进行酰化修饰，然后利用脂肪酶醇解，脱除羟基的保护基团（见图 14-3）。

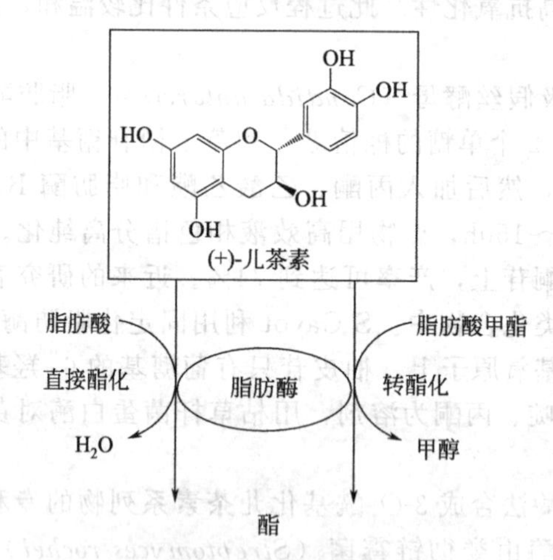

图 14-1 合成路线 1

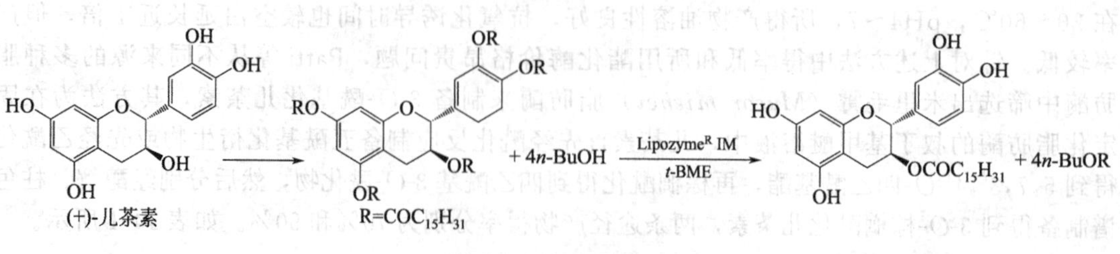

(+)-儿茶素 → $R=COC_{15}H_{31}$ + 4n-BuOH —Lipozyme^R IM, t-BME→ $OCOC_{15}H_{31}$ + 4n-BuOR

图 14-2 合成路线 2

三、脂肪酶

脂肪酶（lipase，EC 3.1.1.3），又称甘油三酯水解酶，是一类能催化长链脂肪酸甘油酯水解的酶，同时也可以催化该反应的逆反应，许多微生物分泌的脂肪酶还可以催化酯化反

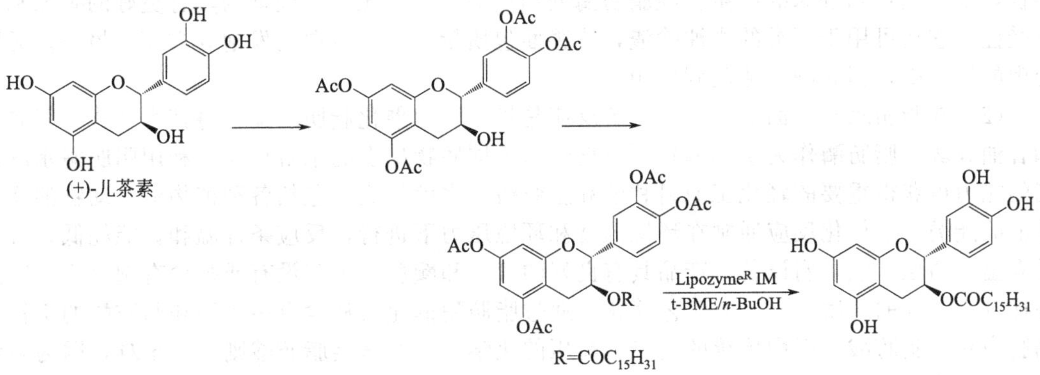

图 14-3　合成路线 3

应、酯交换反应、酸解反应、醇解反应以及氨解反应等。产生脂肪酶的微生物资源非常丰富，具有在有机溶剂中稳定性好、广泛的底物特异性、高度的位置选择性和异构体选择性、催化活性高且副反应少等特点，已广泛应用于食品加工、新型生物材料、生物医学、生物传感器、手性药物拆分等领域。微生物脂肪酶由于具有种类多，宽泛的作用温度范围和 pH 值作用范围，便于进行工业规模生产和获取高纯度制剂等优点而得到广泛应用。

1. 脂肪酶的来源

脂肪酶广泛地存在于动植物和微生物中。植物中含脂肪酶较多的是油料作物的种子，如蓖麻子、油菜子。当油料种子发芽时，脂肪酶能与其他的酶协同发挥作用催化分解油脂类物质生成糖类，提供种子生根发芽所必需的养料和能量；动物体内含脂肪酶较多的是高等动物的胰脏和脂肪组织，在肠液中含有少量的脂肪酶，用于补充胰脂肪酶对脂肪消化的不足，在肉食动物的胃液中含有少量的丁酸甘油酯酶。在动物体内，各类脂肪酶控制着消化、吸收、脂肪重建和脂蛋白代谢等过程；细菌、真菌和酵母中的脂肪酶含量更为丰富。由于微生物种类多、繁殖快、易发生遗传变异，具有比动植物更广的作用 pH 范围、作用温度范围以及底物专一性，且微生物来源的脂肪酶一般都是分泌性的胞外酶，适合于工业化大生产和获得高纯度样品，因此微生物脂肪酶是工业用脂肪酶的重要来源，并且在理论研究方面也具有十分重要的意义。

2. 脂肪酶的性质

脂肪酶是一类具有多种催化能力的酶，可以催化三酰甘油酯及其他一些水不溶性酯类的水解、醇解、酯化、转酯化及酯类的逆向合成反应，除此之外还表现出其他一些酶的活性，如磷脂酶、溶血磷脂酶、胆固醇酯酶、酰肽水解酶活性等。脂肪酶不同活性的发挥依赖于反应体系的特点，如在油水界面促进酯水解，而在有机相中可以酶促合成和酯交换。

脂肪酶是重要的工业酶制剂品种之一，可以催化解脂、酯交换、酯合成等反应，广泛应用于油脂加工、食品、医药、日化等工业。脂肪酶基本组成单位仅为氨基酸，通常只有一条多肽链。它的催化活性仅仅决定于它的蛋白质结构。不同来源的脂肪酶具有不同的催化特点和催化活力。

目前酯化反应大多是高温酸碱催化，存在副产物有毒、反应条件苛刻、能耗高、环境污染等问题。而酶法合成能够克服以上缺点，反应条件温和，能耗低，催化反应特异性强，不易产生副产物，对环境友好，是绿色化学工业的发展方向。

3. 脂肪酶的应用

(1) 在食品工业中的应用　脂肪酶在食品工业中的应用广泛而成功，现已应用于油脂工业、焙烤食品、乳制品以及食品添加剂等工业中。脂肪酶还对面团有强筋作用，可增加面团体积，且对面包芯有二次增白的作用。可用于酯交换、油脂水解及乳品工业中。脂肪酶可以加快奶酪的熟化和香味的产生。经脂肪酶处理过的奶制品比未经处理的具有更好的香味和可接受性。它还可用于酒类的去浊除渣，改善面包质量，改善蛋白的发泡等方面。另外，无脂肪肉的生产中，脂肪酶也能起到作用。

（2）在脂肪水解方面的应用　水解反应是指脂肪酶催化脂肪或酯，将其水解成为脂肪酸和甘油或醇。脂肪酶作为生物催化剂可催化由不同底物出发的水解反应，利用脂肪酶水解油脂的能力可获得重要的轻化工原料甘油和脂肪酸。水解的底物包括各种植物油、动物油及各种油的酯类。酶催化反应通常在环境温度和环境压力下进行，反应条件温和，能耗低，且不需高温、高压、强防腐设备，产品具有良好的气味和颜色。由于没有或很少有副反应，产品往往具有较高的纯度，使下游工艺简化。通过脂肪酶催化可从含有多不饱和脂肪酸的不稳定油脂中获取脂肪酸，而用传统的高温、高压的化学法生产这类脂肪酸则十分困难，因为高温将导致不饱和脂肪酸氧化。还有如用蓖麻油水解生产蓖麻酸，由于内酯化、脱水等副反应，不能用传统的蒸气裂解方法生产，但用来自蓖麻种子的脂肪酶水解蓖麻油，即可避免此弊端，目前该工艺已实现商业化生产。

（3）手性化合物合成中的应用　脂肪酶催化具有高底物专一性、区域选择性或对映选择性等优点，由此使其成为有机合成中重要的生物催化剂。脂肪酶催化合成手性化合物的基本类型有两个：①前手性底物的反应；②外消旋化合物的拆分。催化的底物已由传统的前手性或手性醇和羧酸酯扩展到二醇、二酯、内酯、胺、二胺、氨基醇、α-羟基酸或β-羟基酸，因此，大多数重要的功能有机化合物原则上都可被脂肪酶催化立体选择性地制备。然而，尽管在这方面有大量的报道，脂肪酶的工业对映选择性过程却也受到限制。一般存在以下几点问题：①对映选择性不充分；②酶活性有限；③回收脂肪酶十分困难；④固有的最大的动力学拆分效率只能达到50%。不过这些问题正在被解决，除了优化反应条件如温度、溶剂、酰化基团外，当前最重要的研究包括以下几点：①作为增加对某一选定底物的对映选择性的一种方法，将脂肪酶分子进行体外改造；②新的固定化技术提高酶在有机介质中的活性和稳定性；③循环技术使脂肪酶多次重复使用成为可能；④生物催化剂的动力学拆分与化学反应的巧妙结合可使产率提高到80%以上。因此，利用脂肪酶工业化合成手性化合物是完全有可能的。

4. 脂肪酶 Novozym 435

Novozym 435是一种热稳定脂肪酶的固定化制剂。特别适用于酯类和胺类化合物的合成。它具有宽广的底物专用性，可以促进范围很广的伯醇和仲醇与羧酸之间的反应。

Novozym 435是一种由南极假丝酵母得到的脂肪酶；用一种经过基因改性的米曲霉微生物进行深层发酵并吸收在一种打孔树脂上而制成。这种酶是一种三酰甘油水解酶（E. C.3.1.1.3），又是一种有效的羧酸脂水解酶。Novozym 435的位置专用性取决于反应物的种类。在某些反应中，Novozym 435表现为1，3定位专用性，而在其他反应中，这种脂肪酶的作用却表现为一种无定位专一性的脂肪酶。

Novozym 435固定在一种大孔性丙烯酸树脂上。这种产品由直径范围为0.3～0.9mm的小球状颗粒组成。其表观密度约为$430kg/m^3$，含水率为1%～2%。

活力：Novozym 435是一种耐热性很高的产品；最高的活力范围在70～80℃。由于在较高的温度下反应会引起酶的受热失活，因此为了保持优化的生产率，推荐在40～60℃范围内操作。酶是蛋白质，吸入了酶的粉尘或气溶胶会引起敏化并使敏化了的个体产生过敏。某些酶在长时间接触后，会引起眼睛、皮肤和黏膜的刺激。

储存：酶的活力会根据储存的湿度和温度条件，随着时间的推移而逐渐丧失。因此，酶制剂应该放在干燥和较冷的条件下储存。当Novozym 435放在5℃（41℉）条件下储存时，其活力至少可以保持6个月。当储存期延长，以及（或者）储存条件不好（包括高的温度或湿度）时，会导致加酶量的提高。

第二节 脂肪酶酯化儿茶素的工艺研究

一、不同反应时间加入 4Å 分子筛对儿茶素转化率的影响

水含量对酶在有机介质中的催化酯化反应有很大影响，通常过高的水含量会导致低酯化转化率，因此对试剂中水分的前处理很必要。所有参与反应的试剂在真空干燥器中干燥1周。

酯化反应是可逆反应，反应过程中生成水，水分的增加会降低酯化收率，故反应液中添加分子筛，吸附生成物水，使反应继续向酯化方向进行。分子筛是一种硅铝酸盐，主要由硅铝通过氧桥连接组成空旷的骨架结构，在结构中有很多孔径均匀的孔道和排列整齐、内表面积很大的空穴。此外还含有电价较低而离子半径较大的金属离子和化合态的水。由于水分子在加热后连续地失去，但晶体骨架结构不变，形成了许多大小相同的空腔，空腔又由许多直径相同的微孔相连，比孔道直径小的物质分子吸附在空腔内部，而把比孔道大的分子排斥在外，从而使不同大小形状的分子分开，起到筛分分子的作用，因而称作分子筛。它主要用于各种气体、液体的深度干燥，气体、液体的分离和提纯，催化剂载体等，因此广泛应用于炼油、冶金、电子、化学工业、石油化工、国防工业等，同时在农业、医药、轻工、环保等诸多方面，也日益广泛地得到应用。

4Å 型分子筛是一种钠型的硅铝酸盐，晶体的孔径为 4Å（0.4nm），能吸附临界直径不大于本身孔径的分子。化学式：$Na_2O \cdot AL_2O_2 \cdot 2SiO_2 \cdot 4.5H_2O$，用于密闭的气体或液体系统中进行静态脱水，在家用冷冻系统、药品包装、汽车空调、电子元件、易变质的化学品中作为静态干燥剂或在涂料塑料系统中作为脱水剂，在工业上也可用于饱和烃物料的干燥，并能吸附甲醇、乙醇、硫化氢、二氧化碳等。凡 3Å 型分子筛能吸附的 4Å 型分子筛都能吸附。

M. Ardhaoui 等研究观察棕榈酸盐和芦丁的合成反应，酸的转化率从 76%下降到 55%，水含量（W_c）从少于 200×10^{-6} 增长到 400×10^{-6}。说明了水含量在介质中微小的变化导致水活性巨大的改变。所以，对于脂肪酶，即使原始水含量很低，亲疏平衡能够因为水解转化。再者，水含量在介质中的微小变化都会使物质的溶解度提高。Kontogianni 在脂肪酸经南极假丝酵母脂肪酶催化下酯化芦丁和柚皮苷中已经证实水含量的因素，Kontogianni 指出，当原始水活性为 0.11 或者更少时，最高的转化率可到 45%～50%。在棕榈酸柚皮苷合成反应中，Gayot 证实对比没有干燥的媒介，应用干燥的培养基和溶剂，柚皮苷转化率可上升到 63%，特殊活性可达到 60%。

取儿茶素，硬脂酸，Novozym 435 脂肪酶，溶剂为正丁醇，加入锥形瓶中，将锥形瓶放入空气浴摇床中，摇床振荡速度为 60r/min，温度控制在 55～60℃，分别待反应 5h、11h、24h、36h 后，加入干燥的分子筛 4Å（分子筛 4Å 事先在 150℃下活化 24h，用量大约 1L 液体中加 100g），继续反应。96h 后，停止反应。过滤除去酶和分子筛；减压浓缩除去溶剂，得产物，不同反应时间加入分子筛，儿茶素转化率见表 14-2。反应 11h 后加入分子筛 4Å，儿茶素转化率最高。

表 14-2 不同反应时间加分子筛儿茶素的转化率

加入分子筛 4Å 的反应时间/h	儿茶素转化率/%	加入分子筛 4Å 的反应时间/h	儿茶素转化率/%
5	53.61	36	48.38
11	60.36	不加	24.20
24	52.21		

二、儿茶素与硬脂酸配比变化对儿茶素转化率的影响

儿茶素，Novozym 435 脂肪酶，溶剂为正丁醇，分别与不同量的硬脂酸加入锥形瓶中，将锥形瓶放入空气浴摇床中，摇床振荡速度为 50r/min，温度控制在 55～60℃，反应 11h 后，加入干燥的分子筛 4Å，继续反应；96h 后，停止反应；过滤除去酶和分子筛；减压浓缩除去溶剂，得产物，儿茶素与硬脂酸配比变化对儿茶素转化率的影响见表 14-3。可看出儿茶素与硬脂酸质量比为 1∶5 时，儿茶素转化率较高。

表 14-3 儿茶素与硬脂酸配比变化对儿茶素转化率的影响

儿茶素与硬脂酸配比（质量比）	儿茶素转化率/%	儿茶素与硬脂酸配比（质量比）	儿茶素转化率/%
1∶2	58.68	1∶5	60.36
1∶3	59.48	1∶7	55.32

三、不同反应温度对儿茶素转化率的影响

取儿茶素、硬脂酸、酶、正丁醇为溶剂，加入锥形瓶中，将锥形瓶放入空气浴摇床中，摇床振荡速度为 70r/min，11h 加入分子筛 4Å，温度分别控制在 20～60℃，96h 结束反应，过滤除去酶和分子筛；减压浓缩除去溶剂，得产物，由表 14-4 可看出反应温度为 60℃时，儿茶素转化率较高。

表 14-4 不同反应温度对儿茶素转化率的影响

反应温度/℃	儿茶素转化率/%	反应温度/℃	儿茶素转化率/%
25	42.50	60	60.36
40	52.35		

四、不同脂肪酸对儿茶素的转化率的影响

取儿茶素、脂肪酸、Novozym 435 脂肪酶，正丁醇为溶剂，加入锥形瓶中，将锥形瓶放入空气浴摇床中，摇床振荡速度为 60r/min，11h 后加入分子筛 4Å，温度分别控制在 55～60℃，96h 结束反应，过滤除去酶和分子筛；减压浓缩除去溶剂，得产物。棕榈酸、硬脂酸、月桂酸三种脂肪酸对儿茶素转化率结果见表 14-5。

表 14-5 不同脂肪酸对儿茶素的转化率结果

脂肪酸	儿茶素转化率/%	脂肪酸	儿茶素转化率/%
硬脂酸	60.36	月桂酸	47.15
棕榈酸	55.56		

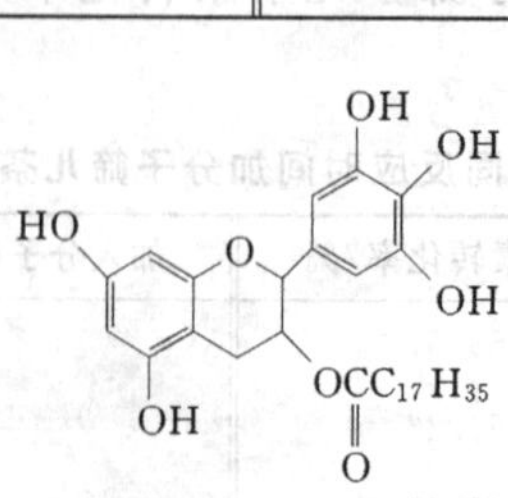

3-*O*-儿茶素硬脂酸酯

对3-*O*-儿茶素硬脂酸酯进行核磁共振，结果为：^{1}H-NMR(300MHz，DMSO-d6)：δ8.35(s，1H)，8.15(s，1H)，8.08(s，1H)，7.79(s，2H)，7.57(m，1H)，7.29(bs，1H)，6.04(d，J= 2.3 Hz，1H)，6.00(d，J= 2.3 Hz，1H)，5.64(m，1H)，5.11(s.1H)，3.08(m，2H)，2.15(t，J= 6.3 Hz，2H) 1.36～1.11(m，30H)，0.95(t，J= 7.2 Hz，3H)。

同儿茶素的^{1}H NMR波谱比较，3-*O*-儿茶素硬脂酸酯化物的母核质子的位移没有变化；δ1.36～0.95出现了一系列脂肪链质子峰，证明生成了儿茶素硬脂酸酯，δ2.15处出现一新的三峰，说明与该质子连接的羟基发生酯化反应，附近没有新峰出现，说明得到的3-*O*-儿茶素硬脂酸酯为单酯化物。

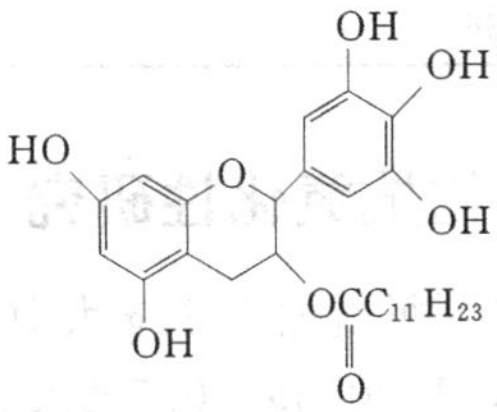

3-*O*-儿茶素月桂酸酯

对3-*O*-儿茶素月桂酸酯进行核磁共振，结果为：^{1}H-NMR (300MHz，DMSO-d6)：δ8.29 (s，1H)，8.08 (s，1H)，7.98 (s，1H)，7.81 (s，2H)，7.76 (m，1H)，7.35 (bs，1H)，6.05 (d，J= 2.3 Hz，1H)，6.03 (d，J= 2.3 Hz，1H)，5.61 (m，1H)，5.11 (s.1H)，3.03 (m，2H)，2.18 (t，J= 6.3 Hz，2H) 1.29～1.06 (m，18H)，0.90 (t，J= 7.2 Hz，3H)。

同儿茶素的^{1}H NMR波谱比较，3-*O*-儿茶素月桂酸酯化物的母核质子的位移没有变化；δ1.29～1.06出现了一系列脂肪链质子峰，证明生成了儿茶素月桂酸酯，δ2.18处出现一新的三峰，说明与该质子连接的羟基发生酯化反应，附近没有新峰出现，说明得到的3-*O*-儿茶素月桂酸酯为单酯化物。

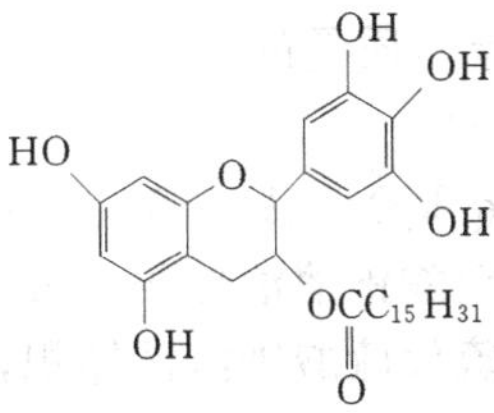

3-*O*-儿茶素棕榈酸酯

对3-*O*-儿茶素棕榈酸酯进行核磁共振获，结果为：^{1}H-NMR (300MHz，DMSO-d6)：δ8.30 (s，1H)，8.17 (s，1H)，8.00 (s，1H)，7.96 (s，2H)，7.74 (m，1H)，7.31 (bs，1H)，6.06 (d，J= 2.3 Hz，1H)，6.02 (d，J= 2.3 Hz，1H)，5.59 (m，1H)，5.10 (s.1H)，3.01 (m，2H)，2.12 (t，J= 6.3 Hz，2H) 1.37～1.04 (m，26H)，0.86 (t，J= 7.2 Hz，3H)。

同儿茶素的^{1}H NMR波谱比较，3-*O*-儿茶素棕榈酸酯化物的母核质子的位移没有变化；δ1.37～1.04出现了一系列脂肪链质子峰，证明生成了儿茶素棕榈酸酯，δ2.12处出现一新的三峰，说明与该质子连接的羟基发生酯化反应，附近没有新峰出现，说明得到的3-*O*-儿茶素棕榈酸酯为单酯化物。

五、不同溶剂对儿茶素转化率的影响

取儿茶素、月桂酸、脂肪酶、溶剂，加入锥形瓶中，将锥形瓶放入空气浴摇床中，摇床振荡速度为 60r/min，11h 加入分子筛，温度分别控制在 55～60℃，96h 结束反应，过滤除去酶和分子筛；减压浓缩除去溶剂，得产物，不同溶剂对儿茶素转化率的影响见表 14-6。溶剂为正丁醇时，儿茶素转化率最高。

表 14-6 不同溶剂对儿茶素转化率的影响

溶剂	儿茶素转化率/%	溶剂	儿茶素转化率/%
叔丁醇	57.47	叔戊醇	55.73
正丁醇	60.36		

六、油脂中儿茶素酯化产物抗氧化性研究

准备 10 个棕色容量瓶，每个容量瓶里加入 20g 大豆油。之后于容量瓶中分别加入 1ml、0.5ml、0.25ml 的儿茶素硬脂酸酯，1.0005g、0.5002g、0.2505g 的 2，6-二叔丁基-4-甲基苯酚（BHT），1.00ml、0.50ml、0.25ml 的维生素 E。一个为空白。将 10 个容量瓶放入 96℃恒温箱中，每隔 5h、24h、30h、48h、72h、96h 用如下方法测定过氧化值。

准确称取 3g 测试样品置于小烧杯中，加 30mL 三氯甲烷-冰乙酸混合液，立即摇动使样品完全溶解。加入 1.0mL 饱和 KI 溶液，加塞后轻轻振摇 0.5min，放在暗处 3min。取出加 100mL 水，摇匀，用硫代硫酸钠标准溶液滴定，至淡黄色时，加入 1mL 淀粉指示剂，继续滴定至蓝色消失为终点。同时做一空白试验。

（1）硫代硫酸钠标准溶液的浓度计算

$$c(Na_2S_2O_3)=[m/(V_1-V_0)\times 0.04903]$$

式中 $c(Na_2S_2O_3)$——硫代硫酸钠标准溶液的物质的浓度，mol/L；

m——重铬酸钾的质量，g；

V_1——硫代硫酸钠标准溶液之用量，ml；

V_0——空白试验用硫代硫酸钠标准溶液之用量，ml；

0.04903——重铬酸钾摩尔质量的 1/6，kg/mol。

（2）过氧化值的计算

$$过氧化值(meq/kg)=(V_1-V_2)\times(N/W)\times 1000$$

式中 V_1——油样用去的硫代硫酸钠溶液体积，mL；

V_2——空白试验用去的硫代硫酸钠溶液体积，mL；

N——硫代硫酸钠溶液的当量浓度；

W——样品重，g。

3-*O*-儿茶素硬脂酸酯、BHT、维生素 E 在油脂中的不同时间的过氧化值见表 14-7。

表 14-7 儿茶素酯化产物在油脂中的过氧化值

抗氧化剂	添加量	过氧化值					
		5h	24h	30h	48h	72h	96h
空白	0	20.42	29.54	37.98	44.92	50.64	55.13
3-*O*-儿茶素硬脂酸酯	1.00ml	3.84	4.22	6.13	8.44	11.87	14.77
	0.50ml	4.08	8.44	10.55	12.66	15.35	15.83
	0.25ml	6.33	10.21	14.77	14.29	18.38	21.10

续表

抗氧化剂	添加量	过氧化值					
		5h	24h	30h	48h	72h	96h
BHT	1.00g	4.22	6.33	8.17	10.21	15.83	17.80
	0.50g	6.33	7.67	10.21	12.25	18.99	18.99
	0.25g	8.44	10.55	14.77	15.83	22.46	22.46
维生素 E	1.00ml	4.08	6.13	6.55	10.21	14.77	19.18
	0.50ml	6.13	8.17	10.55	16.88	18.99	21.76
	0.25ml	9.89	14.29	16.88	20.42	21.1	24.50

由表 14-7 可知，3-*O*-儿茶素硬脂酸酯在油脂中的抗氧化性高于维生素 E 和 BHT。

参考文献

[1] 沈生荣，金超芳，杨贤强．儿茶素的分子修饰 [J]．茶叶，1999，25 (2)：76-79.

[2] 刘晓辉，江和源，张建勇，袁新跃，崔宏春．儿茶素酰基化修饰研究进展 [J]．茶叶科学，2009，29 (1)：1-8.

[3] 段煜，杜宗良，唐卫文，吴大诚．硬脂酸和月桂酸在 Novozym 435 催化下对芦丁酯化及分子筛对酯化率的影响 [J]．天然产物研究与开发，2006，18：741-746.

[4] Bruno Danieli，Monica Luisetti，et al. Regioselective acylation of polyhydroxylated natural compounds catalyzed by Candida Antarctica lipase B (Novozym 435) in organic solvents [J]. Journal of Molecular Catalysis B：Enzymatic，1997，(3)：193-201.

[5] Sergio Riva. Enzymatic modification of the sugar moieties of natural glycosides [J]. Journal of Molecular Catalysis B：Enzymatic，2002，43-54.

[6] Chunli Gao，Patrick Mayon，David A，et al. Novel enzymatic approach to the synthesis of flavonoid glycosides and their esters [J]. Biotechnology and Bioengineering 2000，71：235-243.

[7] S Gayot，X Santarelli，D Coulon. Modification of flvonoid using lipase in non-conventional media：effect of the water content [J]. Journal of Biotechnology，2003，101：29-36.

[8] Danieli B，De Bellis P. Enzyme-mediated regioselective acylations of flavonoid disaccharidemonoglycerides [J]. Helv Chim Acta，1990，73：1837-1844.

[9] Sakai M，Suzuki M，Nanjo F，et al. 3-*O*-acylated catechins and method of producing same. European Patent，0618203A1. 1994，10-05.

[10] Patti A，Piattelli M，Nicolosi G. Use of Mucor miehei lipase in the preparation of long chain 3-*O*-acyl-catechins [J]. J Mol Catal B：Enzym，2000，10：577-582.

[11] M. Ardhaoui，A. Falcimaigne ，S. Ognier，et al. Effect of acyl donor chain length and substitutions pattern on the enzymatic acieration of flavonoids [J]. J. Biotechnol. 2004，110 (3)：265-271.

第十五章 L-乳酸发酵车间的工艺设计

第一节 概述

乳酸（lactic acid），学名为α-羟基丙酸（α-hydroxy-propanoic-acid），分子式为$C_3H_6O_3$，结构式为$CH_3CHOHCOOH$，相对分子质量 90.08，是一种常见的天然有机酸。乳酸分子内含有一个不对称碳原子，具有光学异构现象，有D型和L型两种构型，其中L-乳酸为右旋，D-乳酸为左旋，其结构式见图 15-1。当L-乳酸和D-乳酸等比例混合时，即成为外消旋的DL-乳酸。不同分子构型的乳酸有不同的理化性质，如表 15-1 所示。纯净的无水乳酸是白色结晶体，熔点为 16.8℃，沸点为 122℃（2kPa），相对密度为 1.249。乳酸通常是乳酸和乳酰乳酸的混合物，为无色透明或浅黄色糖浆状的黏稠液体，几乎无臭或微带有脂肪酸臭，味酸，易与水、乙醇、乙醚、丙二醇、甘油混溶，几乎不溶于氯仿、石油醚、二硫化碳和苯。浓度达到 60%以上的乳酸具有很强的吸湿性。一般工业用乳酸含量为 50%～80%，食品及医药工业用L-乳酸的含量为 80%～90%。乳酸分子内含有羟基和羧基，可以参与氧化、还原、缩合、酯化等反应，同时乳酸具有自动酯化能力，脱水能聚合成聚L-乳酸。

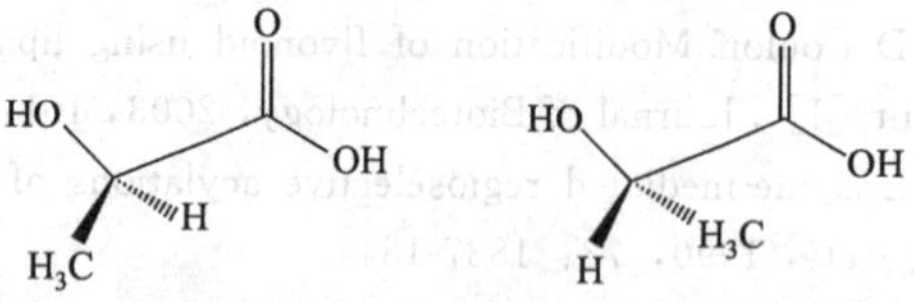

D(-)-乳酸　　L(+)-乳酸

图 15-1　乳酸的结构式

表 15-1　乳酸的理化性质

构型	熔点/℃	比旋光度$[\alpha]_D^{20}$	解离常数(25℃)	熔化热/(kJ/mol)
L	25～26	+3.3°	1.37×10^{-4}	16.87
D	25～26	−3.3°	1.37×10^{-4}	16.87
LD	18	0	1.37×10^{-4}	11.35

一、L-乳酸的用途及功能

乳酸及其衍生物广泛应用于食品、医药、化工、皮革、纺织等领域。

1. 食品行业

主要用于糖果、饮料（如啤酒、葡萄酒及乳酸类饮料）等食品加工业中，作为酸味剂及口味调节剂，被称为安全的食品添加剂。另外还可用于清凉饮料、蔬菜的加工和保藏。

2. 医药行业

在医药方面广泛用作防腐剂、载体剂、助溶剂、药物制剂、pH 调节剂等。L-乳酸是一种重要的医药中间体，可用作生产 L-乳酸钙、L-乳酸钠、L-乳酸锌、L-乳酸亚铁等药物，还可用作手术室、病房、实验室等场所的消毒剂。

3. 化妆品行业

可用作滋润剂、保湿剂、皮肤更新剂、pH 调节剂、去粉刺剂、去齿垢剂。

4. 农药行业

L-乳酸具有很高的生物活性，对农作物和土壤无毒无害，可用作生产新型环保农药，在日本、美国等发达国家已得到大力的推广。

5. 纺织、皮革、烟草行业

乳酸可用来处理纤维，可使之易着色，增加光泽和触感柔软度；可使皮革柔软细腻，从而提高皮革的品质；适量加入 L-乳酸，可提高烟草的品质，并保持烟草的湿度。

除上述用途外，L-乳酸最主要的用途是聚合生成聚乳酸，它具有良好的相容性和可生物降解性，已广泛应用于包装业、医药行业和纺织业。

聚乳酸（polylactic acid），简称 PLA，在人体内降解成 L-乳酸。在自然界中，可在微生物作用下，最终变成 CO_2 和水，有利于保护环境。聚乳酸具有与聚苯乙烯相似的光泽度和加工性能，还具有优良的生物相容性和生物分解吸收功能，因此广泛用于生产生物可降解塑料、绿色包装材料（例如购物袋、保鲜膜、餐盒、桌布、餐巾）、农用薄膜、抗癌药物、缓释胶囊制剂、手术缝合线等。聚乳酸纤维强度高，延伸度较大，可用分散染料常压染色，制成的织物光泽柔和亮丽，抗皱防缩性能好，有吸湿排汗和抗紫外线功能，是近年来研究开发的纺织服装新材料。

由于人和动物体内只有代谢 L-乳酸的酶，因此若过量摄入 D-乳酸或 DL-乳酸，会导致 D-乳酸在血液中积聚，引起疲劳、代谢紊乱甚至酸中毒。因此，世界卫生组织规定人体每天摄入的 D-乳酸量不能超过 100mg/kg 体重，且禁止在 3 个月以下婴儿食品中添加 D-乳酸或 DL-乳酸，而对 L-乳酸则不加限制。于是近年来 L-乳酸的研究与开发引起了人们的广泛兴趣。特别是在当今重视环保的绿色浪潮中，用 L-乳酸生产的聚乳酸，具有良好的加工性能和可生物降解性，是理想的可循环使用的新型高分子材料，可用于生产生物降解性塑料和纤维制品，具有广阔的市场日前景。

二、国内外生产情况

1. 发酵法

微生物发酵法生产乳酸，可通过菌种和培养条件的选择而得到具有专一性的 L-乳酸。发酵法生产乳酸除能以葡萄糖、乳糖等单糖为原料外，还能以淀粉、纤维素为原料发酵生产乳酸，因此，微生物发酵法生产乳酸具有原料来源广泛、生产成本低、产品光学纯度高、安全性高等优点。按照发酵微生物的种类可分为细菌发酵和根霉发酵。

以含淀粉的玉米、蔗糖、甜菜糖、山芋干和马铃薯等为原料，首先用麦芽将淀粉糖化，加入碳酸钙（加入量为淀粉质量的 50%），然后加入用麦芽汁培养的纯乳酸菌，发酵 6～8h，搅拌，保持在 50℃左右再发酵 80h 左右，发酵完毕，加入石灰乳，使呈碱性，煮沸，冷却后用热水重结晶，加入 50% 硫酸分解，滤去硫酸钙，在减压下蒸发浓缩即得质量分数为 70% 的工业用乳酸。若要制得含量更高的乳酸产品，可将工业用乳酸溶于乙醚中，用活性炭脱色，过滤，蒸去乙醚制得。该法生产的乳酸食用安全可靠，但目前还不能连续化生产，存在原料消耗大、能耗高、产品质量不稳定等问题。我国的乳酸产品主要采用此法进行生产。

2. 化学合成法

化学合成法包括乳腈法和丙烯腈法两种。乳腈法是将乙醛和冷却的氢氰酸连续送入反应器，经碱性催化剂作用生产乳腈。这是一个液相反应，在常压下进行，再用泵将乳腈打入水解釜中，注入硫酸和水，使乳腈水解得到粗乳酸，将粗乳酸送入酯化釜，加入乙醇酯化生成乳酸酯，经精馏，再送入分解浓缩罐加热分解得精乳酸。该法可连续生产，生产成本低，能耗低，但由于该法所用的原料为乙醛和剧毒的氢氰酸，致使生产的乳酸食用较难为人们所接受，因此，应用受到一定的限制。

丙烯腈法是将丙烯腈和硫酸送入反应器中，生成粗乳酸和硫酸氢铵的混合物，再把混合物送入酯化反应器中与甲醇反应生成乳酸甲酯，把硫酸氢铵分出后，粗酯送入蒸馏塔，塔底获精酯，将精酯送入第二蒸馏塔，加热分解，塔底得稀乳酸，经真空浓缩得产品。

乳酸的其它一些可行的化学合成法还包括醋酸乙酯羰基化法、乙醛羰基化法、糖的碱性催化水解、丙烯乙二醇氧化、乙二醇的硝酸氧化等。

3. 酶法

酶法生成乳酸主要有2-氯丙酸酶法转化和丙酮酸酶法转化两种。日本东京大学的本崎等人研究了用酶法生产乳酸。他分别从恶臭假单胞菌（*Pseudomonas putida*）和假单胞菌113细胞中抽提纯化出L-2-卤代酸脱卤酶（简称为L-酶）和DL-卤代酸脱卤酶（简称为DL-酶），使之作用于底物DL-2-氯丙酸，就可制得L-乳酸或D-乳酸。Hummel等从D-乳酸脱氢酶活力最高的混乱乳杆菌（Lac-Confusus）DSM20196菌体中得到D-乳酸脱氢酶，以无旋光性的丙酮酸作底物制得D-乳酸。

化学合成法的缺点是产品为外消旋乳酸即DL-乳酸。另外，由于合成法所用的原料是乙醛和剧毒物氢氰酸，尽管美国食品和药物管理局（FDA）已将合成法生产的乳酸列为安全品，但许多人还是对其安全性表示担心，加之其生产成本较高，因而合成法生产乳酸大大受到限制。

酶法生产乳酸虽可以专一性地得到旋光乳酸，但工艺比较复杂，应用到工业上还有待于进一步研究。

微生物发酵法生产乳酸，可通过菌种和培养条件的选择而获得具有立体专一性的D-乳酸或L-乳酸或是两种异构体以一定比例混合的消旋体，以满足生产聚乳酸的需要。另外发酵法生产乳酸除能以葡萄糖、乳糖等单糖为原料外，还能以淀粉、纤维素为原料发酵生产乳酸。因此，微生物发酵法生产乳酸因其原料来源广泛、生产成本低、产品光学纯度高、安全性高等优点而成为生产乳酸的重要方法。

我国乳酸工业始建于20世纪40年代，起步发展于80年代中期至90年代初期。目前，我国正常生产乳酸的厂家有20余家，总生产能力约为2万吨，实际产量约为1.5万吨。我国乳酸生产与国外先进水平仍有较大差距，乳酸生产规模较小，发酵罐仅30～60吨/台，产酸率较低；产品品种仍以DL-乳酸为主，占80%，产品色度质量不高；另外在后提取方面更有较大差距，总体上生产成本较高。某些规划中要上的L-乳酸项目基本徘徊在年产3000～5000吨的规模，规模效应远不如国外。

我国乳酸的最大消费领域是香料和香精行业，其用量约占乳酸总消费量的40%，主要用于生产乳酸乙酯（用于调制各种酒类）。在啤酒工业中，调节麦芽汁pH，目前全国约有25%的啤酒生产厂在使用乳酸，年消费量约为3000吨。我国的L-乳酸只占乳酸产量的2%～5%，且每年需要进口数万吨优质的L-乳酸。据专家预测，在未来10年中，聚乳酸可达10亿磅/年（1磅约合0.4536kg）的市场规模，可见其对L-乳酸消费增长和市场成长将具有极大推动作用。正因为L-乳酸有着广泛的用途和良好的市场前景，所以自L-乳酸问世以来，就在国际市场上颇受追捧，需求量增长迅速，其市场价格为维持在2.5万元/吨左右。

作为一种重要的食用有机酸，L-乳酸的需求量仅次于柠檬酸，其市场需求正以每年超过10%的速度在增长。目前，国内市场需求量在5万吨以上，国际市场需求量约在30万吨。而我国虽然是有机酸出口的大国，但高品质的L-乳酸的生产和供应却很少，目前我国L-乳酸的年产量约2万吨，可见该产品的市场发展前景广阔，颇具开发潜力。我国生产的乳酸产品除满足国内需求外，每年都有一定量的出口，出口国家和地区主要是日本、韩国以及其它一些东南亚国家和地区。

第二节 600吨/年L-乳酸发酵车间设计

600吨/年L-乳酸发酵车间设计，包括确定工艺流程和工艺参数，物料衡算和能量衡算，确定各种设备的体积、数目和规格等参数，带控制点的工艺流程图、主要设备图，撰写设计说明书。

(1) 设计依据

① 依据与工厂设计和生产工艺相关的各种资料，如《化工工艺设计手册》。

② GB/T 50103—2001《总图制图标准》。

③ GB50187—93《工业企业总平面设计规范》。

④《化工原理》。

⑤《生物工艺原理》。

⑥《生物工程设备》。

(2) 设计范围

① 针对产品的要求进行工艺流程的设计。

② 主要设备的计算和选型。

③ 带控制点的工艺流程图。

④ 主要设备图。

(3) 指导思想

发酵工程是用来解决按发酵工艺进行工业化生产的工程学问题的学科。发酵工程从工程学的角度把实现发酵工艺的发酵工业过程分为菌种、发酵和提炼（包括废水处理）三个阶段，这三个阶段都有各自的工程学问题，一般分别把它们称为发酵工程的上游、中游和下游工程。发酵工程的三个阶段均分别有它们各自的工艺原理和设备及过程控制原理，它们一起构成发酵工程原理。

几千年，特别是最近几十年的发酵工业生产的实践证明：微生物是发酵工程的灵魂。近年来，对于发酵工程的生物学属性的认识愈益明朗化。

从生物科学的角度重新审视发酵工程，发现发酵工程最基本的原理是其生物学原理，而前述的发酵工程原理均必须建立在发酵工程的生物学原理的基础上。因此，发酵工程的生物学原理是发酵工程最基本的原理，并且可以把它简称为“发酵原理”。

一、原材料、产品的主要技术规格及工艺流程图

1. 菌种

米根霉（*Rhizopus oryzae*）3038，购自中国工业微生物菌种保藏中心（CICC）。

2. 种子培养基

葡萄糖	5g
硫酸铵	0.2g

KH_2PO_4	0.06g
$MgSO_4 \cdot 7H_2O$	0.01g
$FeSO_4 \cdot 7H_2O$	0.02g
$CaCO_3$	1.0g（碳酸钙分开灭菌）

3. 发酵培养基

葡萄糖	10g
硫酸铵	2g
KH_2PO_4	0.6g
$MgSO_4 \cdot 7H_2O$	0.1g
$FeSO_4 \cdot 7H_2O$	0.3g
$CaCO_3$	7.0g（碳酸钙分开灭菌）

4. 生产工艺设计

以穿心莲中药渣为原料，采用直接粉碎、调浆、液化，进行好气液体深层发酵，钙盐法提取，最后结晶、干燥得到L-乳酸。

5. 生产工艺的基本过程

在接收糖浆后，根据糖浆组成作适当的处理或配制，配成发酵原料，进行连续杀菌并冷却后，进入发酵罐，加入菌种和净化压缩空气后进行发酵；发酵液经升温、过滤处理后，进入中和罐，用$CaCO_3$中和处理；再经过过滤洗涤，得到L-乳酸钙固体，送入酸解罐，再添加H_2SO_4酸解，并加入活性炭进行脱色；然后，通过带式过滤机过滤、酸解过滤，除去$CaSO_4$及废炭；酸解过滤液经离子交换处理后，进行蒸发、浓缩，再进行结晶；结晶后，用离心机进行固液分离，对得到的湿L-乳酸晶体进行干燥与筛选，最后得到成品L-乳酸，如图15-2。

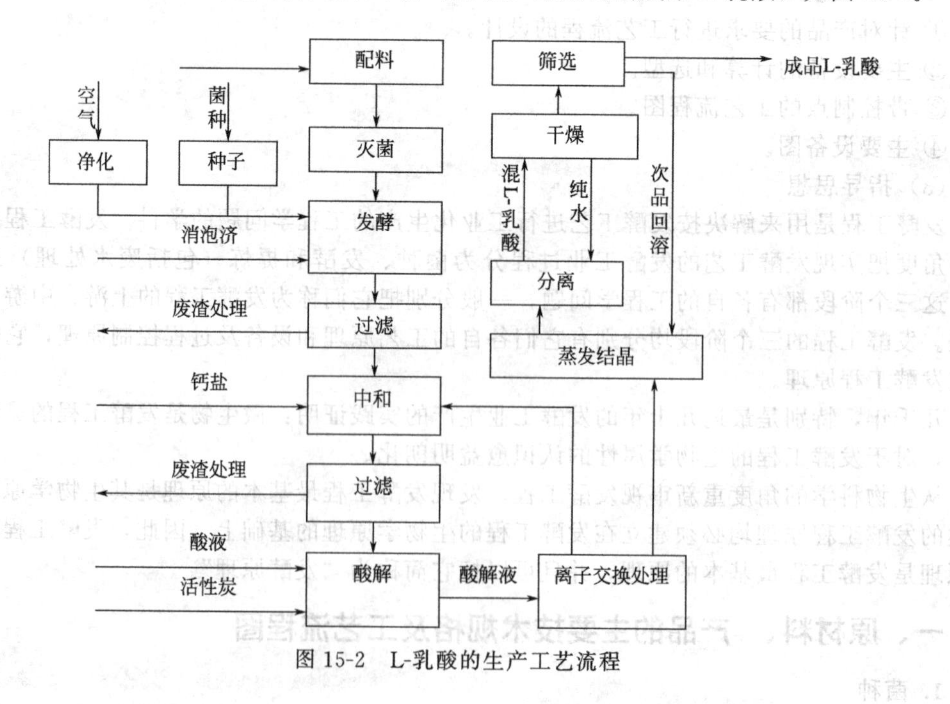

图15-2 L-乳酸的生产工艺流程

二、工艺计算

生产条件：已知发酵培养接种量为5%，发酵时间为14h，发酵罐的搅拌转速为180r/min，通气量为0.8VVM，发酵液密度为1050kg/m³，黏度为0.1Pa·s。每升发酵液可以纯化得到L-乳酸产品120g。年操作日300天，共需生产300/4=75个周期。水蒸气138℃，冷却水进出口温度根据实际情况确定。以生产1个周期为计算L-乳酸需要的辅料及其他物质的依据。

1. 物料衡算

已知发酵培养基的成分：葡萄糖10g，硫酸铵2g，KH_2PO_4 0.6g，$MgSO_4 \cdot 7H_2O$ 0.1g，$FeSO_4 \cdot 7H_2O$ 0.3g，$CaCO_3$ 7.0g，水1000ml（密度为1050kg/m³）。

（1）发酵罐

$$V_{总}=\frac{600\times10^6}{120\times300}=1.67\times10^4\text{L}=16.7\text{m}^3$$

装料系数 $\eta_0=V/V_0=0.6\sim0.75$，取 $\eta_0=0.7$

$$V_0=V/0.7=16.7/0.7=23.86\text{m}^3$$

选用两个12 m³的发酵罐，另选一个作为备用罐。

每个发酵罐的物料计算：

发酵液，$G=1050\times8.35=8768\text{kg}$

葡萄糖，$G_1=8768\times\frac{10}{1020}=86\text{kg}$

硫酸铵，$G_2=8768\times\frac{2}{1020}=17.2\text{kg}$

$$KH_2PO_4, G_3=8768\times\frac{0.6}{1020}=5.16\text{kg}$$

$$MgSO_4\cdot7H_2O, G_3=8768\times\frac{0.1}{1020}=0.86\text{kg}$$

$$FeSO_4\cdot7H_2O, G_3=8768\times\frac{0.3}{1020}=2.58\text{kg}$$

$$CaCO_3, G_3=8768\times\frac{7}{1020}=60.17\text{kg}$$

$$水, G_{水}=8768\times\frac{1000}{1020}=8600\text{kg}=8.19\times10^3\text{L}$$

（2）种子罐

因为接种量为5%，故 $V_{种}=\frac{16.7}{2}\times5\%=0.42\text{m}^3$

装料系数 $\eta_0=V/V_0=0.6\sim0.75$，取 $\eta_0=0.7$

$$V_0=V/0.6=0.42/0.7=0.6\text{m}^3$$

应取两个0.7 m³的种子罐，一个备用

每个种子罐的物料计算：

发酵液，$G=8768\times5\%=438.4\text{kg}$

葡萄糖，$G_1=438.4\times\frac{10}{1020}=4.3\text{kg}$

硫酸铵，$G_2=438.4\times\frac{2}{1020}=0.86\text{kg}$

$$KH_2PO_4，G_3=438.4\times\frac{0.6}{1020}=0.26\text{kg}$$

$$MgSO_4\cdot7H_2O，G_3=438.4\times\frac{0.1}{1020}=0.04\text{kg}$$

$$FeSO_4 \cdot 7H_2O，G_3 = 438.4 \times \frac{0.3}{1020} = 0.13\text{kg}$$

$$CaCO_3，G_3 = 438.4 \times \frac{7}{1020} = 3.01\text{kg}$$

$$水，G_水 = 438.4 \times \frac{1000}{1020} = 429.80\text{kg} = 4.09 \times 10^5\text{ml}$$

2. 热量衡算

(1) 发酵罐　用138℃水蒸气先进行间接加热（不锈钢蛇管传热），使培养基从25℃升至90℃，再用蒸汽直接加热，使培养基从90℃升至121℃，然后用冷却水使之冷却到37℃。能量衡算如下：

①间接加热过程的蒸汽量（培养基温度从25℃升到90℃）

已知 $G = 1050 \times 8.35 = 8768\text{kg}$，$t_1 = 25℃$，$t_2 = 90℃$

$c = 4.18\text{kJ/(kg·℃)}$，$t_s = 138℃$，查表得 $r = 2155.6\ \text{kJ/kg}$

$K = 1250 \sim 1900\ \text{kJ/(m}^2\text{·h·℃)}$，取 $K = 1674\ \text{kJ/(m}^2\text{·h·℃)}$

$\eta = 5\% \sim 10\%$，取10%

$$S = \frac{Gc(t_2 - t_1)}{r} \times (1+\eta) = \frac{8768 \times 4.18 \times (90-25)}{2155.6} \times (1+10\%) = 1215.7\ \text{kg}$$

式中，S 为蒸汽耗量，kg；G 为培养基质量，kg；c 为培养基的比热容，kJ/(kg·℃)；t_1为开始加热时培养基的温度，℃；t_2为加热结束时培养基的温度，℃；r 为蒸汽的汽化热，kJ/kg；η 为加热过程中的热损失，可取5%～10%。

已知 $\tau = 1 \sim 1.5\text{h}$，取 $\tau = 1\text{h}$

$$\tau = \frac{Gc}{KF}\ln\frac{t_s - t_1}{t_s - t_2} = \frac{8768 \times 4.18}{1674 \times F}\ln\frac{138-25}{138-90} = 1$$

$$F = 18.7\ \text{m}^2$$

式中，τ 为间接加热所需时间；G 为培养基质量，kg；c 为培养基的比热容，kJ/(kg·℃)；t_s为加热蒸汽温度，℃；t_1为开始加热时培养基的温度，℃；t_2为加热结束时培养基的温度，℃；K 为加热过程中平均传热系数，kJ/(m²·h·℃)。

② 直接加热过程的蒸汽量（培养基温度从90℃升到121℃）

$$t_1 = 90℃,\ t_2 = 121℃$$

查表得138℃下 $i = 2735.2\ \text{kJ/kg}$，$c_s = 4.18\ \text{kJ/(kg·℃)}$

$\eta = 5\% \sim 10\%$，取10%

$$S = \frac{Gc(t_2 - t_1)}{i - c_s t_2} \times (1+\eta) = \frac{8768 \times 4.18 \times (121-90)}{2735.2 - 4.18 \times 121} \times (1+10\%) = 560.1\ \text{kg}$$

式中，S 为蒸汽耗量，kg；i 为蒸汽的热焓，kJ/kg；G 为培养基质量，kg；c_s为冷凝水的蒸汽比热容，kJ/(kg·℃)；c 为培养基的比热容，kJ/(kg·℃)；t_1为开始加热时培养基的温度，℃；t_2为加热结束时培养基的温度，℃；η 为加热过程中的热损失，可取5%～10%。

③ 冷却阶段的冷却水用量

$t_{1s} = 121℃$，$t_{2s} = 10℃$，$t_{1f} = 37℃$　（实测当培养基温度 t_1 为80℃时，此时冷却水出口温度 t_2 为30℃）

$$K = 1674\ \text{kJ/(m}^2\text{·h·℃)}$$

$$c_1 = c_2 = 4.18\text{kJ/(kg·℃)}$$

$$A = e^{KF/(Wc_2)} = \frac{t_1 - t_{2s}}{t_1 - t_2} = \frac{80-10}{80-30} = 1.4$$

$W=KF/(\ln A、c_2)=1674\times18.7/(\ln1.4\times4.18)=22257.3kg/h=22.2573$t/h

式中，W 为冷却水用量，kg/h；c_2 为冷却水的比热容，kJ/（kg·℃）；t_{2s} 为冷却水进口温度，℃；t_1 为培养基冷却过程中某时刻的温度，℃；t_2 为对应培养基 t_1 温度时冷却水出口温度，℃；K 为平均传热系数，kJ/（m²·h·℃）；F 为传热面积，m²。

（2）种子罐　体积小于 5 m³ 采用夹套加热。

①间接加热过程的蒸汽量

已知 $V_{种}=8.35\times5\%=0.42$ m³

$G_{种}=0.42\times1050=441$kg

$t_1=25$℃，$t_2=121$℃，$r=2155.6$kJ/kg

$\eta=5\%\sim10\%$，取 10%

$$S=\frac{Gc(t_2-t_1)}{r}\times(1+\eta)=\frac{441\times4.18\times(121-25)}{2155.6}\times(1+10\%)=90.30\text{kg}$$

取 $\tau=0.5$h

式中，S 为蒸汽耗量，kg；G 为培养基质量，kg；c 为培养基的比热容，kJ/（kg·℃）；t_1 为开始加热时培养基的温度，℃；t_2 为加热结束时培养基的温度，℃；r 为蒸汽的汽化热，kJ/kg；η 为加热过程中的热损失，可取 5%～10%。

$K=830\sim1250$kJ/（m²·h·℃），取 $K=1000$kJ/（m²·h·℃）

$$\tau=\frac{Gc}{KF}\ln\frac{t_s-t_1}{t_s-t_2}=\frac{441\times4.18}{1000\times F}\ln\frac{138-25}{138-121}=0.5$$

$$F=6.9\ \text{m}^2$$

式中，τ 为间接加热所需时间，G 为培养基质量，kg；c 为培养基的比热容，kJ/（kg·℃）；t_s 为加热蒸汽温度，℃；t_1 为开始加热时培养基的温度，℃；t_2 为加热结束时培养基的温度，℃；K 为加热过程中平均传热系数，kJ/（m²·h·℃）。

②冷却阶段的冷却水用量

$t_{1s}=121$℃，$t_{2s}=10$℃，$t_{1f}=37$℃　（实测当培养基温度 t_1 为 80℃时，此时冷却水出口温度 t_2 为 30℃）

$K=1000$ kJ/(m²·h·℃)

$c_1=c_2=4.18$kJ/(kg·℃)

$$A=e^{KF/(Wc_2)}=\frac{t_1-t_{2s}}{t_1-t_2}=\frac{80-10}{80-30}=1.4$$

$$W=KF/(\ln A、c_2)=1000\times6.9/(\ln1.4\times4.18)=4906\text{kg/h}=4.906\text{t/h}$$

式中，W 为冷却水用量，kg/h；c_2 为冷却水的比热容，kJ/（kg·℃）；t_{2s} 为冷却水进口温度，℃；t_1 为培养基冷却过程中某时刻的温度，℃；t_2 为对应培养基 t_1 温度是冷却水出口温度，℃；K 为平均传热系数，kJ/（m²·h·℃）；F 为传热面积，m²。

三、主要设备的计算

1. 发酵罐的设计

（1）发酵罐的尺寸设计

$H/D=1.7\sim3$，取 $H/D=2.0$

$$V_0=\frac{\pi}{4}D^2H+0.15D^3$$

式中，H/D 为高径比，即罐筒身高与内径之比；V_0 为公称容积，即筒身容积 V_c 加上底封头容积 V_b 之和。

$V_0=\frac{\pi}{2}D^3+0.15D^3=12$

$D=1.91$m，圆整$D=2$m，$H=2D=4$m

已知$\frac{d}{D}=\frac{1}{2}\sim\frac{1}{3}$，取$d=0.4D=0.8$m

已知$\frac{W}{D}=\frac{1}{8}\sim\frac{1}{12}$，取$W=\frac{1}{10}D=0.2$m

已知$\frac{B}{d}=0.8\sim1.0$，取$B=0.9d=0.72$m，圆整$B=0.8$m

已知$\frac{S}{d}=1.5\sim2.5$，取$S=1.5d=1.2$m

$$V_b=\frac{\pi}{4}D^2h_b+0.13D^3\ (h_b\text{取}25\text{mm})$$

式中，h_b为封头的直边高度，m；V_b为底封头容积，m³；D为内径，m；W为挡板宽度，m；d为搅拌器直径，m；S为两搅拌器间距；B为下搅拌器距底间距；S_1为上搅拌器至液面间距。

$V_b=\left(\frac{\pi}{4}\times2^2\times0.025+0.13\times2^3\right)=1.12\text{m}^3$

发酵液的圆柱体积$V_{柱}=(16.7/2-1.12)=7.23\text{m}^3$

发酵液的柱体高$h=\frac{7.23}{\pi\times\left(\frac{D}{2}\right)^2}=2.3$m

假设用两层搅拌器，所以$S_1=2.3-1.2=1.1$m

检验：$S_1/d=1.1/0.8=1.375$，在1～2范围内。

(2) 罐搅拌器轴功率计算

已知$d=0.8$m，$D=2$m

液位高$H_L=h+B=2.3+0.8=3.1$m

$$n=180\text{r/min}=3\text{r/s},\rho=1050\text{kg/m}^3,\mu=0.1\text{Pa}\cdot\text{s}$$

$\text{Re}_M=\frac{nd^2\rho}{\mu}=\frac{3\times0.8^2\times1050}{0.1}=2.016\times10^4>10^4$（属湍流状态）

$$P=kn^3d^5\rho=4.8\times3^3\times0.8^5\times1050=44.59\text{kW}$$

校正系数$f=\frac{1}{3}\sqrt{(D/d)(H_L/d)}=\frac{1}{3}\sqrt{(2/0.8)(3.1/0.8)}=1.04$

实际$P*=fP=1.04\times44.59=46.37$kW

因为有两层搅拌器，

$$P_2=P*(0.4+0.6\times2)=46.37\times(0.4+0.6\times2)=74.20\text{kW}$$

标准状况下的通气量$Q_0=V_L\times\text{VVM}=0.8\times16.7/2=6.68\ \text{m}^3/\text{min}$

$$Q_g=Q_0\left(\frac{273+t}{273}\right)\times\frac{0.1013}{(0.1013+0.05)+\frac{1}{2}\times1050\times9.81\times10^{-6}\times H_L}$$

$$=6.68\times\left(\frac{273+25}{273}\right)\times\frac{0.1013}{(0.1013+0.05)+\frac{1}{2}\times1050\times9.81\times10^{-6}\times3.1}$$

$$=4.42\ \text{m}^3/\text{min}$$

$$N_a=\frac{Q_g}{nd^3}=\frac{4.42}{90\times0.8^3}=0.096>0.035$$

$\therefore P_g/P=0.62-1.85N_a$ $P_g=46.37\times(0.62-1.85\times0.096)=20.51$ kW

式中，Q_g为工况通气量，m^3/min；d 为搅拌器直径，m；n 为搅拌器旋转转速，r/s；P_g为通气搅拌功率，kW；P 为不通气搅拌功率，kW；Q_0为标准状况通气量，m^3/min；N_a为通气准数，代表发酵罐内空气的表现流速与搅拌器叶端速度之比。

2. 种子罐的设计

(1) 种子罐的尺寸计算

$H/D=1.7\sim3$，取 $H/D=2.0$

$$V_0=\frac{\pi}{4}D^2H+0.15D^3$$

$$V_0=\frac{\pi}{2}D^3+0.15D^3=0.6$$

$$D=0.7\text{m},H=2D=1.4\text{m}$$

已知$\frac{d}{D}=\frac{1}{2}\sim\frac{1}{3}$，取 $d=0.4D=0.28$m，圆整 $d=0.3$

已知$\frac{W}{D}=\frac{1}{8}\sim\frac{1}{12}$，取 $W=\frac{1}{10}D=0.07$m，圆整 $W=0.1$m

已知$\frac{B}{d}=0.8\sim1.0$，取 $B=1.0d=0.3$m

已知$\frac{S}{d}=1.5\sim2.5$，取 $S=1.5d=0.45$m，圆整 $S=0.5$m

$V_b=\frac{\pi}{4}D^2h_b+0.13D^3$ (h_b取 25mm)

$V_b=\frac{\pi}{4}\times0.7^2\times0.025+0.13\times0.7^3=0.0542\text{m}^3$

发酵液的圆柱体积 $V_{柱}=0.42-0.0542=0.37$ m^3

发酵液的柱体高 $h=\frac{V_{柱}}{\pi\times\left(\frac{D}{2}\right)^2}=\frac{0.37}{3.14\times0.35^2}=0.96$m，圆整 $h=1$m

式中，h_b为封头的直边高度，m；V_b为底封头容积，m^3；D 为内径，m；W 为挡板宽度，m；d 为搅拌器直径，m；S 为两搅拌器间距；B 为下搅拌器距底间距；S_1为上搅拌器至液面间距。

假设用一层搅拌器，所以 $S_1=h=1$m。

检验：$S_1/d=1/0.3=3.3$ 不在 1～2 范围内。

假设用两层搅拌器，则 $S_1=h/2=0.5$m

$S_1/d=0.5/0.3=1.7$，在 1～2 范围内。

所以采用两层搅拌器。

(2) 种子罐轴功率计算

种子罐单位体积轴功率 $P'=7\sim8\text{kW}/\text{m}^3$，取 $P'=8\text{kW}/\text{m}^3$。

$P_{种子}=0.42\times8=3.36$kW

3. 发酵液的贮罐计算

$$V=16.7/2=8.35\ \text{m}^3$$

取 $\eta_0=0.75$

$$V_0=V/0.75=8.35/0.75=11.13m^3$$

查化工手册取两个 12 m^3的贮罐

公称直径 $DN=1800mm$，$L_1=3400mm$

4. 配料罐的计算

(1) 发酵罐配料罐

$$V=16.7/2=8.35m^3$$

取 $\eta_0=0.8$

$$V_0=V/0.8=8.35/0.8=10.44m^3$$

查化工手册取 1 个 12 m^3的配料罐，型号为 JB1423-74。

公称直径 $DN=2200mm$，$H=3200mm$，$D=2240mm$

(2) 种子罐配料罐

$$V_{种}=\frac{16.7}{2}\times5\%=0.42m^3$$

取 $\eta_0=0.8$

$$V_0=V/0.8=0.42/0.8=0.52m^3$$

查化工手册取 1 个 0.5m^3的配料罐，型号为 JB1425-74。

参考文献

[1] 金其荣，张继民，徐勤．有机酸发酵工艺学 [M]．北京：中国轻工业出版社，1989.

[2] 王博彦，金其荣．发酵有机酸生产与应用手册 [M]．北京：中国轻工业出版社，2000.

[3] 凌关庭．食品添加剂手册 [M]．北京：化学工业出版社，2000.

[4] 徐克勤．精细有机化工原料及中间体手册 [M]．北京：化学工业出版社，1998.

[5] 吕九琢，徐亚贤．乳酸应用、生产及需求的现状与预测．北京石油化工学院学报，2004，12 (2)：32-38.

[6] 虞东胜，周晓燕，王健，壬勤，田文阳．米根霉发酵生产 L 乳酸．工业微生物，2000，30 (03)：4-7.